高等职业教育自动化类专业系列教材

单片机技术应用项目化教程（C语言版）（第2版）

主　编：徐广振　刘小莉
副主编：王琰琰　杨俊燕　刘永强
参　编：杨晓燕　李海玉　王衍凤
　　　　王丽卿　李海涛　朱智鹏
　　　　孙大雷　雷永征

電子工業出版社
Publishing House of Electronics Industry
北京 • BEIJING

内 容 简 介

本书是应现代职业教育教学改革之需求，在项目化教学改革思路基础之上，结合作者企业实践及多年指导学生参加电子类技能大赛的经验，参照项目开发管理方式方法而编写的。本教程以单片机技术应用为主线，以全面提高学生动手实践能力、培育高素质工匠人才为目标，侧重工程实际应用，注重培养学生电子类项目设计开发、项目管理等职业素质能力。

本书通过开展项目实施教学，以生活中的实例为引导，以任务驱动的方式把理论知识应用于实践。全书教学安排参照项目开发及项目管理模式，创建了四步法学习过程，非常适用于理实一体化教学模式。内容编排上由易到难，逐步深入，实例选择紧扣知识要点，理论知识讲解深入浅出，并结合大量的工程实践经验。全书分为智能电子产品开发设计、霓虹灯控制设计、制作交通灯控制系统、制作电子时钟、设计测控仪表五个项目，涉及单片机基本工作原理、常用外围电路设计、常用的编程算法、单片机技术综合运用等。

本书突出应用，以实践学习理论，是一本适用于高职高专机电类、电子信息类等专业的教学用书，也可以作为电子类技能大赛学生入门指导用书，还可为单片机技术爱好者和工程技术人员提供参考。

图书在版编目（CIP）数据

单片机技术应用项目化教程：C 语言版 / 徐广振，刘小莉主编. —2 版. —北京：电子工业出版社，2021.7（2024.12 重印）

ISBN 978-7-121-37815-7

Ⅰ. ①单… Ⅱ. ①徐… ②刘… Ⅲ. ①单片微型计算机—C 语言—程序设计—高等职业教育—教材
Ⅳ. ①TP368.1 ②TP312.8

中国版本图书馆 CIP 数据核字（2019）第 248337 号

责任编辑：贺志洪
印　　刷：河北鑫兆源印刷有限公司
装　　订：河北鑫兆源印刷有限公司
出版发行：电子工业出版社
　　　　　北京市海淀区万寿路 173 信箱　邮编 100036
开　　本：787×1 092　1/16　印张：13.5　字数：345.6 千字
版　　次：2016 年 6 月第 1 版
　　　　　2021 年 7 月第 2 版
印　　次：2024 年 12 月第 13 次印刷
定　　价：42.00 元

凡所购买电子工业出版社图书有缺损问题，请向购买书店调换。若书店售缺，请与本社发行部联系，联系及邮购电话：（010）88254888，88258888。

质量投诉请发邮件至 zlts@phei.com.cn，盗版侵权举报请发邮件至 dbqq@phei.com.cn。

本书咨询联系方式：（010）88254609 或 hzh@phei.com.cn。

前 言

党的二十大报告强调要建设现代化产业体系，推进新型工业化，推动制造业高端化、智能化、绿色化发展。单片机作为嵌入式系统的核心部件，已经被广泛应用于工业控制、家电、仪器仪表、航空航天、机器人等各个领域的智能控制中。单片机技术的应用也成为电子工程师所必须具备的能力，成为开发智能化产品、推动制造业智能化的必要条件。为落实二十大科教兴国战略，建设教育强国、科技强国、人才强国，以立德树人为根本任务，培养造就大批德才兼备的单片机技术应用方面的高素质高技能人才，编写了本教材。

本书以单片机家族中最简单的 51 内核的单片机为蓝本，以培养有工程职业素养、有精益求精的工匠品质，懂单片机技术、能设计应用为目标，摒弃先理论后举例的模式，采用任务驱动方式设计教学内容。把单调枯燥的理论知识融入到完成预先设定的任务当中，将单片机基本的工作原理与应用方法，通过分析任务、实现任务的方式去理解学习。放弃传统的汇编语言编程方法，直接采用 C 语言编程，进一步强化技术技能应用的主线，便于读者对外围驱动程序模块化积淀积累，提高程序通用性，同时也为读者学习不同内核的单片机技术应用提供了模块化程序的经验。

全书共分五个项目 17 个任务，参考学时 64 学时，建议采用理实一体化教学，每个任务为连续 3～4 个学时，读者可以根据需要，自行调整学时数量。任务设计来源于企业实际应用以及职业院校技能大赛竞赛内容，经过教学加工形成。项目一智能电子产品开发流程，主要介绍了常用单片机及开发环境；项目二霓虹灯控制系统，主要介绍单片机最小系统、接口电路设计及 C 编程技巧；项目三交通灯控制系统，主要介绍单片机的定时计数器系统及数码管显示技术应用；项目四电子时钟，主要介绍单片机中断系统、按键技术、液晶显示的应用；项目五测控仪表，以数字电压表、数字温度计、波形发生器、数控电压源等综合任务，介绍单片机的 A/D、D/A、数据存储、总线技术等应用。每个任务都有详细的任务实施过程指导及典型的参考程序，读者可以参照自行组织程序构建。任务实施过程注重劳动精神、团队意识、科学态度、创新能力等核心职业素质引导与培养，同时填写任务实施评价单，培养工程项目管理能力，开展多元评价。

本书由潍坊职业学院徐广振、山东交通职业学院刘小莉任主编。潍坊职业学院王琰琰、杨俊燕，烟台工程职业学院刘永强任副主编。参与编写的还有青岛海德威科技有限公司孙大雷工程师，潍坊恒蓝智能科技有限公司雷永征工程师，潍坊职业学院杨晓燕、李海玉、王丽卿、王衍凤、李海涛、朱智鹏。具体编写分工：徐广振编写项目一、项目三、项目五的任务一，杨俊燕、刘小莉编写了项目二，王琰琰、刘永强编写了项目四、项目五的任务二，徐广振、孙大雷、雷永征共同编写了项目五的任务三和任务四。全书由徐广振负责统稿。本书中源程序代码和仿真原文件可到华信教育资源网（www.hxedu.com.cn）或加入到自动化教育资源共享群（群号：549017123）免费下载。每个项目中的每个任务仿真录像可在任务实施部分扫描二维码观看。读者也可访问智慧职教 MOOC 学院的课程网站，或微信扫描课程二维码，加入课程进行学习，获取教学视频、PPT 等资源。

本书得到山东机械职业教育专业建设指导委员会自动化类教学资源建设工作委员会大力支持，青岛海德威科技有限公司和潍坊恒蓝智能科技有限公司对本书的编写提供了很大帮助，在此表示衷心的感谢！在编写过程中，潍坊职业学院参加技能大赛训练的学生为程序调试和验证做了大量工作，在此一并致谢，也祝他们在未来单片机技术行业里有所成就。

由于编者水平所限，书中如有不足之处敬请使用本书的师生与读者批评指正，以便修订时改进。如读者在使用本书的过程中有其他意见和建议，恳请向编者踊跃提出宝贵意见。

编 者

2022 年 3 月

目　录

项目一　智能电子产品开发设计

学习本项目的目的是认识单片机，了解智能电子产品开发过程及规律；激发学习者的学习兴趣、初步构建工程开发思维意识；掌握单片机软件开发环境 Keil C 的应用；了解半导体产业国内国际发展现状，坚定科技报国信念。

任务一　认识单片机

制造业智能化和社会数字化离不开智能电子产品作为基本元素，智能电子产品在当今社会生活中被提及得越来越多，比如智能冰箱、智能洗衣机、智能手机、智能穿戴设备等。那究竟什么样的电子产品是智能电子产品，智能化是如何实现的？

智能化产品的核心是单片机。那么什么是单片机？它有哪些应用？其内部有哪些基本结构？查阅相关资料，列举常见单片机型号，提高科研检索能力。

一、微控制器简介

所谓微控制器（Micro controller Unit，MCU），就是把中央处理器 CPU（Central Processing Unit）、存储器（Memory）、定时器、I/O（Input/Output）接口电路、中断系统等一些计算机的主要功能部件集成在一块集成电路芯片上的微型计算机。一块芯片就成了一台计算机，大大缩短了系统内信号传送距离，从而提高了系统的可靠性及运行速度。所以又称为“Single Chip Microcomputer”，中文“单片机”的称呼是直接翻译而来的。因而在工业测控领域中，单片机系统是最理想的控制系统。

单片机的特点为：体积小、功耗低、成本低；稳定可靠；高速度、高性能；适应性强，控制功能强，使用方便。

1．单片机发展概况

单片机的发展经历了以下 4 个阶段。

（1）初级阶段。20 世纪 70 年代，美国的 Fairchild（仙童）公司首先推出了第一款单片机 F-8，随后 Intel 公司推出了影响面大、应用更广的 MCS-48 单片机。此阶段的单片机是 8 位机，有并行 I/O 口，没有串口，只能保证基本的控制功能。

（2）完善阶段。1978 年至 1982 年，为单片机的完善阶段，单片机的性能得到了很大改善，硬件结构日趋成熟，指令系统逐渐完善。最具有代表意义的单片机有 Intel 公司的 MCS-51、Motorola 的 6801 及 Zilog 公司的 Z8 等。这些控制器具有多级中断处理系统、16 位定时/计数器、串行端口。寻址范围可达 64KB，还扩展了 A/D 功能。这类单片机应用广泛。

（3）高级阶段。1982 年以后单片机的发展进入了高级阶段，主要特征为速度越来越快、功能越来越强、品种越来越多。8 位机进入了改良阶段，16 位机和 32 位机相继出现，形成了 8 位、16 位、32 位共同发展的局面。

随着电子工艺水平的提高，一方面，高档 8 位单片机不断完善，结构不断改善，以满足不同用户的需要；另一方面，16 位单片机及专用单片机得以发展，使得单片机处理能力更强。近些年 32 位单片机已广泛应用，其显著特点是控制功能全速发展。从单片机的结构和功能上看，发展趋势将向着大容量、高性能、超小型、低功耗、低价格和外围电路内部模块化等方向发展。

小提示：

选用单片机不但要考虑价格的高低，还要兼顾工作性能及操作方便性，功能尽可能地发挥作用。因此适合的才是最好的。

2．单片机应用领域

- 智能消费类电子产品（手机、平板电脑、PMP、数码相机等）。
- 智能家用电器领域（洗衣机、空调等）。
- 办公自动化领域（键盘、打印机、考勤机等）。
- 商业营销领域（电子秤、收款机、条形码阅读机等）。
- 智能仪表与智能传感器（智能电表、智能流量计等）。
- 电子医疗领域（便携式血压计、血糖仪等）。
- 军事航空领域（GPS 单兵地位系统、导弹控制系统、无人机、探月车等）。

二、AT89S51 单片机结构

AT89S51 为 Atmel 公司生产的 51 系列单片机，与 Intel MCS-51 完全兼容。本书将以 AT89S51 为蓝本进行相关单片机知识的讲解与应用。

（一）引脚概述

如图 1.1 所示，AT89S51 单片机采用 40 脚双列直插式封装形式 DIP40，主要包括以下几个部分。

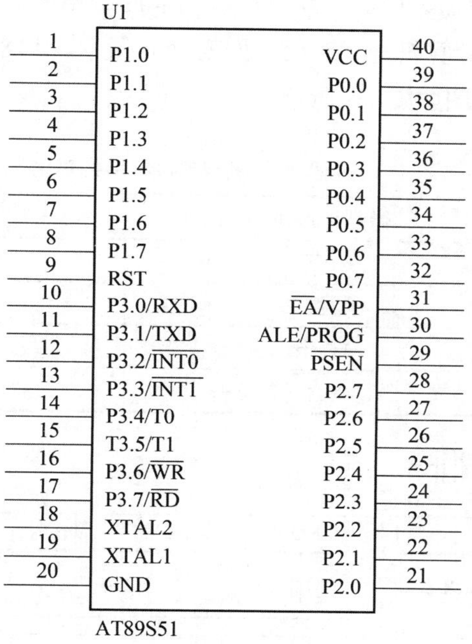

U1

引脚	名称	名称	引脚
1	P1.0	VCC	40
2	P1.1	P0.0	39
3	P1.2	P0.1	38
4	P1.3	P0.2	37
5	P1.4	P0.3	36
6	P1.5	P0.4	35
7	P1.6	P0.5	34
8	P1.7	P0.6	33
9	RST	P0.7	32
10	P3.0/RXD	$\overline{EA}$/VPP	31
11	P3.1/TXD	ALE/$\overline{PROG}$	30
12	P3.2/$\overline{INT0}$	$\overline{PSEN}$	29
13	P3.3/$\overline{INT1}$	P2.7	28
14	P3.4/T0	P2.6	27
15	T3.5/T1	P2.5	26
16	P3.6/$\overline{WR}$	P2.4	25
17	P3.7/$\overline{RD}$	P2.3	24
18	XTAL2	P2.2	23
19	XTAL1	P2.1	22
20	GND	P2.0	21

AT89S51

图 1.1　AT89S51 引脚图

（1）电源引脚 VCC 和接地引脚 GND。

VCC（40 脚）：电源端，为+5V。

GND（20 脚）：接地端。

（2）输入/输出引脚。AT89S51 单片机有 4 组 8 位可编程输入/输出口，分别命名为 P0、P1、P2、P3 口。

P0.0～P0.7（39～32 脚）；P1.0～P1.7（1～8 脚）；

P2.0～P2.7（21～28 脚）；P3.0～P3.7（10～17 脚）。

（3）时钟电路引脚 XTAL1 和 XTAL2。

XTAL1（19 脚）：内部振荡电路反相放大器的输入端。

XTAL2（18 脚）：内部振荡电路反相放大器的输出端。

（4）控制信号引脚 RST、ALE、$\overline{\text{PSEN}}$ 和 $\overline{\text{EA}}$。

ALE / $\overline{\text{PROG}}$（30 脚）：地址锁存允许信号端。

$\overline{\text{PSEN}}$（29 脚）：程序存储允许输出信号端。

RST（9 脚）：RST 是复位信号输入端，高电平有效。

$\overline{\text{EA}}$ / VPP（31 脚）：外部程序存储器地址允许输入端/固化编程电压输入端。

（二）内部结构

单片机主要由以下几部分组成：中央处理器（CPU）、程序存储器和数据存储器、I/O 口、内部总线、定时/计数器、中断系统、串行口和时钟电路。为了能更好地理解单片机的内部结构，在此与微型计算机进行对比，如表 1.1 所示。AT89S51 内部结构图如图 1.2 所示，51 单片机内部结构图如图 1.3 所示。

表 1.1　微型计算机与单片机结构对比

结构组成	微型计算机	单片机
核心计算部件	CPU	CPU
存储部件	硬盘	程序存储器 ROM
	内存条	数据存储器 RAM
外接设备	显示器、键盘、鼠标等	通过 4 个并行口自行设计

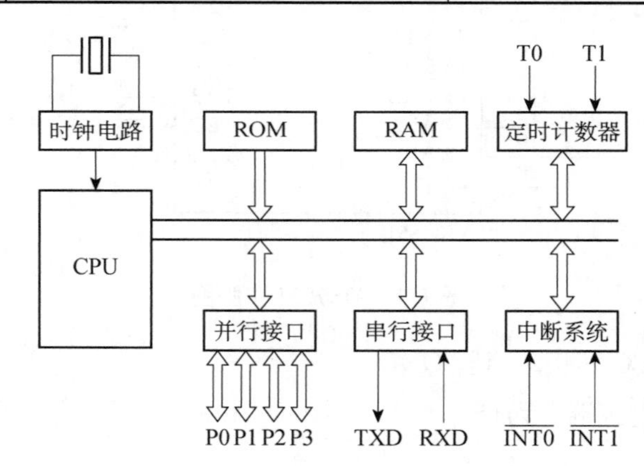

图 1.2　AT89S51 内部结构图

1．CPU 中央处理器

CPU 是单片机内部的核心部件，是一个 8 位二进制的中央处理单元，主要由运算器、控制器和若干寄存器组成，并且通过内部总线与其他功能部件连接。

（1）运算器

运算器包括算术/逻辑运算单元 ALU、暂存寄存器（暂存器 1 和暂存器 2）、累加器 ACC、寄存器 B 和程序状态字寄存器 PSW。

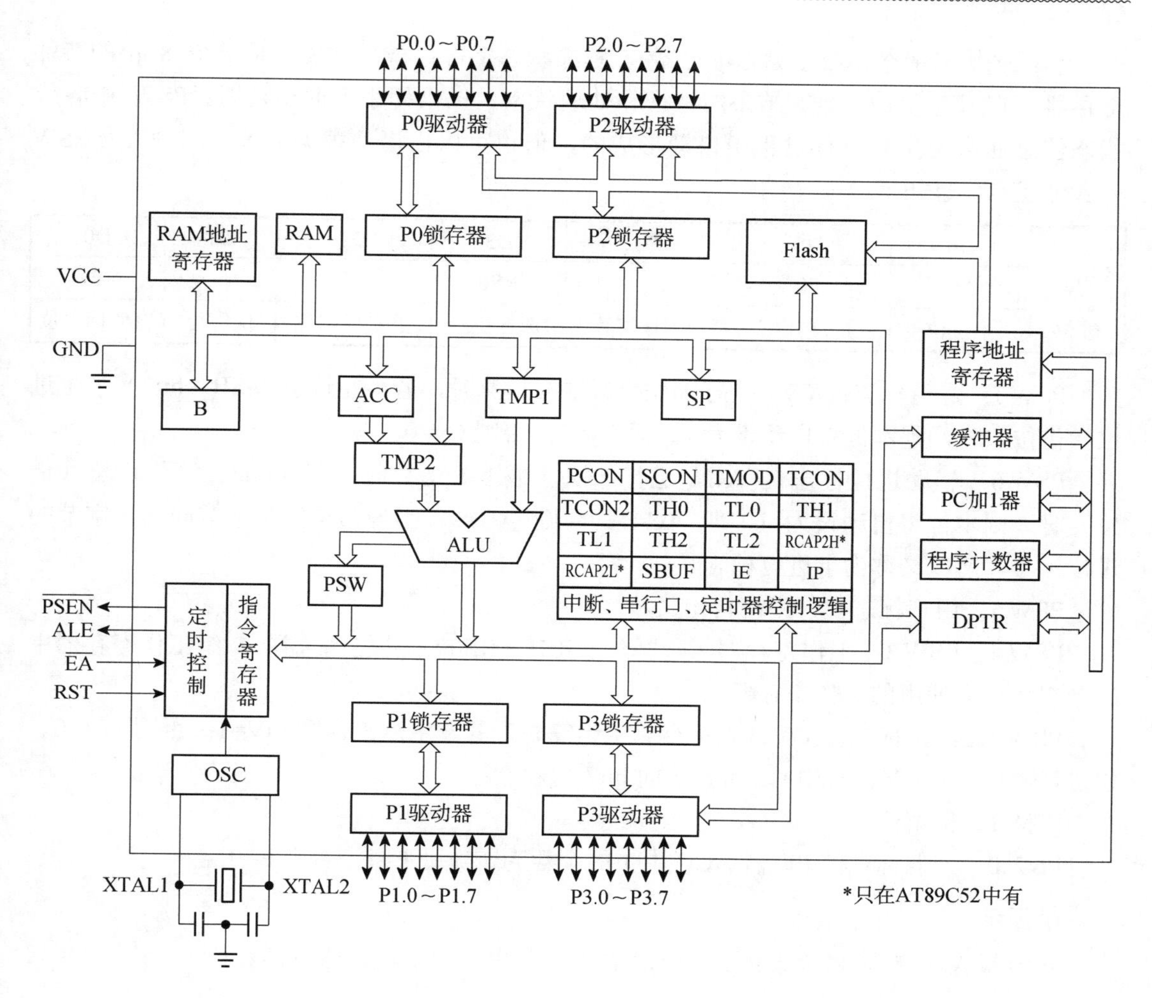

图 1.3 51 单片机内部结构图

①算术/逻辑运算单元（ALU）。由加法器和其他逻辑电路如移位电路、控制门电路等组成。它的功能不仅能完成 8 位二进制数的加、减、乘、除、加 1、减 1 及 BCD 加法的十进制调整等算术运算，还能对 8 位变量进行逻辑与、或、异或、循环移位、求补、清零等逻辑运算，并具有数据传送、程序转移及位处理（布尔操作）等功能。

②累加器 ACC。累加器（ACC，简称累加器 A）是一个 8 位寄存器，它是 CPU 中使用最频繁的寄存器。通过暂存寄存器 2 与 ALU 相连，向 ALU 提供操作数并存放运算结果。

③寄存器 B。寄存器 B 是为 ALU 进行乘、除法运算而设置的，在乘、除法运算时用来存放一个操作数，也可以用来存放运算后的一部分结果。若不作乘、除法运算时，还可作为通用的寄存器使用。

④暂存寄存器。暂存寄存器用来暂时存储数据总线或其他寄存器送来的操作数，作为 ALU 的数据源，向 ALU 提供操作数。

⑤程序状态字寄存器（标志寄存器）。程序状态字寄存器（PSW）是一个 8 位的特殊寄存器，它保存 ALU 运算结果的特征和处理状态，以供程序查询和判别。PSW 中各位状态信息通常是指令执行过程中自动形成的，但也可以由用户根据需要加以改变。PSW 中各位状态信息如下：

D7	D6	D5	D4	D3	D2	D1	D0
Cy	AC	F0	RS1	RS0	OV	—	P
进位	半进位	用户自定义	工作寄存器组选择位		溢出标志位	保留位	奇偶标志位

PSW.7：进位标志位 Cy，进行加法（减法）运算时，若最左边位 MSB（bit7）产生进位（借位）时，则本位将自动设为 1，即 Cy=1；否则 Cy=0。

PSW.6：辅助进位标志位 AC，进行加法（减法）运算时，若（bit3）产生进位（借位）时，则本位将自动设为 1，即 AC=1；否则 AC=0。因为其是低半字节向高半字节的进位标志，所以又称为半进位标志。

PSW.5：用户标志位，用户自定义。

PSW.4、PSW.3：工作寄存器组选择位（RS1、RS0），功能为选择 4 组工作寄存器中的一组为当前使用的工作寄存器。

PSW.2：溢出标志位 OV，当进行算术运算时，若发生溢出，则 OV=1；否则 OV=0。也可以利用 Cy⊕C6，其中 C6 为 bit6 向 bit7 的进位。

PSW.1：保留位。

PSW.0：奇偶标志位 P，若 ACC 中 1 的个数为奇数则 P=1；否则 P=0。

小提示：

累加器 ACC 和奇偶标志位 P 共 9 位数据，其中 1 的个数始终为偶数。

（2）控制器

控制器是单片机的神经中枢，是由指令寄存器 IR、指令译码器 ID、程序计数器 PC、堆栈指针 SP、数据指针 DPTR、定时与控制逻辑电路、时序部件等组成的。它先以主频率为基准发出 CPU 的时序，对指令进行译码，然后发出各种控制信号，完成一系列定时控制的微操作。

①程序计数器 PC（16 位的计数器）：用于存放 CPU 下一条要执行的指令地址，是一个 16 位的专用寄存器，可寻址范围为 0000H～0FFFFH，共 64 KB。程序中的每条指令存放在 ROM 区的某些单元中，都有自己的存放地址。

CPU 要执行哪条指令时，就把该条指令所在单元的地址送到地址总线中。在顺序执行程序中，当 PC 的内容被送到地址总线后，会自动加 1，即（PC）←（PC）＋1，又指向 CPU 下一条要执行的指令地址。改变 PC 的内容，就可以改变程序的流向。

②指令寄存器（IR）：指令寄存器用于存放指令代码。CPU 执行指令时，由程序存储器中读取的指令代码送入 IR 中，经译码器译码后由定时与控制电路发出相应的控制信号，完成指令所指定的操作。

③指令译码器 ID：指令译码器用于分析指令功能，根据操作码产生相应操作的控制信号。

④数据指针（DPTR）：DPTR 是一个 16 位的专用寄存器，主要用来存放 16 位地址，作为访问 ROM、外部 RAM 和 I/O 口的地址指针。

⑤定时与控制逻辑：定时与控制逻辑由时序部件和微操作控制部件构成，用于控制取指令、执行指令、存取操作数或运算结果等操作，向其他部件发出各种微操作控制信号，协调各部件的工作。

⑥时序部件：时序部件由时钟系统和脉冲分配器构成，用于产生单片机各部件所需要的定时信号以控制和协调单片机各部件有节奏地动作。其主要功能有协调单片机内部各功能部件之间的数据传送、数据运算等操作。

（3）寄存器阵列

寄存器阵列包括通用寄存器和专用寄存器组。通用寄存器组用来存放过渡性的数据和地址，提高 CPU 的运行速度。专用寄存器组主要用来指示当前要执行指令的内存地址、存放特定的操作数、指示指令运行的状态等。

2．存储器配置

单片机存储器可以分成两大类：数据存储器 RAM（Random Access Memory）和程序存储器 ROM（Read Only Memory），存储器分类如表 1.2 所示。

表 1.2　存储器分类

存储器类型	存储器分区	空间大小	地址范围	访问方式
RAM	片内 RAM	256B	00H～0FFH	MOV 访问
	可外扩 RAM	64KB	0000H～0FFFFH	MOVX 访问
ROM	片内 ROM	4KB	0000H～0FFFH	MOVC 访问
	可外扩 R0M	64KB	0000H～0FFFFH	

注：访问方式为汇编指令。

RAM：CPU 在运行时能随时进行数据的写入和读出，但掉电时，存储的信息将丢失。它用来存放暂时性的输入/输出数据、运算的中间结果或用作堆栈。

ROM：它是一种写入信息后不易改写的存储器。断电后，ROM 中的信息保留不变。它用来存放固定的程序或数据，如系统监控程序、常数表格等。

（1）程序存储器 ROM

AT89S51 内部程序存储器共 4KB，可以外扩 64KB，统一编址，其中低 4KB 选择靠 $\overline{EA}$ 引脚来实现。$\overline{EA}$=1，选择片内 ROM；$\overline{EA}$=0，选择片外 ROM。

程序存储器结构图如图 1.4 所示。程序存储器空间有以下 6 个特殊功能区域。

- 0000H：系统的启动单元（系统复位后，单片机从此处开始执行）。
- 0003H：外部中断 0 入口地址。

- 000BH：定时/计数器 0 中断入口地址。
- 0013H：外部中断 1 入口地址。
- 001BH：定时/计数器 1 中断入口地址。
- 0023H：串行中断入口地址。

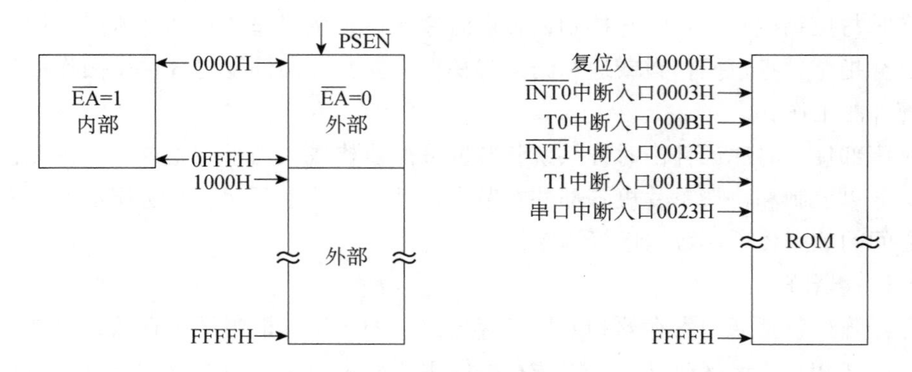

图 1.4 程序存储器结构图

（2）数据存储器 RAM

数据存储器结构图如图 1.5 所示。具体介绍如下。

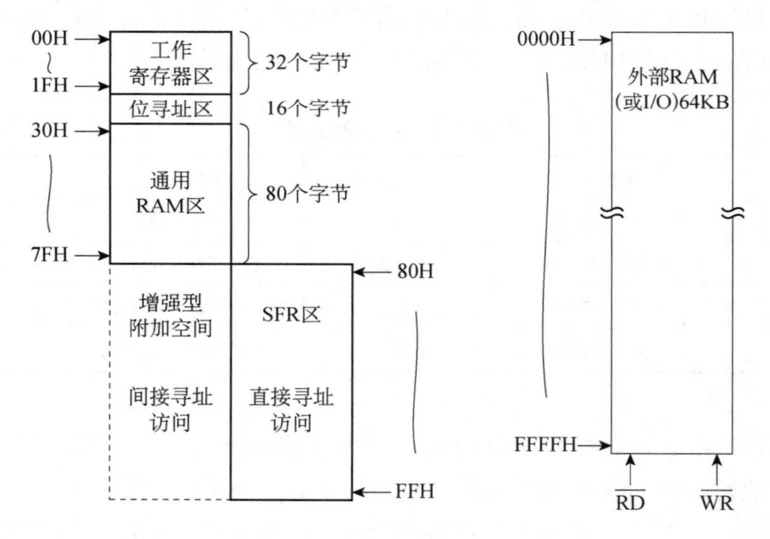

图 1.5 数据存储器结构图

①工作寄存器区（00H～1FH）。低端 32 个字节分成 4 个工作寄存器组，每组 8 个单元。当前工作寄存器组的机制便于快速现场保护。PSW 的 RS1、RS0 决定当前工作寄存器组号。工作寄存器组配置表如表 1.3 所示。

②位寻址区（20H～2FH）。可以进行每个位的寻址，共 16 个字节 128 位。位寻址区位地址表如表 1.4 所示。

表 1.3　工作寄存器组配置表

组号	RS1	RS0	R7	R6	R5	R4	R3	R2	R1	R0
0	0	0	07H	06H	05H	04H	03H	02H	01H	00H
1	0	1	0FH	0EH	0DH	0CH	0BH	0AH	09H	08H
2	1	0	17H	16H	15H	14H	13H	12H	11H	10H
3	1	1	1FH	1EH	1DH	1CH	1BH	1AH	19H	18H

表 1.4　位寻址区位地址表

字节地址	位地址							
	D7	D6	D5	D4	D3	D2	D1	D0
2FH	7FH	7EH	7DH	7CH	7BH	7AH	79H	78H
2EH	77H	76H	75H	74H	73H	72H	71H	70H
2DH	6FH	6EH	6DH	6CH	6BH	6AH	69H	68H
2CH	67H	66H	65H	64H	63H	62H	61H	60H
2BH	5FH	5EH	5DH	5CH	5BH	5AH	59H	58H
2AH	57H	56H	55H	54H	53H	52H	51H	50H
29H	4FH	4EH	4DH	4CH	4BH	4AH	49H	48H
28H	47H	46H	45H	44H	43H	42H	41H	40H
27H	3FH	3EH	3DH	3CH	3BH	3AH	39H	38H
26H	37H	36H	35H	34H	33H	32H	31H	30H
25H	2FH	2EH	2DH	2CH	2BH	2AH	29H	28H
24H	27H	26H	25H	24H	23H	22H	21H	20H
23H	1FH	1EH	1DH	1CH	1BH	1AH	19H	18H
22H	17H	16H	15H	14H	13H	12H	11H	10H
21H	0FH	0EH	0DH	0CH	0BH	0AH	09H	08H
20H	07H	06H	05H	04H	03H	02H	01H	00H

位地址表示方式有字节地址加位号，如 21H.2，或是直接用位地址表示。它们之间转换公式为

$$(X-20H)\times 8+Y$$

其中，X 为字节地址，Y 为位号，进行十六进制运算。

③通用 RAM 区（30H～7FH）。位寻址区之后的 30H 至 7FH 共 80 个字节为通用 RAM 区。这些单元可以作为数据缓冲器使用。51 单片机的堆栈一般设在 30H～7FH 的范围内。栈顶的位置由 SP 寄存器指示。复位时 SP 的初值为 07H，数据入堆栈时，将从 08H 即第 1 组工作寄存器组单元开始。为了避免冲突或不必要的错误，通常在系统初始化时重新设置 SP 为 30H 以后的地址。

④特殊功能寄存器区（SFR）（80H～FFH）。51 系列有 18 个特殊功能寄存器，其中 3

个双字节，共占 21 个字节，离散地分布在 SFR 区中。其中地址能被 8 整除的可以进行位寻址。在 Keil C51 中的..\keil\c51\inc 的文件夹内提供了各种型号的寄存器定义文件。在使用 AT89S51 单片机时，只要在程序开头加入代码#include <AT89X51.h>即可把寄存器定义文件载入。特殊功能寄存器表如表 1.5 所示。

小提示：

在 Keil C51 定义的寄存器文档中，所有寄存器名称都为大写形式，所以引用时一定要采用大写形式。

表 1.5 特殊功能寄存器表

特殊功能寄存器名称	符号	字节地址	位地址与位名称							
			D7	**D6**	**D5**	**D4**	**D3**	**D2**	**D1**	**D0**
P0 口	P0	80H	87H	86H	85H	84H	83H	82H	81H	80H
堆栈指针	SP	81H								
数据指针低字节	DPL	82H								
数据指针高字节	DPH	83H								
定时/计数器控制	TCON	88H	TF1 8FH	TR1 8EH	TF0 8DH	TR0 8CH	IE1 8BH	IT1 8AH	IE0 89H	IT0 88H
定时/计数器方式	TMOD	89H	GATE	C/T	M1	M0	GATE	C/T	M1	M0
定时/计数器 0 低字节	TL0	8AH								
定时/计数器 0 高字节	TH0	8BH								
定时/计数器 1 低字节	TL1	8CH								
定时/计数器 1 高字节	TH1	8DH								
P1 口	P1	90H	97H	96H	95H	94H	93H	92H	91H	90H
电源控制	PCON	97H	SMOD				GF1	GF0	PD	IDL
串行口控制	SCON	98H	SM0 9FH	SM1 9EH	SM0 9DH	REN 9CH	TB8 9BH	RB8 9AH	TI 99H	RI 98H
串行口数据	SBUF	99H								
P2 口	P2	A0H	A7H	A6H	A5H	A4H	A3H	A2H	A1H	A0H
中断允许控制	IE	A8H	EA AFH		ET2 ADH	ES ACH	ET1 ABH	EX1 AAH	ET0 A9H	EX0 A8H
P3 口	P3	B0H	B7H	B6H	B5H	B4H	B3H	B2H	B1H	B0H
中断优先级控制	IP	B8H			PT2 BDH	PS BCH	PT1 BBH	PX1 BAH	PT0 B9H	PX0 B8H
定时/计数器 2 控制	T2CO N	C8H	TF2 CFH	EXF2 CEH	RCLK CDH	TCLK CCH	EXEN2 CBH	TR2 CAH	C/T2 C9H	CP/R L2 C8H
定时/计数器 2 重装低字节	RLDL	CAH								
定时/计数器 2 重装高字节	RLDH	CBH								

（续表）

特殊功能寄存器名称	符号	字节地址	位地址与位名称							
			D7	**D6**	**D5**	**D4**	**D3**	**D2**	**D1**	**D0**
定时/计数器 2 低字节	TL2	CCH								
定时/计数器 2 高字节	TH2	CDH								
程序状态寄存器	PSW	D0H	C D7H	AC D6H	F0 D5H	RS1 D4H	RS0 D3H	OV D2H	D1H	P D0H
累加器	A	E0H	E7H	E6H	E5H	E4H	E3H	E2H	E1H	E0H
寄存器 B	B	F0H	F7H	F6H	F5H	F4H	F3H	F2H	F1H	F0H

3．并行输入/输出口

51 单片机设有 4 个 8 位双向 I/O 口，称为 P0、P1、P2 和 P3 口，共 32 条可编程的 I/O 口线，每一条都能独立地用作输入或输出。P0 口为三态双向口，能带 8 个 LSTTL 电路。P1、P2、P3 口为准双向口（用作输入线时，必须先向锁存器写“1”），负载能力为 4 个 LSTTL 电路。关于并行输入/输出口具体结构及用法请参照“项目二”。

4．定时/计数器

51 单片机共有 2 个 16 位的可编程定时/计数器，用于实现定时或计数功能，并可以利用定时计数中断对系统进行控制。关于定时器结构及用法请参照“项目三”。

5．中断控制系统

51 单片机具有比较完善的中断功能，共设有 5 个中断源，分别是 2 个外部中断、2 个定时/计数器中断、1 个串行口中断。中断可以编程配置以实现不同的控制需求，并且具备两级优先级别，可以实现二级嵌套。关于中断控制系统参照“项目四”。

6．全双工串行口

51 单片机内置一个全双工串行口，用于实现单片机与外部设备之间的串行数据传递。该串口功能较强，既可作为异步通信收发器，也可以作为同步移位器。关于串行口知识参照“项目四”。

本次任务主要由学生利用课余时间完成。

1．到图书馆借阅相关书籍或上网搜索常见单片机型号，了解国内国际半导体产业现状，谈谈对科技强国的认识。

2．到图书馆借阅相关书籍或上网搜索常见单片机应用产品并配带简要产品说明。

3．填写任务实施评价单（附表 1）。

1．单片机基本概念及发展历程与趋势。

2．单片机内部结构包含 CPU、存储器、I/O 口、定时/计数器、中断系统、串行通信等。

3．CPU 由运算器、控制器及部分寄存器构成，存储器分 RAM 和 ROM。

练习题

一、填空题

1. 目前主流单片机有_____位、______位、_____位，其中 AT89S51 为____位单片机。

2. AT89S51 单片机有 4 组 8 位可编程输入/输出口，分别命名_____、_____、_____、_____口。

3. AT89S51 单片机存储器包括______________和________________。

4. AT89S51 内部程序存储器共________KB，可以外扩______KB，统一编址，其中低___KB 选择靠_____引脚来实现，为高电平选择片内 ROM，为低电平选择片外 ROM。

5. AT89S51 单片机分成____个工作寄存器组，每组____个单元。PSW 的_____、_____决定当前工作寄存器组号。

二、选择题

1. 下列不是单片机特点的是（　　）。

A. 体积小　　B. 控制能力强　　C. 功耗高　　D. 成本低

2. AT89S51 共（　　）个引脚。

A. 20　　B. 40　　C. 32　　D. 16

3. AT89S51 单片机第（　　）脚是 RST 复位信号输入端，高电平有效。

A. 20　　B. 40　　C. 9　　D. 31

4. AT89S51 为 8 位单片机是由（　　）决定的。

A. 累加器 ACC　　B. PSW　　C. ALU　　D. 寄存器 B

5. 程序计数器 PC，用于存放 CPU 下一条要执行的指令地址，是一个（　　）位的专用寄存器。

A. 4　　B. 8　　C. 16　　D. 32

三、简答题

1. 什么是单片机？基本组成部件有哪些？

2. 举例概述单片机应用领域。

3. 单片机与微型计算机有什么区别？

4. 简述单片机数据存储器 RAM 和程序存储器 ROM 的区别。

任务二　智能电子产品开发

智能电子产品是以单片机为核心配合外围电路模块组成的电子产品应用系统。智能电子产品项目开发，不同于一般的电子产品，它是如何实施的呢？有哪些步骤？对于 AT89S51 来说，又需要哪些软硬件工具？

了解智能电子产品开发步骤，熟练运用 Keil C 开发环境搭建单片机软件开发系统环境，养成科学严谨的工作态度与求真务实的工程作风，掌握 C51 基本数据类型。

一、智能电子产品开发流程概述

智能电子产品开发不同于传统的电子产品开发，不仅涉及硬件的设计调试，同时需要进行软件开发，只有合理的软件开发才能实现智能化控制。一般地，智能电子产品开发的流程类似于软件开发流程，分为以下 8 步。

1. 需求分析

工程开发人员向用户了解需求并进行分析，根据经验和用户需求把整个系统划分为若干个功能模块，并做出一份功能需求文档，再次向用户确认需求。

2. 系统总体方案

根据需求分析，对系统进行软硬件模块具体划分，初步确认实施方案，准备开发设计。如果项目较大，需多人合作完成，项目负责人可以下发任务。

3. 硬件设计

针对硬件功能模块，对其进行设计，画出原理图。经项目组成员确认后，制作 PCB 进行加工。

4．软件设计

软件设计包含两部分：一部分硬件模块的底层驱动程序开发设计，主要由硬件设计者完成，提供函数接口给上层应用软件使用，又称板级支持包 BSP。另一部分是应用软件，它是针对系统功能应用的，不针对硬件，可以基于操作系统。对软件设计要考虑实现功能，涉及算法、数据结构、层次调用关系等，设计要详细周全，画出流程图进行编码。

5．系统调试

系统调试分两个阶段：第一个阶段，硬件功能的基本测试，确保硬件工作的可靠性。第二个阶段，为硬件添加上软件并进行综合性能调试。调试过程中可对硬件和软件进行修改，最终使得产品满足需求分析所列各项要求。

6．整理技术文档

对已经调试成功的系统相关技术文档，包括硬件设计原理图、软件设计流程图、程序清单、测试步骤及结果分析等进行整理，并编制用户手册。

7．交付使用

根据与用户的协定交付合格产品及相关技术文档。

8．维护维修

智能电子产品开发包括软件设计，需要给用户提供一段时间的维护，以便对软件漏洞进行补救。

二、AT89S51 软件开发环境

Keil 单片机集成开发软件是目前最流行的单片机开发软件。Keil 提供了包括 C 编译器、宏汇编、连接器、库管理及一个功能强大的仿真调试器在内的完整开发方案，通过一个集成开发环境（µVision4）将这些部分组合在一起。Keil 单片机集成开发软件可以运行在 Win98、WinNT、Win2000、WinXP、Win7、Win10 等操作系统下。

图 1.6　启动 Keil µVision4

下面通过图解的方式来学习 Keil 软件的使用，按学习新建工程→工程详细参数设置→建立源程序→源程序编译的顺序讲解，并得到目标代码文件。

第一步：双击 Keil µVision4 的桌面快捷方式（见图 1.6），启动 Keil 集成开发开发软件。软件启动后的界面如图 1.7 所示。

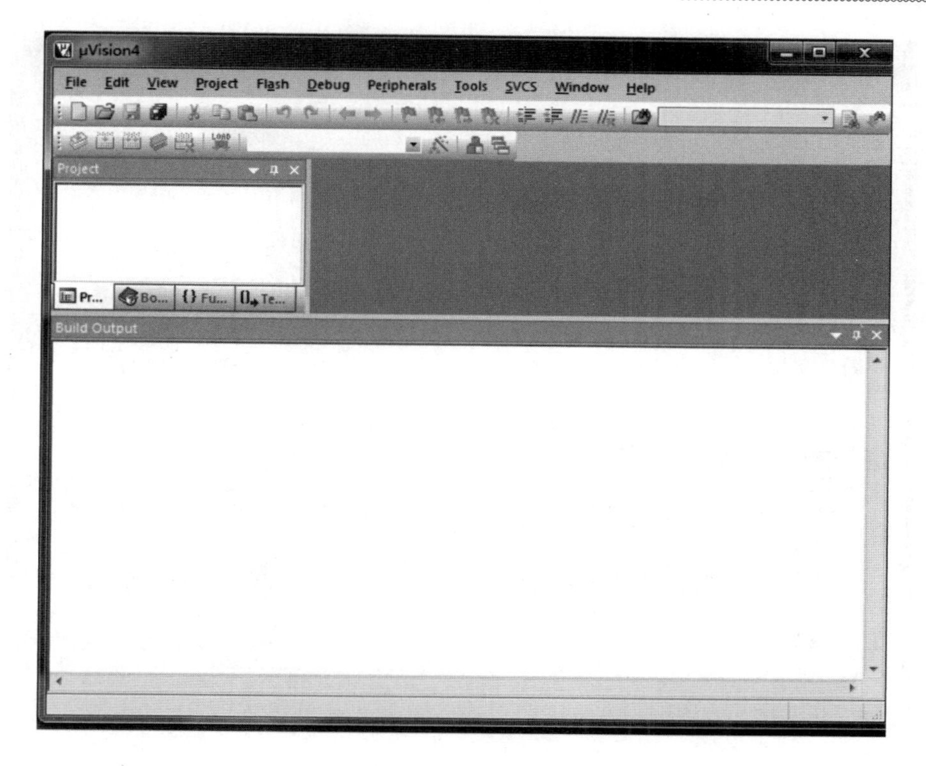

图 1.7　软件启动后的界面

第二步：新建立 Keil 工程。如图 1.8 所示，执行“Project”→“New µVision Project”命令，将出现保存文件对话框（见图 1.9）。在保存文件对话框中输入工程的文件名，这里建立以“test”为名称的工程，Keil 工程默认扩展名为“.uvproj”，工程名称不用输入扩展名（见图 1.9），输入工程名称后单击“保存”按钮，将出现选择设备对话框（见图 1.10），在该对话框中选择 CPU 的型号。

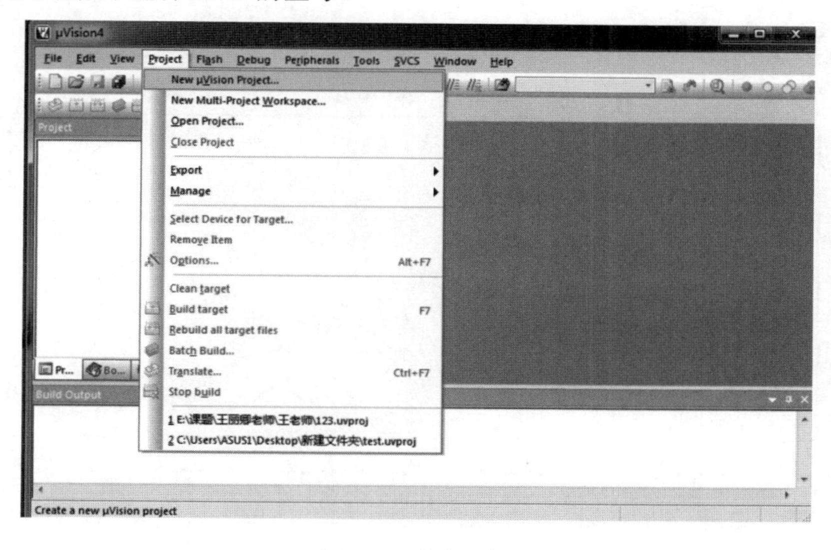

图 1.8　新建工程

图 1.9　保存文件对话框

第三步：选择 CPU 型号。如图 1.10 所示，为工程选择 CPU 型号，这里选择 Atmel 公司的 AT89S51 单片机。单击“OK”按钮。弹出系统信息提示，单击“否”按钮。工程建立完毕，如图 1.11 所示。工程视图中出现工程结构目录。

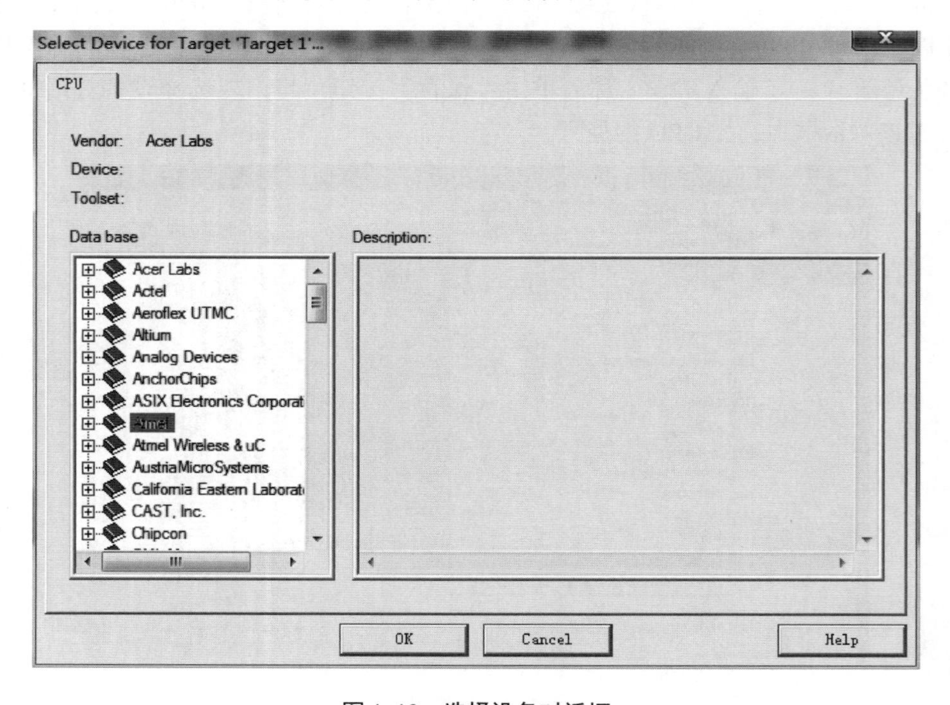

图 1.10　选择设备对话框

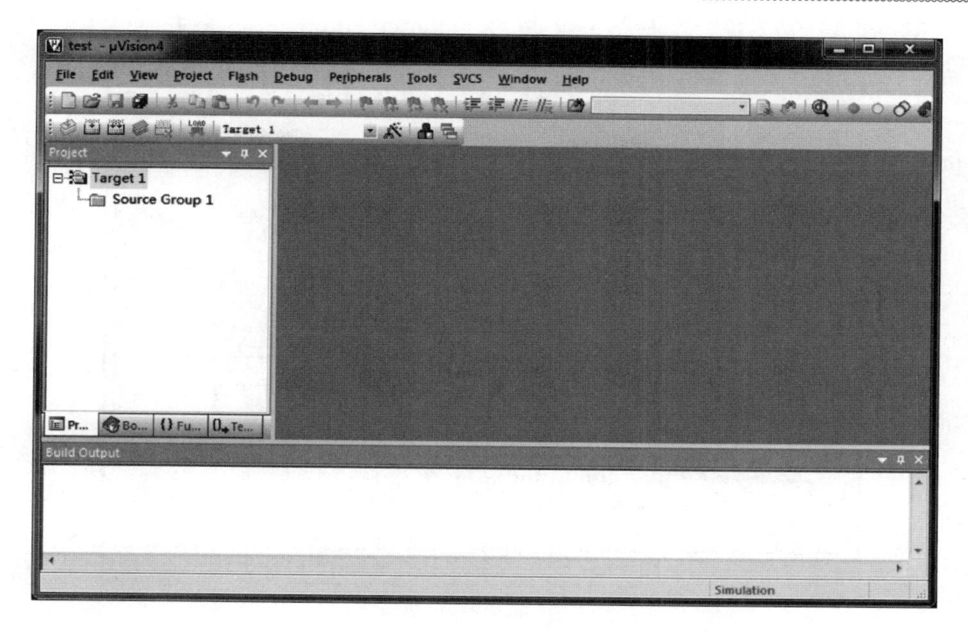

图 1.11 建立的工程

第四步：设置工程目标 Target 1 属性。在工程项目管理窗口中的“Target 1”文件夹上右击，出现下拉菜单，选择“Options for Target 'Target 1'...”命令，如图 1.12 所示，打开“目标属性”对话框。

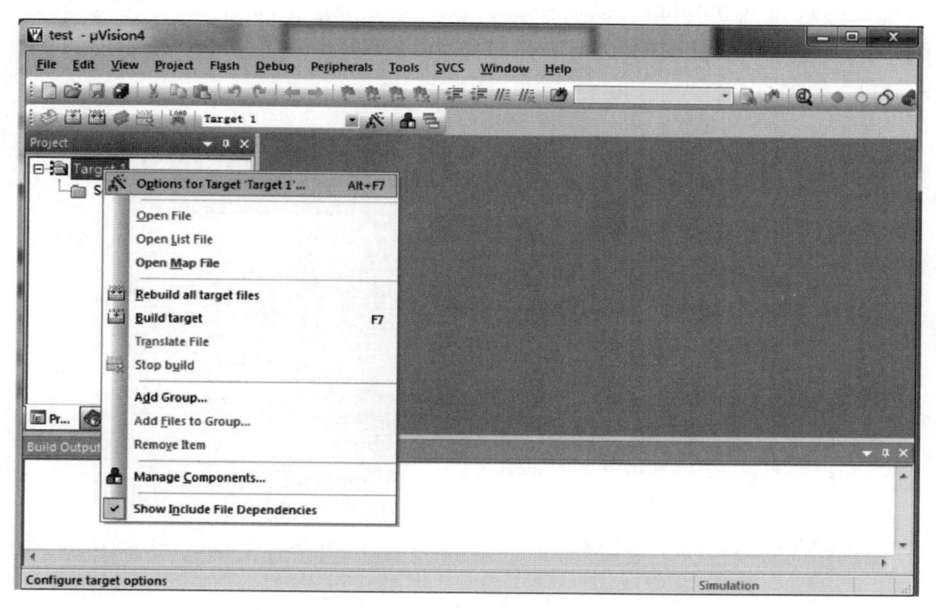

图 1.12 选择目标属性

“目标属性”对话框（见图 1.13）中有 11 个选项卡，设置的项目繁多复杂，大部分使用默认设置即可，主要设置其中的“Target”“Output”“Debug”三个选项卡，下面对这三个选项卡的设置进行详细介绍。

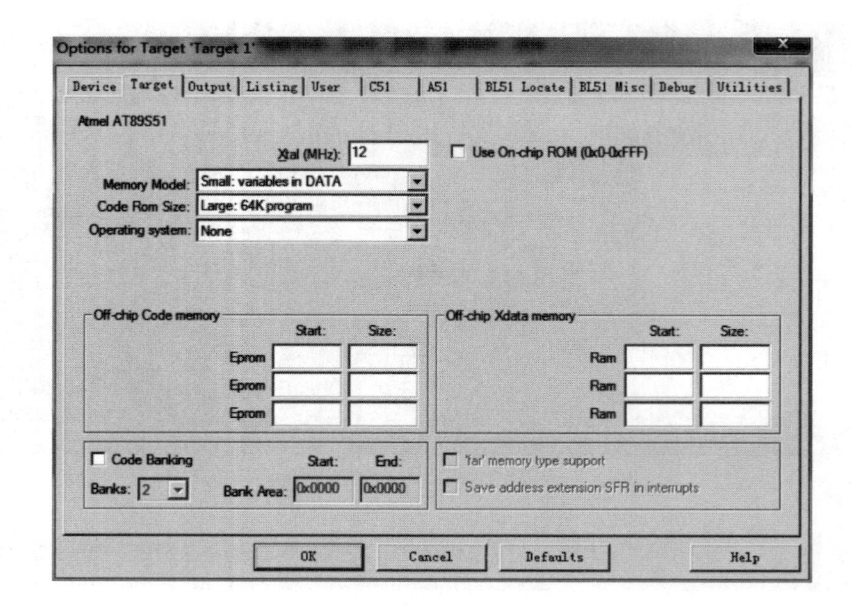

图 1.13　“目标属性”对话框

①工程目标属性设置（Target）。该选项卡下可以设置单片机的晶振频率、存储器等，把晶振的频率改为 12，频率设置和实验板上的实际晶振频率相同即可（见图 1.13）。

②工程输出设置（Output）。该选项卡设置如图 1.14 所示。注意：如果要进行单片机烧录，则一定要把“Create HEX File”选项选中，程序编译后才能生成烧录单片机需要的 HEX 格式目标文件。

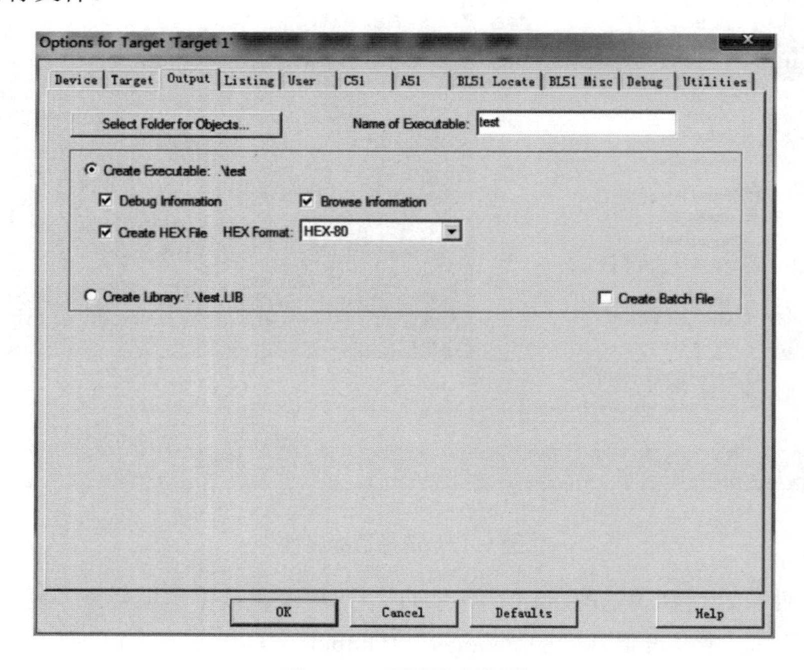

图 1.14　工程输出设置

③工程调试设置。“Debug”选项卡设置如图 1.15 所示。该选项卡分为左右两半，左半边用于软件仿真设置，而右半边用于硬件仿真设置。当使用软件仿真时，选中左半边的“Use Simulator”；如果使用硬件仿真器，那么就要按需要设置硬件仿真，同时把仿真器连接到计算机串口上。串口号根据仿真器实际连接来设置，如把仿真器接到 COM2 上，那么就选择“COM2”；通信波特率选择 38400 即可。如果不用仿真调试程序，此项设置可以忽略。

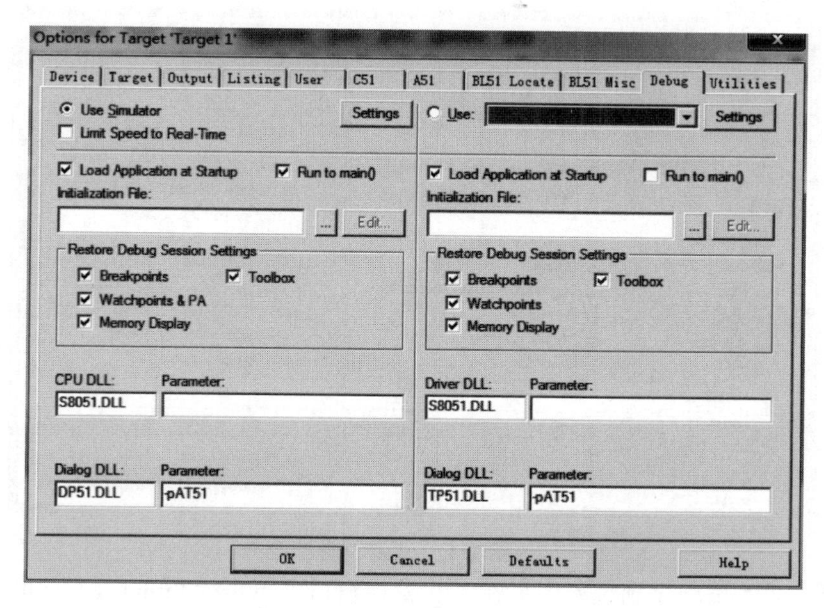

图 1.15　工程调试设置

第五步：新建文本编辑窗口。单击工具栏上的“新建文件”快捷按键或菜单命令“File”→“New...”，即可在项目窗口的右侧打开一个新的文本编辑窗口，如图 1.16 所示。

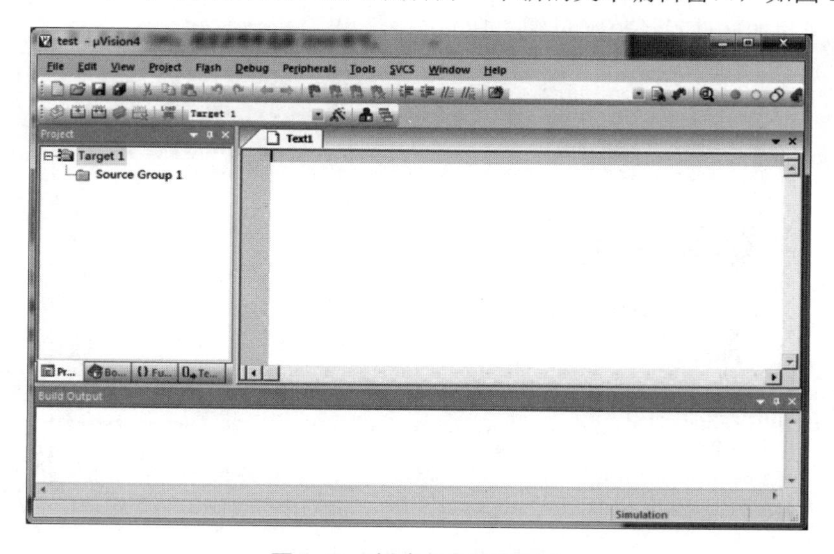

图 1.16　新建文本编辑窗口

第六步：保存文件。如图 1.17 所示，保存文件时必须加上文件的扩展名，如果使用汇编语言编程，那么保存时文件的扩展名为“.asm”，如果使用 C 语言程序，文件的扩展名使用“*.c”。在保存好的文本编辑窗口中输入源程序，可以输入 C 语言程序，也可以输入汇编语言程序。

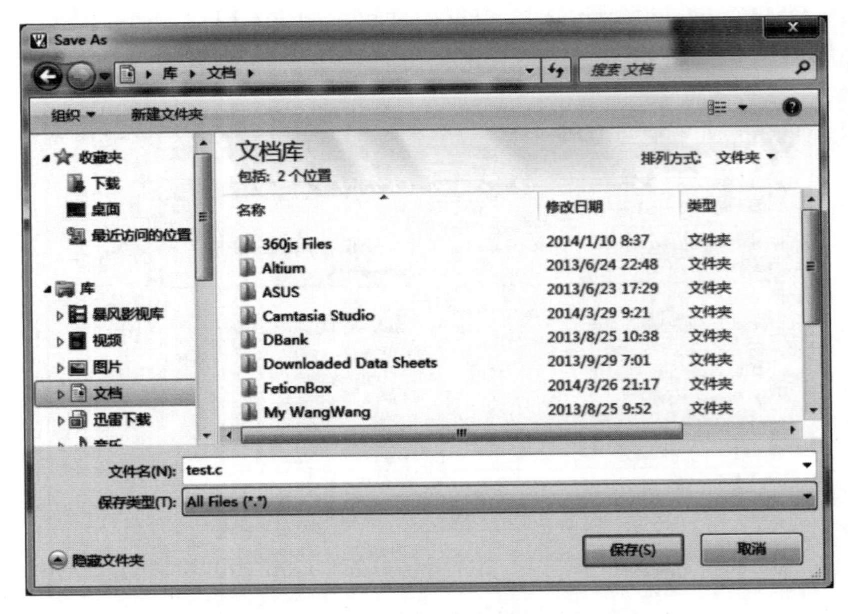

图 1.17　保存文件

第七步：加入源程序到工程中。在工程管理窗口中单击“Target 1”前面的“＋”号展开下一层的“Source Group 1”文件夹，此时的新工程内容是空的，“Source Group 1”文件夹中什么文件都没有，因此必须把刚才输入的源程序加入到工程当中。右击工程管理窗口中的“Source Group 1”，出现下拉菜单，选择“Add Files to Group 'Source Group 1'”命令，将出现添加文件对话框（见图 1.18）。

图 1.18　添加文件对话框

在添加文件对话框中，找到要添加到工程中的源程序文件。注意：对话框中的文件类型默认为“C Source file（*.c）”，如果要添加到工程中的是汇编语言程序，则在文件类型中必须选中“Asm Source file（*.a*；*.src）”，以*.asm为扩展名的汇编源程序才会出现在文件列表框中。

双击该文件 test.c，即可将该文件添加到工程当中，另外也可以单击 test.c 选中该文件，再单击“Add”按钮，也可以把文件加入到工程中。

把文件添加到工程中后，添加文件对话框并不会自动关闭，而是等待继续添加其他文件，初学者往往以为没有加入成功，再次双击该文件，则会出现图 1.19 所示提示对话框，表示该文件不再加入目标。此时应该单击“确定”按钮，返回到前一对话框，再单击“关闭”按钮，返回到主界面。

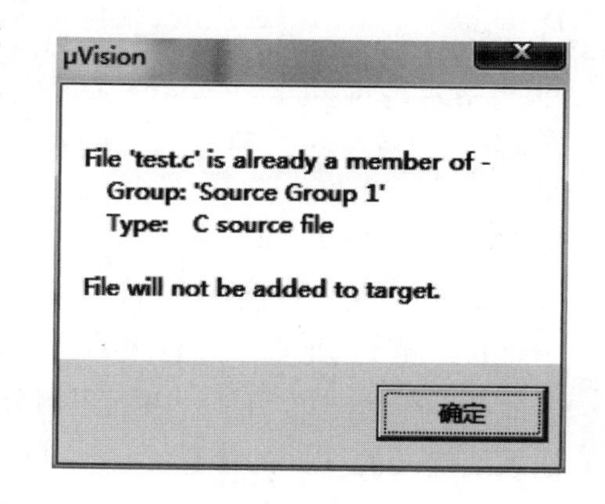

图 1.19　重复加入文件提示对话框

当给工程添加源程序文件成功后，工程管理器中的“Source Group 1”文件夹的前面会出现一个“+”号，单击“+”号，展开文件夹，可以看到 test.c 已经出现在里面，双击即可打开该文件编辑修改源程序了。

第八步：源程序的编译与目标文件的获得。

至此，便完成了从工程建立、工程详细参数设置、源程序输入添加的工作，接下来将完成最后的步骤，此时可以在文本编辑窗口中继续输入或修改源程序，使程序实现目标要求，在检查程序无误后应保存工程。单击“构造目标”按钮，或按快捷键 F7，进行源程序的编译连接，源程序编译相关的信息会出现在输出窗口的“Build Out”中。显示编译结果“‘test’ -0 Error（s），0 Warning（s）.”，同时产生目标文件 test.hex。如果源程序中有错误，则不能通过编译，错误会在输出窗口中报告出来，双击该错误，就可以定位到源程序的出错行，我们可以对源程序进行反复修改，再编译，直到没有错误为止。

注意：每次修改源程序后一定要保存，并重新编译。

三、C51 程序设计（一）

1．Keil C51 程序结构

为了说明 Keil C 语言程序结构，下面给出一个较完整的程序，具体含义在以后项目中详细介绍。

```
/*程序示例*/
#include  <at89x51.h>     //预处理命令，包含头文件
void delay(unsigned char time);          //延时子函数声明
```

```
void main(void)              //主函数
{   while(1)
    {
            P1=0xAA;
            delay(200);      //延时
            P1=0x55;
            delay(200);
    }
}
void delay(unsigned char time)           //延时子函数
{   unsigned char i,j;    //定义局部变量
    for(i=time;i>0;i--)
            for(j=200;j>0;j--);
}
```

【程序结构分析】

① #include <at89x51.h>

放在程序的前面，在程序编译之前要处理的内容，称为预编译处理命令。编译处理命令很多，都以“#”开头，并且不用分号。include 预处理命令为文件包含命令，其作用是把系统定义的 P1 的信息文件 at89x51.h 包含进来，以“.h”作为后缀，称为头文件。at89x51.h 文件定义了 51 常用的寄存器地址，可以在..\keil\c51\inc 文件夹内找到。

在#include 之后，若以< >包含头文件的文件名，编译程序时将在系统文件夹..\keil\c51\inc 内查找文件；若以“ ”包含头文件，在编译程序时将从源程序所在文件夹里查找文件。

② void main（void）

{

……

}

这是一个函数，C 语言的构成就是函数。函数的名字为“main”，是个专用的名字，表示主函数。每个 C 语言程序中必须有一个且只能有一个主函数。函数名后面的括号用于表示参数，void 表示空，没有参数，可以省略。函数名前面的 void 为返回类型，这里表示没有返回参数，但是不能省略。再后面的一对{ }中的部分为函数体，用来表明该函数的功能实现。函数体的主要成分是语句，C 语言规定语句必须以分号结束。如“P1=0xAA;”即为一条语句。

在单片机控制系统中，需要单片机不停地进行监控，所以通常单片机主函数中的函数体应该包括 while(1)语句，以便系统能一直运行监控。具体语句含义后面具体讲解。

③void delay(unsigned char time)

它为函数声明。函数声明的作用是让编译器知道该函数的原型（包括返回值、参数个数及其类型），以便对语句进行语法检查。其定义在后面：

```
void delay(unsigned char time)
{
功能语句;
}
```

如果函数定义出现在其被调用之前，由其定义可以直接获得信息，就可以不写函数声明；如果函数调用在其被定义之前，则需要一个函数原型声明来说明这些信息。

编译器所提供的库函数的定义不在程序中，为了便于使用，系统把某些库函数的原型声明写在某一个头文件中，程序员只要把要用的头文件用文件包含语句写在程序的函数调用之前，就等于把函数的原型声明写在了函数调用前。

④unsigned char i,j

变量定义，变量是程序中被命名的数据实体，其值可以改变。为了便于计算机存储，C 语言程序中的每个数据都被规范化了，称为数据类型。变量在使用之前必须先进行声明。在函数内定义的变量称为局部变量，仅限制在定义的函数内使用，在函数外定义的变量为全局变量，可以在各个函数中使用。具体变量及数据类型参照后面相关内容。

⑤/**/，//

注释，用于增强程序的可读性。它不被编译，也不被执行。C 语言中/**/用于段注释，//用于行注释。

2．Keil C51 基本数据类型

数据是程序必需的组成部分，是程序中被处理的对象。C 语言程序中的每个数据都属于某一种数据类型。数据类型是按照数据的性质、表示形式、占据存储空间、构造特点划分的，是对数据的抽象，对数据赋予一定约束，以便对数据进行高效处理。

Keil C51 编译器所支持的基本数据类型中的 char、int、long、float 等与 ANSIC 相同。当占据的字节数大于 1 时，数据的高位占据低地址，即从高到低依次存放。而 bit，sbit，sfr 和 sfr16 是 Keil C51 扩展的类型。常用数据类型如表 1.6 所示。

表 1.6　常用数据类型

数据类型	长 度	值 域
unsigned char	单字节	0～255
char	单字节	-128～+127
unsigned int	双字节	0～65 535
int	双字节	-32 768～+32767
unsigned long	四字节	0～4 294 967 295
long	四字节	-2 147 483 648～+2 147 483 647

（续表）

数据类型	长 度	值 域
float	四字节	±1.175 494E-38～±3.402 823E+38
一般指针	三字节	对象的地址为0～65 535
bit	1位	0或1
sfr	单字节	0～255
sfr16	双字节	0～65 535
sbit	1位	0或1

（1）bit型

bit用于定义位变量，只有1位长度，非0即1。bit型对象始终位于单片机内部可位寻址的存储空间（20H～2FH）中。例如：

```
static    bit    sta-bit;   //定义一个静态位变量sta-bit
extern    bit    ext-bit;   //定义一个外部位变量ext-bit
```

（2）sfr、sfr16特殊功能寄存器型

sfr、sfr16分别用于定义单片机内部的8位、16位特殊功能寄存器之地址。定义方法如下：

```
sfr       特殊功能寄存器名=特殊功能寄存器地址常数;
sfr16     特殊功能寄存器名=特殊功能寄存器地址常数;
```

例如：

```
sfr       P0=0x80;      //定义P0口，其地址为80H
sfr16     T2=0xCC;      //定义定时器T2，T2L的地址为CCH，T2H的地址为CDH
```

sfr关键字后面通常为特殊功能寄存器名，等号后面是该特殊功能寄存器所对应的地址，必须是位于80H～FFH的常数，不允许有带运算符的表达式，具体可查看特殊功能寄存器的地址分配表。sfr16等号后面是16位特殊功能寄存器的低位地址，高位地址一定要位于低位物理地址之上。注意，sfr16只能用于定义51系列单片机中新增加的16位特殊功能寄存器，不能用于定时器T0的TH0、TL0，T1的TH1、TL1和数据指针DPTR的定义。

小提示：

Keil C已经把特殊功能寄存器定义在AT89X51.h文件内，编程时不必自行定义，只要用#include <at89x51.h>包含即可使用。

（3）sbit可位寻址的位地址定义

sbit用于定义字节中的位变量，利用它可以访问片内的RAM或特殊功能寄存器中可位寻址的位。访问特殊功能寄存器时，可以用以下方法定义。

①sbit 位变量名=位地址，如

```
sbit    P1_1=0x91;
```

其把位的绝对地址赋值给位变量。同 sfr 一样，sbit 的位地址必须位于 80H～FFH。

②sbit 位变量名=特殊功能寄存器名^位的位置，如

```
sfr     P1=0x90;//先定义一个特殊功能寄存器名，再定义位变量名的位置
sbit    P1_1=P1^1;
```

③sbit 位变量名=字节地址^位的地址，如

```
sbit    P1_1=0x90^1;
```

第③种方法与第②种方法类似，只是用地址来代替特殊功能寄存器名，这样在以后的程序语句中就可以用 P1_1 来对 P1.1 引脚进行读/写操作。通常，特殊功能寄存器及其中的可寻址位命名已包括在 Keil C51 系统提供的库文件中。在“reg51.h”或“at89x51.h”中，用“#include<at89x51.h>”加载该库文件，可直接引用；但是 P0、P1、P2、P3 口的可位寻址未定义，必须由用户用 sbit 来定义。此外，在直接引用时，特殊功能寄存器的名称或其中可寻址的位名称必须大写。

3．常量与变量

数据有常量和变量之分，常量在程序执行过程中不能改变，而变量可以不断变化。

（1）常量

常量的数据类型可以有整型、浮点型、字符型、字符串、位常量和符号常量。

①整型常量。整型常量又称整数，可以用十进制、十六进制和八进制表示。

十进制表示，直接写出，没有其他标志，如 234，-100。

十六进制表示，在前面加上前缀 0x 或 0X，数码范围为 0～9、a～f 或 A～F，如 0x2C，-0Xa2。

八进制表示，前面加上前缀 0，数码范围为 0～7，常表示无符号数，如 036。

②浮点型常量，又称实型常量，有两种表示形式，均采用十进制表示，默认格式输出时最多保留 6 位小数。

- 小数形式，由十进制数 0～9 和小数点组成，且小数点不能省略，如 0.123，0.0，1.0。
- 指数形式，小数形式的实数 E［±］整数。大写字母 E 可以改为小写 e，如 3.15e5 表示 315000。

③字符型常量。字符型常量是指用单引号括起来的一个 ASCII 字符集的可显示字符，如'A'，'0'。C51 语言规定，所有字符常量都可以作为整型常量来处理，字符常量占一个字节，存放字符的 ASCII 码值。

转义字符是 C 语言中的一个特殊字符常量。转义字符以'\'开头的字符序列，具有特定的含义。

④字符串常量。字符串常量是由一对双引号括起来的字符序列，如“china”“A”。在

存储时，字符串中的每一个字符占一个字节空间，存储其 ASCII 码值，系统在字符串尾部加上转义字符'\0'作为字符串的结束标志。

⑤位常量。1 位二进制值 0 或 1。

⑥符号常量。常量也可以用一个符号来表示。符号常量在使用前必须先定义，定义格式为：

```
#define 标志符 常量
```

例如：#define PI 3.14159
定义了一个符号常量 PI，它的值为 3.14159。在以后的程序中所有出现 PI 的地方都用 3.14159 来代替，在执行过程中 PI 值不允许修改。

（2）变量

所谓的变量是指在程序运行过程中其值可以改变的量。变量的数据类型可以选用 C51 所有支持的数据类型。但考虑到 C51 编译器在对 C 程序编译、链接时的执行速度和代码率，在使用 C 语言编写单片机程序时，一定要慎重进行变量和数据类型的选择。在 C51 程序中，只有 bit 和 unsigned char 两种数据类型可以直接支持机器指令，对其余数据类型，C51 编译器要用一系列机器指令对其进行复杂的变量类型和数据类型的处理，导致程序过大，运行速度缓慢。

在程序中使用变量必须先定义后使用。可以定义在函数内部或函数外部，在函数内部为局部变量，仅供本函数使用，定义在函数外部称为全局变量，所有变量定义后面的函数中都可以使用它。

定义变量的格式为：

```
[存储类型] 数据类型 [存储器类型] 变量名;
```

①数据类型。只有指定变量的数据类型后，编译器才能为变量分配合适的内存空间。指定变量数据类型时要注意变量的数值范围。在 C51 程序中尽量使用无符号数变量和位变量。

②变量名。变量名即变量的标志，要使用合法的标志符。合法的标志符由字母、数字和下画线组成，且必须由字母或下画线开头，字母区分大小写，不可使用保留字。在 C51 编译器中，标志符位数不能超过 32 位。

所谓保留字是指编译程序将该字符串保留为特殊用途，变量名称和函数名称不可以使用。保留字全部为小写形式。ANSIC 保留字如表 1.7 所示。Keil C51 扩充的保留字如表 1.8 所示。

表 1.7　ANSIC 保留字

asm	auto	break	case	char
const	continue	default	do	double
else	entry	enum	extern	float
for	fortran	goto	int	long
register	return	short	signed	sizeof
static	struct	switch	typedef	union
unsigned	void	volatile	while	

表 1.8　Keil C51 扩充的保留字

_at_	_priority_	_task_	alien	bdata
bit	code	compact	data	far
idata	interrupt	large	pdata	reentrant
sbit	sfr	sfr16	small	using
xdata				

③存储器类型。在 C51 单片机中，程序存储器和数据存储器是分开的，并且都包含片内和片外两部分。存储器类型用于说明单片机存储区域情况。为使用户可以控制存储区域的使用，在指定一个变量的数据类型的同时，还需要为该变量选择存储器类型。存储器类型指定了该变量在 C51 单片机中使用的存储区域。存储器类型如表 1.9 所示。

表 1.9　存储器类型

存储器类型	说明	范围
data	直接寻址的片内 RAM 的低 128B，访问速度最快	128B
bdata	片内 RAM 的可位寻址区（20H～2FH），运行位和字节混合访问	16B
idata	间接寻址访问的片内 RAM（256B），允许访问全部片内 RAM	256B
pdata	用 Ri 间接访问的片外 RAM 的低 256B	256B
xdata	用 DPTR 间接访问的片外 RAM，允许访问全部 64KB 片外 RAM	64KB
code	程序存储器 ROM（64KB）	64KB

如果省略变量或是参数的存储类型，系统会按照存储模式指定默认类型。存储模式决定了没有明确指定存储类型的变量。函数参数等的默认存储区有以下 3 种。

- Small 模式：所有默认变量参数均装入内部 RAM 中，存储器类型为 data。其优点是访问速度快，缺点是空间有限。
- Compact 模式：所有默认变量均位于 RAM 的低 256B 空间中，存储器类型为 pdata。其优点是空间比 Small 模式宽裕，速度慢，但比 Large 模式要快。

- Large 模式：所有默认变量可放在多达 64KB 的外部 RAM 区，存储器类型为 xdata。其优点是空间大，可存变量多，缺点是速度慢。

存储模式在 C51 编译器选项中选择，默认为 Small 模式。

④存储种类。存储种类是指变量在程序执行过程中的作用范围。C51 变量的存储种类有 4 种，分别是自动变量（auto）、外部变量（extern）、静态变量（static）和寄存器变量（register）。

使用关键字 register 定义的变量称为寄存器变量。它定义的变量存放在 CPU 内部的寄存器中，处理速度快，但数量少。C51 编译器编译时能自动识别程序中使用频率高的变量，并自动将其作为寄存器变量，用户可以无须专门声明。其他 3 种存储类的使用与标准 C 相同。具体请参阅相关 C 语言书籍。

1．根据演示内容，搭建 Keil C 单片机软件开发环境。

2．配置软件进行模拟调试。注意编程细节，认真、严谨、规范。

```
参照程序:
    #include  <at89x51.h>
    #include  <stdio.h>
    void main (void)
    {
        SCON=0X52;
        TMOD=0X20;
        TH1=0XF3;
        TR1=1;
        TI=1;              //配置串行口通信
        printf("this is test c programmer.\n"); //单片机串行口输出
        while(1);
    }
```

Keil C 提供了强大的仿真功能，可以对程序功能进行软件模拟调试。通过观察寄存器、变量、串口等检测程序的运行情况，可提前发现程序存在的问题，缩短开发周期。

以本次任务参照程序的仿真为例，说明仿真测试步骤。单击菜单栏中的按钮，或按 Ctrl+F5 快捷键可以进入或退出仿真界面，如图 1.20 所示。在仿真界面中有寄存器窗口、反汇编窗口、C 源文件窗口、命令窗口、变量视窗等。可以根据需要打开需要查看的窗口，比如可以通过菜单命令“View”→“Serial Windows”→“UART #1”，打开串口 1 观察单片机串口输出信息界面，如图 1.21 所示。

通过 Keil C 仿真界面提供的程序调试工具，可以方便地实现对程序运行、停止、复位、单步运行等相关调试操作，和其他程序调试软件一样，在此不再赘述。

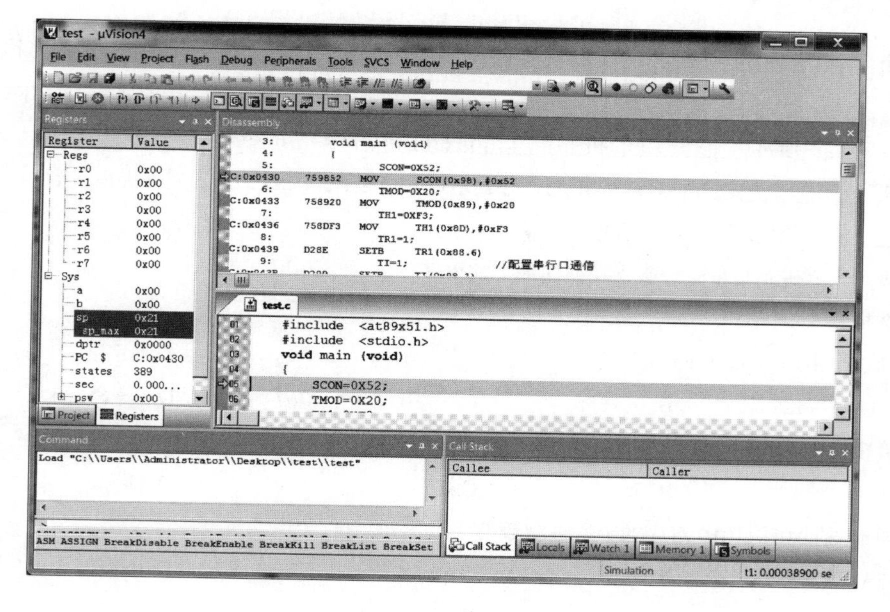

图 1.20 仿真界面

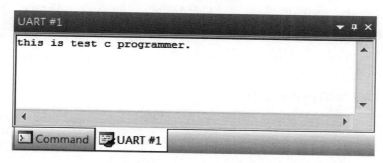

图 1.21 串口 1 输出信息界面

3．填写任务实施评价单（见附表 1）。

Keil C 环境应用视频

1．了解单片机产品开发流程。

2．熟悉 Keil C 开发环境应用。

3．掌握 Keil C51 程序设计结构、数据类型及常量与变量。

练习题

一、填空题

1. 利用 Keil C 开发环境，得到可以烧录到单片机内部的_______格式的文件。

2. 每个 C 语言程序中必须有一个且只能有一个函数的名字为________，是个专用的名称，表示主函数。

3. 在C语言中通常用__________和_________进行注释。

4. 头文件_________定义了 C51 常用的寄存器地址，可以在..\keil\c51\inc 文件夹内找到。一般在程序前面用__________预处理命令包含进来。

5. 在表示十六进制常量时，必须在前面加上前缀__________。

二、选择题

1. Keil C51 中 unsigned char 定义数据类型的数据范围为（　　）。

A. −128～+127　　B. 0～255　　C. −32 768～+32767　　D. 0～65535

2. Keil C51 中 unsigned int 定义了（　　）字节。

A. 单　　B. 双　　C. 三　　D. 四

3. 二进制数据 01011010 对应的十六进制数为（　　）。

A. 5A　　B. 0xB4　　C. 0x5A　　D. 0x4B

4. 下列标志符合法的是（　　）。

A. char　　B. 2000　　C. 6_ABC　　D. name

三、简答题

1. 试概述智能电子产品开发流程，主要包括哪些步骤？

2. 试说明‘A’与“A”区别。

3. 描述任务实施中参照程序的执行过程。

项目二　霓虹灯控制设计

数据输入/输出（I/O）口是单片机与外界交换信息的通道，是单片机的重要资源。本项目通过霓虹灯控制设计，旨在使学生掌握单片机 I/O 结构及其设计应用方法，同时掌握单片机 C 语言基本编程方法和 Proteus 仿真软件应用；提高学习成就感，激发学习兴趣，初步形成单片机产品开发的工程管理思维，培养吃苦耐劳、严谨细致、规范操作的工作作风，树立安全、节约、精益求精的意识。

任务一　设计 LED 指示灯控制器

在日常生活中，经常看到有些电器上的 LED 指示灯有节奏地闪动，通过 LED 灯可以指示电器工作状态，比如路由器指示灯，闪烁代表有信号交流。制作一个单片机控制的 LED 指示灯，实现最简单的亮、灭指示功能。要完成任务，必须知道 LED 与单片机接口驱动方式，以及如何让单片机“动”起来。

设计制作一个 LED 指示灯闪烁控制系统。

一、单片机最小系统

单片机要正常运行，必须具备一定的硬件条件，其中最主要的是 4 个基本条件，构成了单片机的最小系统。

1．工作电源

AT89S51 单片机的第 40 脚（VCC）为电源引脚，工作时接+5V 电源，第 20 脚（GND）为接地引脚。通常采用电源芯片 7805 来实现单片机系统的供电，如三端稳压芯片 7805。电源电路如图 2.1 所示。

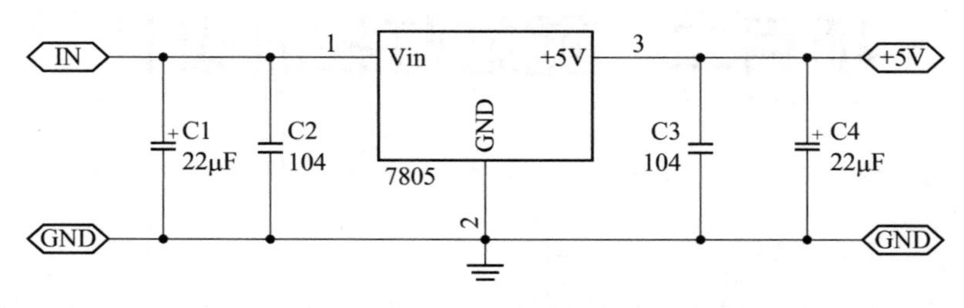

图 2.1　电源电路

2．时钟电路

时钟电路为单片机产生时序脉冲，单片机所有运算与控制过程都是在统一的时序脉冲驱动下进行的。

当采用内部时钟时，在晶振引脚 XTAL1（19 脚）和 XTAL2（18 脚）之间接入一个晶振，两个引脚对地分别再接入一个电容即可产生所需的时钟信号，电容的容量一般为几十皮法，如 30pF。晶振一般为 12MHz。内部和外部振荡电路分别如图 2.2 和图 2.3 所示。

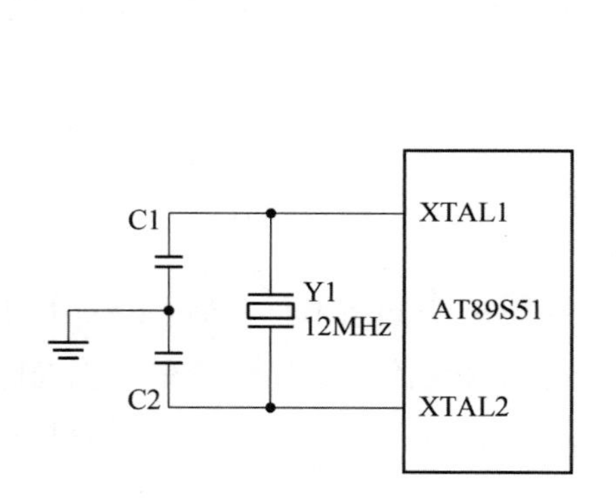

图 2.2　内部振荡电路

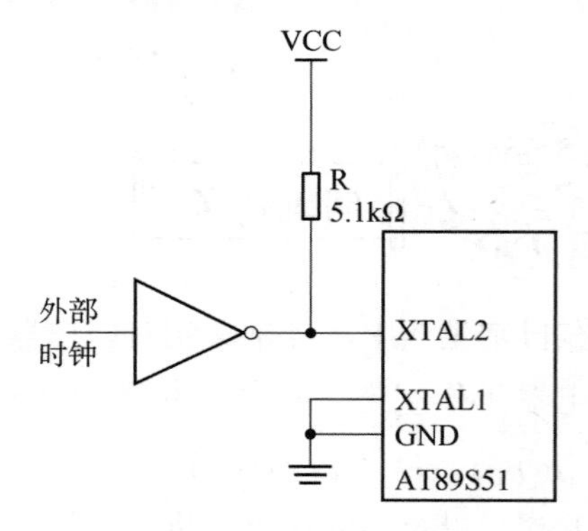

图 2.3　外部振荡电路

外部振荡信号可以直接接入 XTAL1 或 XTAL2 端。通常 XTAL1 脚接地，XTAL2 脚接片外振荡信号，需接一个 5.1kΩ 的上拉电阻。

小提示：

因为单片机系统基本都是独立工作系统，大多数情况下选择内部振荡器模式。

3．复位电路

在复位引脚（9 脚）持续出现 24 个振荡器脉冲周期（即 2 个机器周期）的高电平信号将使单片机复位。

在复位时间内让 CPU 保持复位状态，而不是一上电或刚复位完毕就工作，防止 CPU

发出错误指令、执行错误操作，这样也可以提高电磁兼容性能。单片机在启动或重新运行时都需要复位，以使 CPU 及系统各部件处于确定的初始状态，并从初态开始工作。复位电路有上电复位和手动按钮复位两种方式，都采用 RC 充电电路实现。通过 RC 充电电路对电容 C 的充电过程使复位引脚维持复位所需时间的高电平来实现复位控制，充电时间常数为 $\tau=RC$。上电复位电路和按钮复位电路分别如图 2.4 和图 2.5 所示。复位后单片机寄存器值如表 2.1 所示。

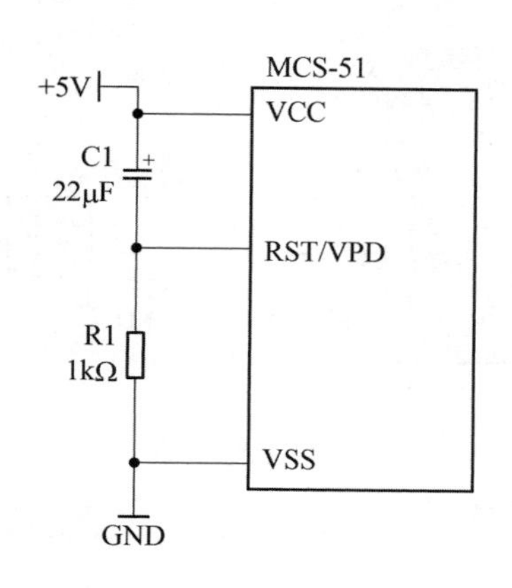

图 2.4 上电复位电路

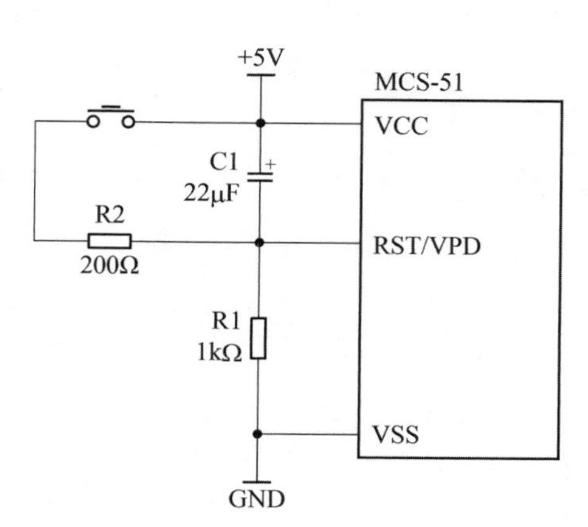

图 2.5 按钮复位电路

表 2.1 复位后单片机寄存器值

寄存器	初始状态值	寄存器	初始状态值
PC	0000H	TMOD	00H
ACC	00H	TCON	00H
B	00H	TH0	00H
PSW	00H	TL0	00H
SP	07H	TH1	00H
DPTR	0000H	TL1	00H
P0～P3	0FFH	SCON	00H
IP	XXX00000B	PCON	0XX00000B
IE	0XX00000B	SBUF	不定

系统复位后 PC=0000H，单片机的 CPU 执行第一条取自程序存储器的 0000H 开始的单元。大多数特殊功能寄存器 SFR 都为 0，只有 SP 和 P0～P3 除外。复位不影响 RAM。

4．程序存储器配置

$\overline{EA}$/VPP（31 脚）为内外程序存储器（低 4KB）选择控制引脚，当 $\overline{EA}$ 接低电平时，单片机从外部程序存储器取指令；当 $\overline{EA}$ 接高电平时，单片机从内部程序存储器取指令。

小提示：

$\overline{EA}$ 引脚必须接高电平或是低电平，绝不能悬空。单片机最小系统如图 2.6 所示。

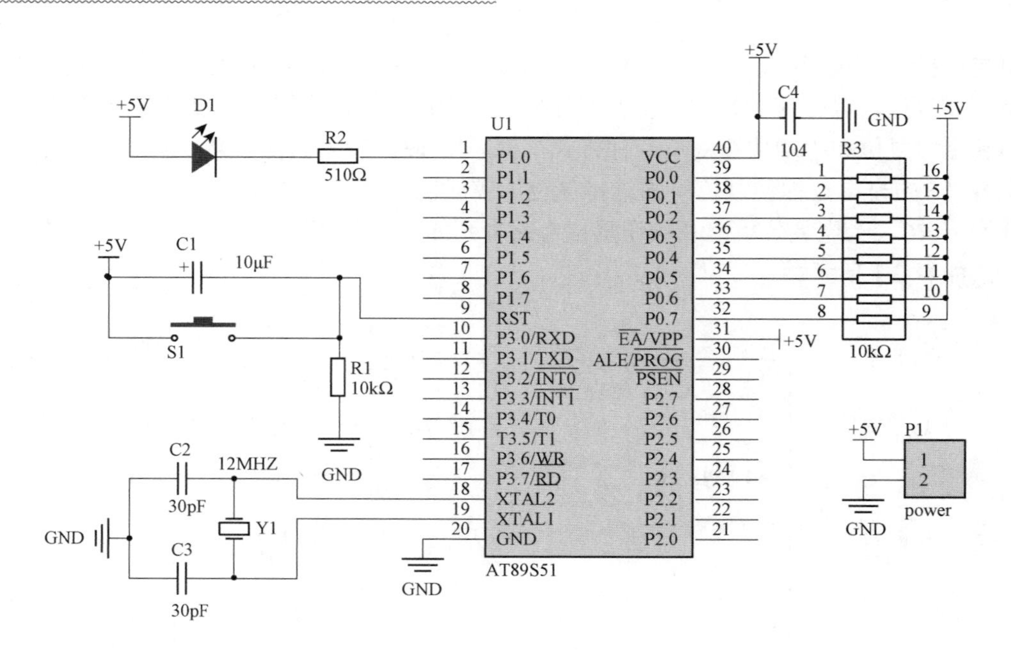

图2.6　单片机最小系统

二、端口结构

51 单片机有 4 个 8 位并行 I/O 端口，称为 P0、P1、P2 和 P3 口，每个端口都各有 8 条 I/O 口线，每条 I/O 口线都能独立用作输入或输出。

1．P0 口

P0 口内部结构图如图 2.7 所示，它由一个输出锁存器、两个三态输入缓冲器、一个转换开关 MUX、一个输出驱动电路（T1 和 T2）和一个与门及一个非门组成。P0 口的 8 位皆为漏极开路输出（Open Drain，OD），每个引脚可以驱动 8 个 LS 型 TTL 负载。

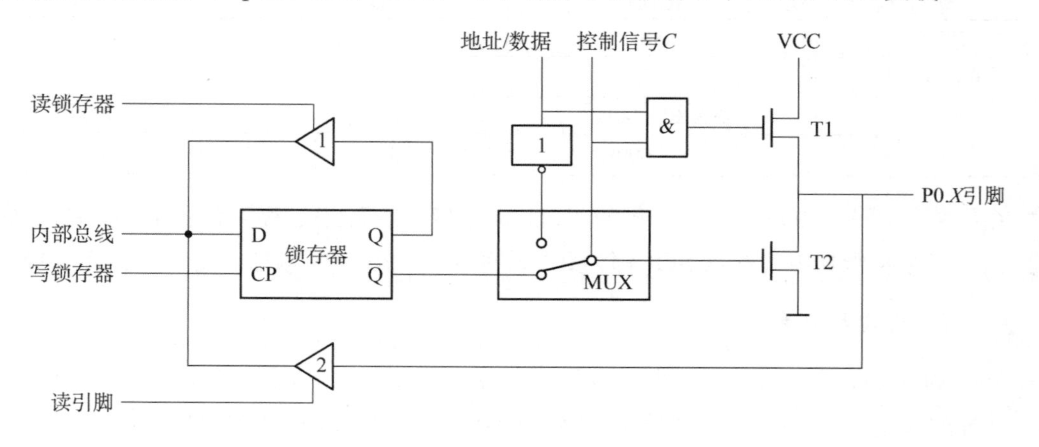

图2.7　P0 口内部结构图

P0 口既可做地址/数据总线使用，也可做通用 I/O 口使用，由控制信号 C 决定。当

C=0 时，MUX 拨向下方，P0 口为通用 I/O 口；当 C=1 时，MUX 拨向上方，P0 口作为地址总线使用。当 P0 口做地址/数据总线使用时，作为地址总线低 8 位输出及数据输入/输出，同时就不能再做通用 I/O 口使用了。

P0 口做输出口使用时，输出级漏极开路，必须外接上拉电阻，才有高电平输出。

P0 口做输入口读引脚时，应先向锁存器写“1”，使 T2 截止，不影响输入电平。

2．P1 口

P1 口是唯一的单功能口，仅能作为通用 I/O 口使用。P1 口内部结构图如图 2.8 所示。由于在其输出端接有上拉电阻，故可以直接输出而无须外接上拉电阻，可以驱动 4 个 LS 型 TTL 负载。同 P0 口一样，当作输入口时，必须先向锁存器写“1”，使场效应管 T 截止。

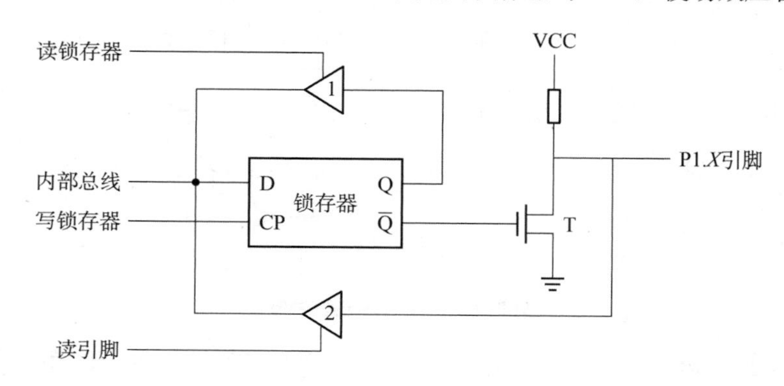

图 2.8　P1 口内部结构图

3．P2 口

P2 口为多功能口，其内部结构图如图 2.9 所示。与 P0 口不同，其内部有上拉电阻，不需要外接上拉电阻，可以驱动 4 个 LS 型 TTL 负载。控制信号 C 决定转换开关 MUX 的位置：当 C=0 时，MUX 拨向下方，P2 口为通用 I/O 口；当控制信号 C=1 时，MUX 拨向上方，P2 口作为地址总线使用。在实际应用中，P2 口通常作为高 8 位地址总线使用。

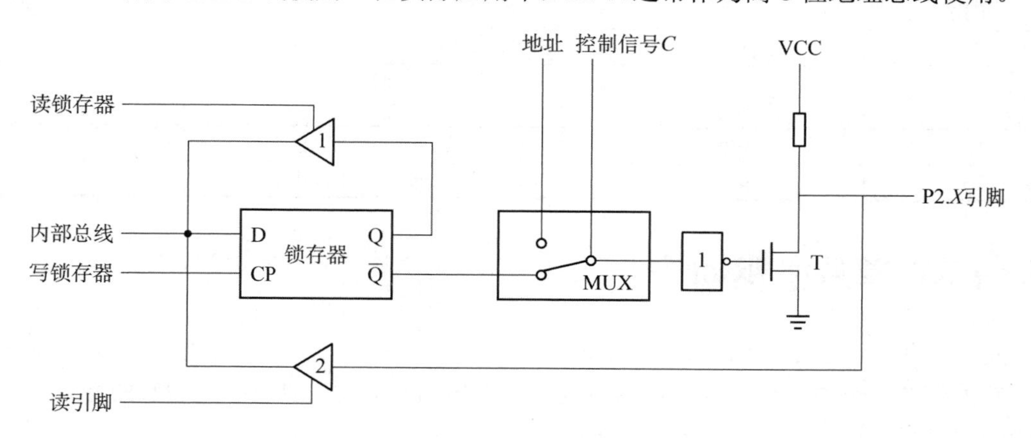

图 2.9　P2 口内部结构图

做普通 I/O 口用时，当作输入口时，必须先向锁存器写“1”；做地址线高 8 位用时，只做输出传输地址。

4．P3 口

P3 口内部有上拉电阻，不需外接上拉电阻，可以驱动 4 个 LS 型 TTL 负载，其内部结构图如图 2.10 所示。它具有两种功能，既可作为通用 IO 口用，也可作为第二功能用。

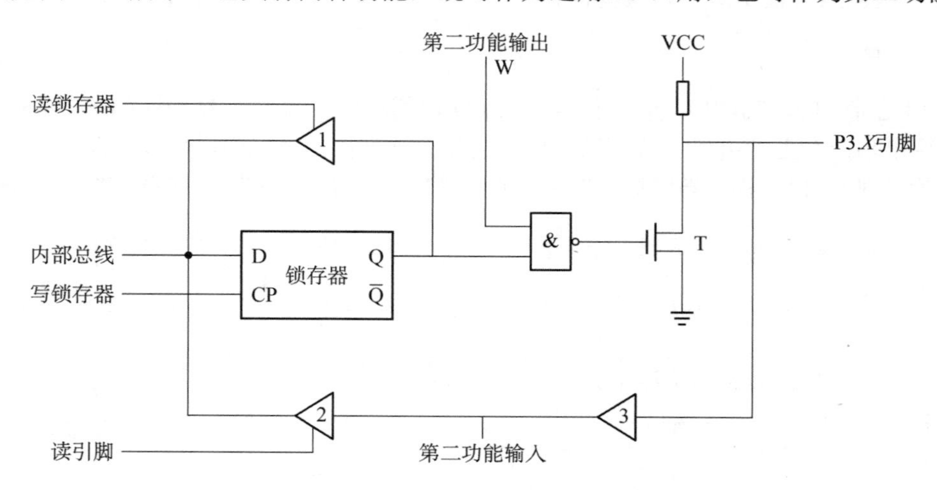

图 2.10　P3 口内部结构图

P3 口用作通用 I/O 口时，第二输出功能信号 W=1，P3 口的每一位都可定义为输入或输出，其工作原理同 P1 口。P3 口一般用第二功能较多，特别是通信功能。P3 口的第二功能如表 2.2 所示。

表 2.2　P3 口的第二功能

引脚	第二功能	功能说明
P3.0	RXD	串行口输入
P3.1	TXD	串行口输出
P3.2	$\overline{\text{INT0}}$	外部中断 0 输入
P3.3	$\overline{\text{INT1}}$	外部中断 1 输入
P3.4	T0	定时/计数器 0 计数输入
P3.5	T1	定时/计数器 1 计数输入
P3.6	$\overline{\text{WR}}$	片外 RAM 写选通信号（输出）
P3.7	$\overline{\text{RD}}$	片外 RAM 读选通信号（输出）

三、LED 单片机驱动

发光二极管（Light-Emitting Diode，LED）是一种把电能转换成光能的半导体元器件，其内部是一个 PN 结，在正向偏置的条件下导通时会发出具有一定波长的光。发光二极管的发光功率近似地与导通电流成正比。

在阳极 A 和阴极 K 两个电极上加以合适的电压，它就会亮起来。发光二极管电压不完全一样，范围为 1.6～1.8V，而工作电流一般为 2～30mA，实际工作中一般选择 10mA。

单片机端口输出电流较弱，直接驱动 LED，发光太暗。所以一般采用低电平驱动方式，即单片机端口输出 0 时 LED 灯亮，输出 1 时 LED 灯灭。单片机不提供能量，提高带负载能力。其限流电阻选择 510Ω 左右。LED 驱动电路图如图 2.11 所示。

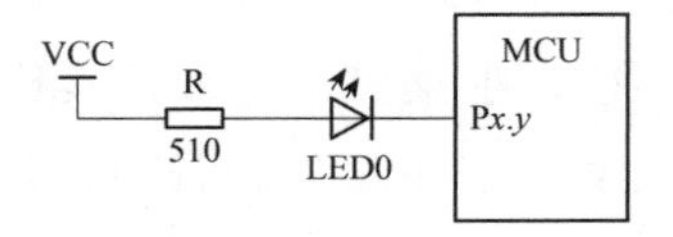

图 2.11　LED 驱动电路图

四、仿真软件 Proteus 应用

Proteus ISIS 是英国 Labcenter 公司开发的电路分析与实物仿真软件。它运行于 Windows 操作系统上，可以仿真分析（SPICE）各种模拟器件和集成电路，该软件的特点是：

①实现单片机仿真和 SPICE 电路仿真相结合，具有模拟电路仿真、数字电路仿真、单片机及其外围电路组成的系统的仿真的功能；有各种虚拟仪器，如示波器、逻辑分析仪、信号发生器等。

②支持主流单片机系统的仿真。目前支持的单片机类型有 68000 系列、8051 系列、AVR 系列、PIC12 系列、PIC16 系列、PIC18 系列、Z80 系列、HC11 系列及各种外围芯片。

③提供软件调试功能。在硬件仿真系统中具有全速、单步、设置断点等调试功能，同时可以观察各个变量、寄存器等的当前状态，因此在该软件仿真系统中，也必须具有这些功能；同时支持第三方的软件编译和调试环境，如 Keil C51 等软件。

④具有强大的原理图绘制功能。

总之，该软件是一款集单片机和 SPICE 分析于一身的仿真软件，功能极其强大。这里主要介绍 Proteus ISIS 软件对单片机应用仿真的基本操作。

下面以 Proteus 7.10 来演示 Proteus 进行单片机电路设计及仿真的过程步骤及操作方法。其他 Proteus 版本操作步骤类似，但要注意 Proteus 不同版本之间不兼容。

1．***启动*** Proteus ISIS

双击桌面上的 ISIS 7 Professional 图标或者单击屏幕左下方的“开始”→“程序”→“Proteus 7 Professional”→“ISIS 7 Professional”，出现如图 2.12 所示界面，表明进入 Proteus ISIS 集成环境。

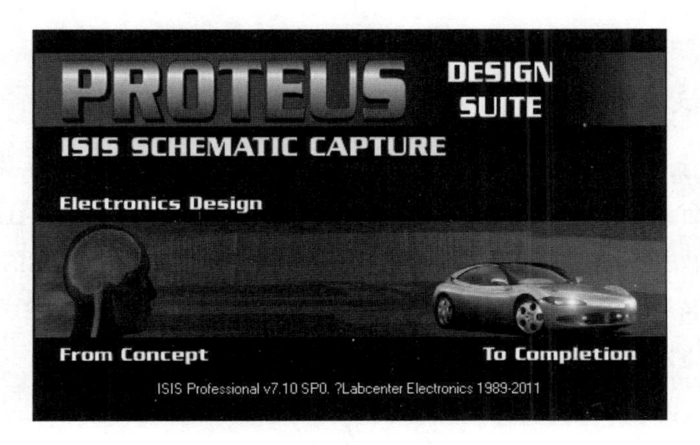

图 2.12　启动界面

Proteus ISIS 的工作界面是一种标准的 Windows 界面，如图 2.13 所示，包括标题栏、主菜单、标准工具栏、绘图工具栏、状态栏、“对象选择”按钮、“预览对象方位控制”按钮、“仿真进程控制”按钮、“预览”窗口、“对象选择器”窗口、“图形编辑”窗口。

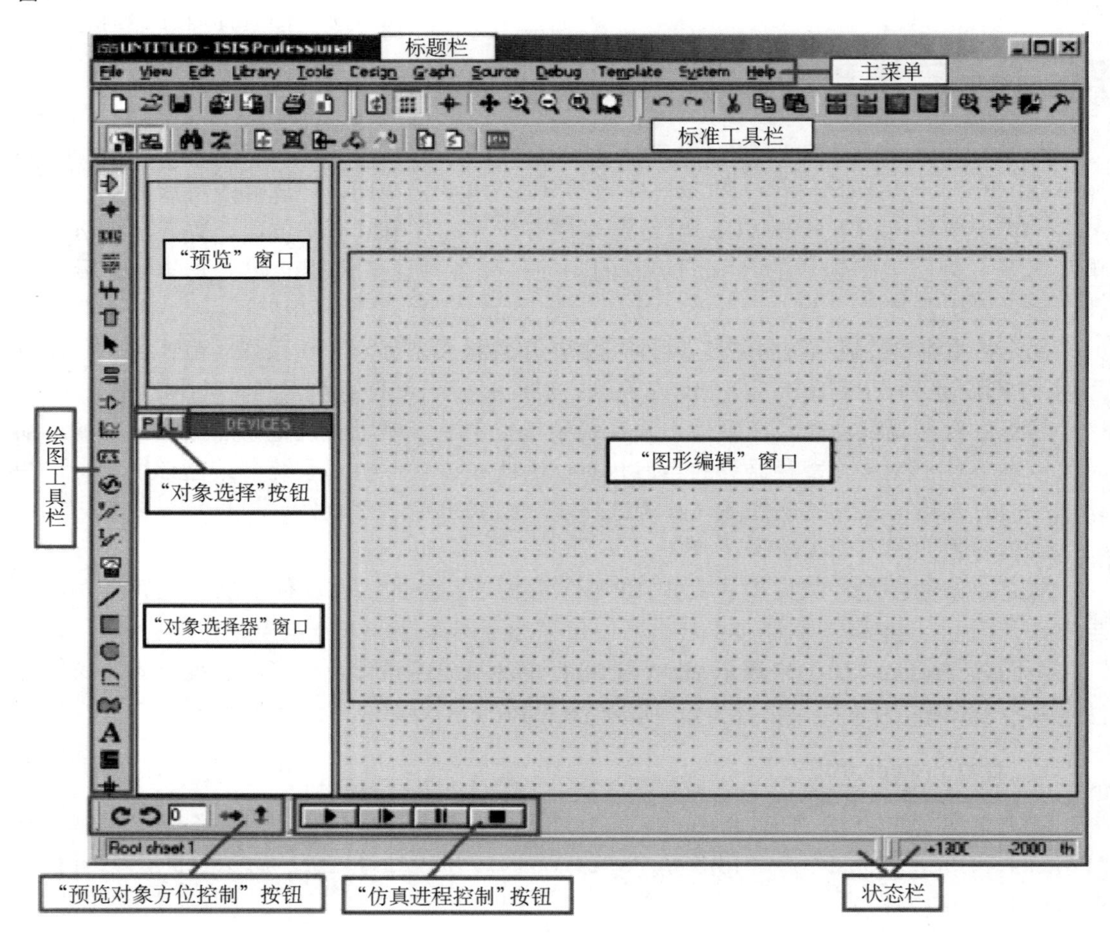

图 2.13　Proteus ISIS 的工作界面

2．新建设计文档

单击工具栏上的“新建”按钮，新建一个设计文档，或执行菜单栏“File”→“New Design”命令，弹出“图纸模板选择”对话框，选中“DEFAULT”，然后单击“OK”按钮，再单击“保存”按钮，弹出如图 2.14 所示的“Save ISIS Design File”对话框，在“文件名”文本框中输入“LED”，再单击“保存”按钮，完成新建设计文件操作，其后缀名自动为“.DSN”。

图 2.14 “Save ISIS Design File”对话框

3．选取元器件

此任务需要如下元器件：单片机（AT89C51）、发光二极管（LED-RED）、瓷片电容（CAP）、电阻（RES*）、晶振（CRYSTAL）、按钮（BUTTON）、电解电容（CAP-ELEC）。

单击图 2.15 中的“P”按钮，弹出如图 2.16 所示的选取元器件对话框。在此对话框左上角“Keywords”（关键词）一栏中输入元器件名称，如“AT89C51”，系统在对象库中进行搜索查找，并将与关键词匹配的元器件显示在“Results”中。在“Results”栏列表项中，双击“AT89C51”，则可将“AT89C51”添加至“对象选择器”窗口中。按照此方法完成其他元器件的选取，如果忘记关键词的完整写法，可以用“*”代替，如输入“CRY*”可以找到晶振。被选取的元器件都加入到 ISIS 对象选择器中，如图 2.17 所示。

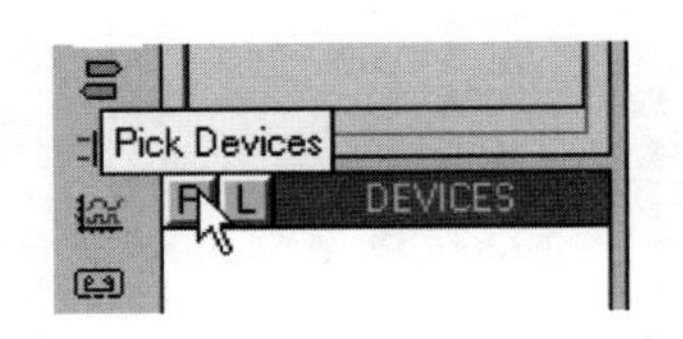

图 2.15 单击“P”按钮选取元器件

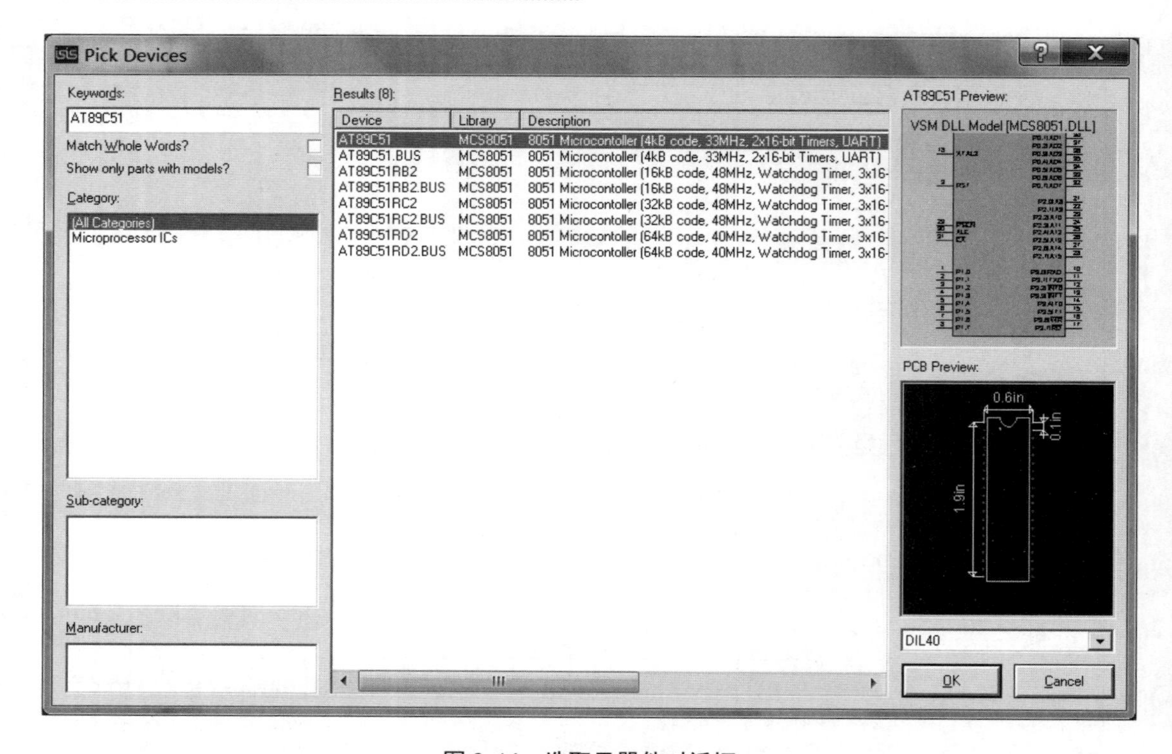

图 2.16　选取元器件对话框

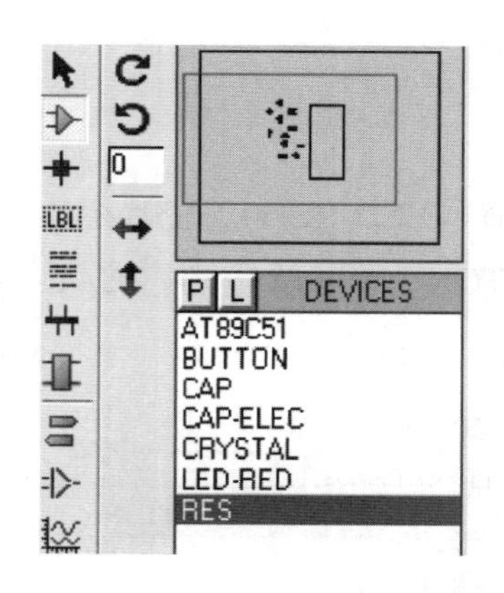

图 2.17　ISIS 对象选择器

4．放置元器件至“图形编辑”窗口

在“对象选择器”窗口中，选中“AT89C51”，蓝色条出现在该元器件上，将光标置于“图形编辑”窗口该对象的欲放置的位置再单击鼠标左键，完成该对象的放置。每单击一次放置一个元器件。将 BUTTON、RES 等放置到“图形编辑”窗口中，结果如图 2.18 所示。

若元器件方向需要调整，先在 ISIS“对象选择器”窗口中选中该元器件，再单击工具栏上相应的“转向”按钮，把元器件旋转到合适的方向后再将其放置于“图形编辑”窗口中。

若对象位置需要移动，将光标移到该对象上再右击，该对象的颜色变为红色，表明该对象已被选中，按下鼠标左键，拖动鼠标，将对象移至新位置后，松开鼠标，完成移动操作。通过一系列的移动、旋转、放置等操作，将元器件放在 ISIS“图形编辑”窗口中合适的位置，如图 2.18 所示。

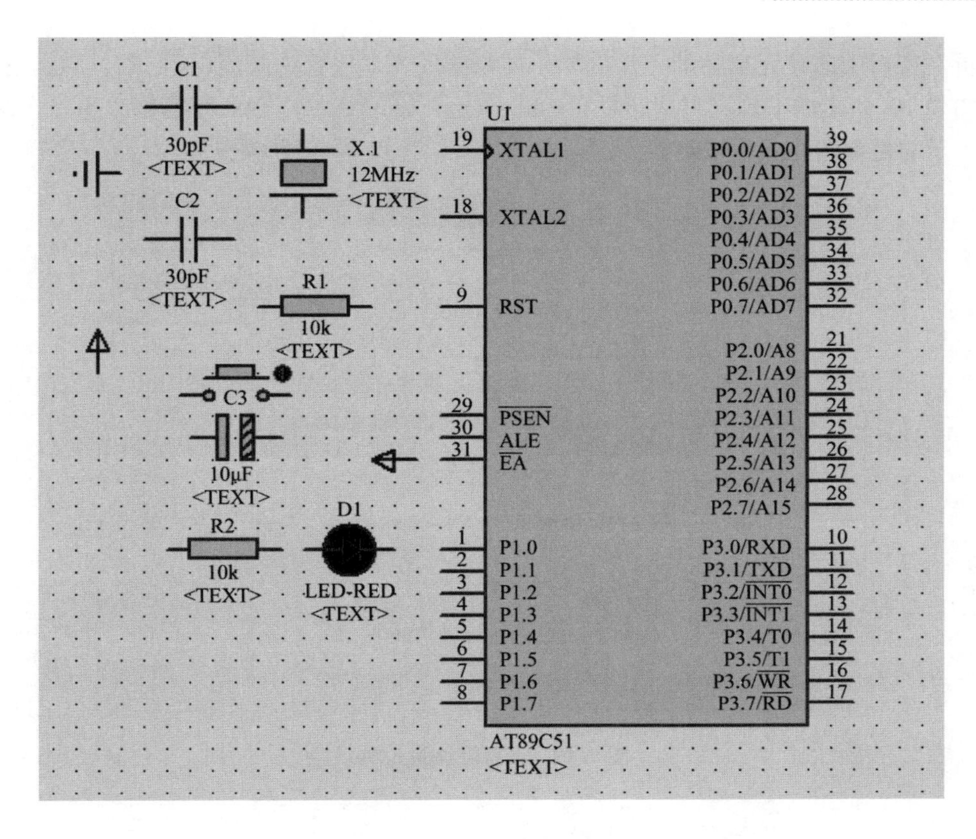

图 2.18　各元器件放在 ISIS 编辑窗口中合适的位置

放置电源操作：单击工具栏中的“终端”按钮，在“对象选择器”窗口中选择“POWER”，再在“图形编辑”窗口中要放电源的位置单击。双击 POWER，在弹出的对话框中，标明网络标号“VCC”。放置地（GROUND）的操作与此类似。

5．元器件之间的连线

Proteus 的智能化可以在想要画线的时候进行自动检测。下面将电阻 R1 的右端连接到 LED 显示器的左端，如图 2.18 所示。当鼠标的指针靠近 R1 右端的连接点时，跟着鼠标的指针就会出现一个“□”符号，表明找到了 R1 的连接点，单击鼠标左键，移动鼠标（不用拖动鼠标），将鼠标的指针靠近 LED 左端的连接点时，跟着鼠标的指针就会出现一个“□”符号，表明找到了 LED 显示器的连接点，单击鼠标左键就完成了电阻 R1 和 LED 的连线。

Proteus 具有线路自动路径功能（简称 WAR），当选中两个连接点后，WAR 将选择一个合适的路径连线。WAR 可通过使用标准工具栏中的“WAR”图标按钮来关闭或打开，也可以在菜单栏的“Tools”下找到这个图标。

同理，可以完成其他连线。在此过程中的任何时刻，都可以按 ESC 键或者单击鼠标右键来放弃画线操作。

6．设置、修改元器件的属性

Proteus 库中的元器件都有相应的属性，要修改元器件的属性，只需要双击 ISIS“图形编辑”窗口中的该元器件即可。例如，要修改发光二极管的限流电阻 R2，双击它，弹出如图 2.19 所示的编辑元件对话框“Edit Component”，将电阻的阻值修改为 510Ω。图 2.20 所示的是编辑完成的电路。

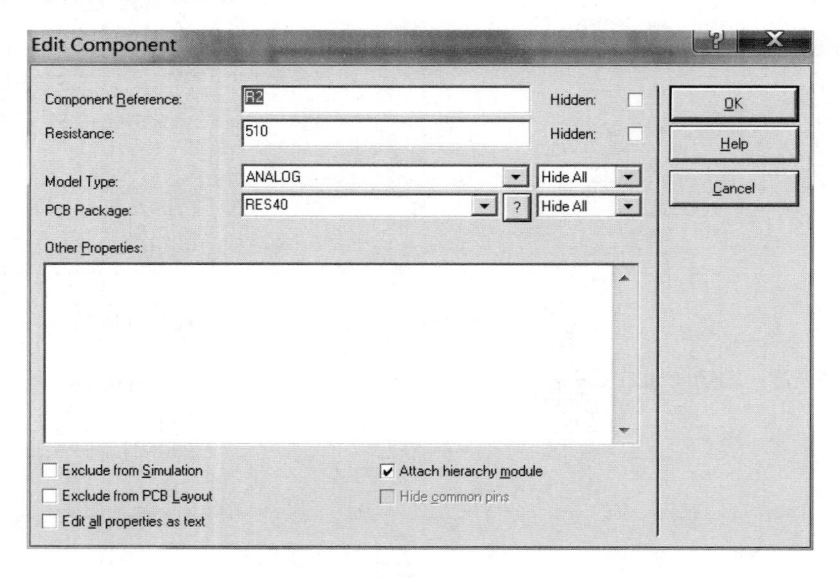

图 2.19　设置阻值为 510Ω

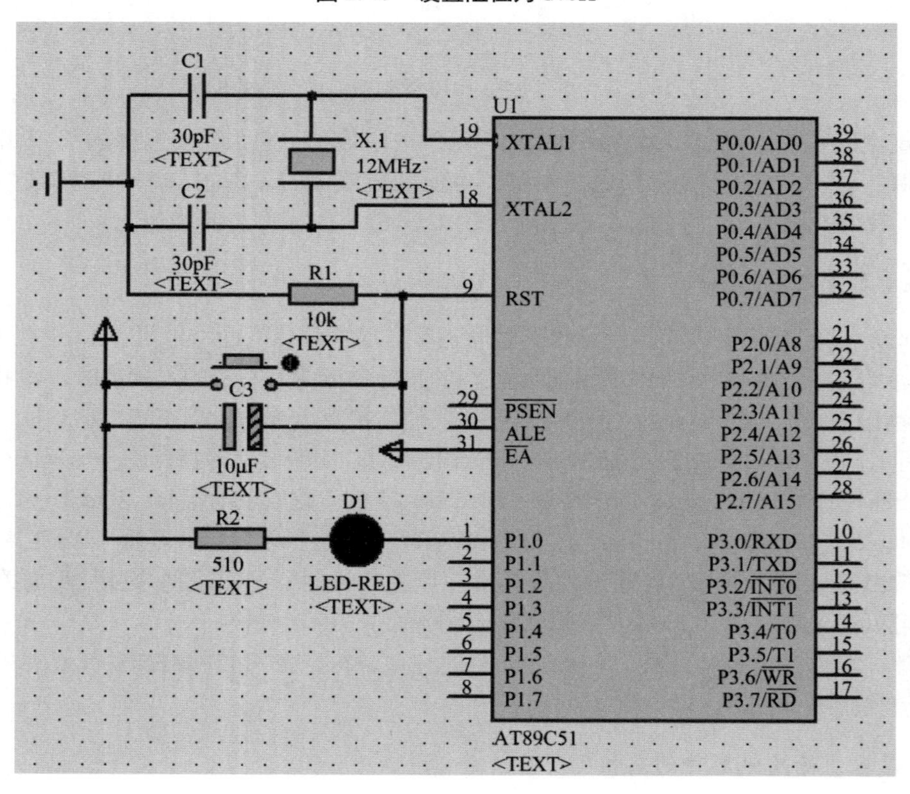

图 2.20　编辑完成的电路

7．电气检测

完成电路设计后，单击“电气检查”按钮，或执行菜单“Tools”→“Electrical Rule Check---”命令，会出现电气检查结果窗口，如图 2.21 所示。窗口的上面是一些文本信息，下面是检查结果，若有错误会详细说明。

8．Proteus 仿真

加载目标代码文件。双击“图形编辑”窗口中的 AT89C51 器件，在弹出如图 2.22 所示的“编辑元件”对话框的“Program File”一栏中单击“打开”按钮，出现“文件浏览”对话框，找到 LED.HEX 文件，单击“打开”按钮，完成添加文件。在“Clock Frequency”栏中把频率设置为 12MHz，仿真系统则以 12MHz 的时钟频率运行。因为单片机运行的时钟频率以属性设置中的“Clock Frequency”为准，所以在“图形编辑”窗口中设计 51 系列单片机系统电路时，可以略去单片机振荡电路，并且复位电路也可以略去。

单击按钮，启动仿真，仿真运行片段如图 2.23 所示，发光二极管闪烁。

仿真界面中，红色方块代表高电平，蓝色方块代表低电平，灰色方块代表不确定电平。

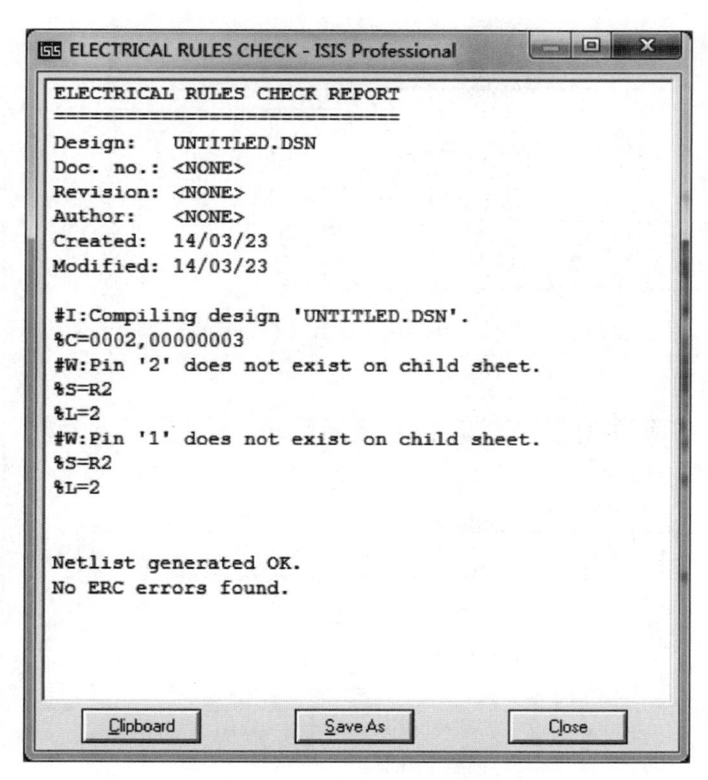

图 2.21　电气检查结果窗口

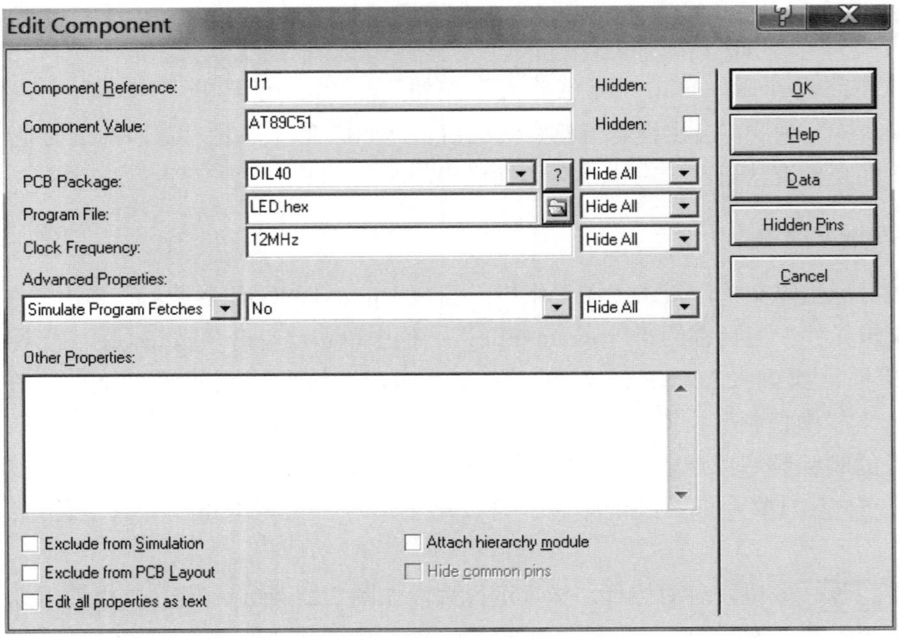

Edit Component

Component Reference: U1 Hidden:
Component Value: AT89C51 Hidden:
PCB Package: DIL40 ? Hide All
Program File: LED.hex Hide All
Clock Frequency: 12MHz Hide All
Advanced Properties:
Simulate Program Fetches No Hide All
Other Properties:
Exclude from Simulation
Exclude from PCB Layout
Edit all properties as text
Attach hierarchy module
Hide common pins
OK
Help
Data
Hidden Pins
Cancel

图 2.22 编辑元件对话框

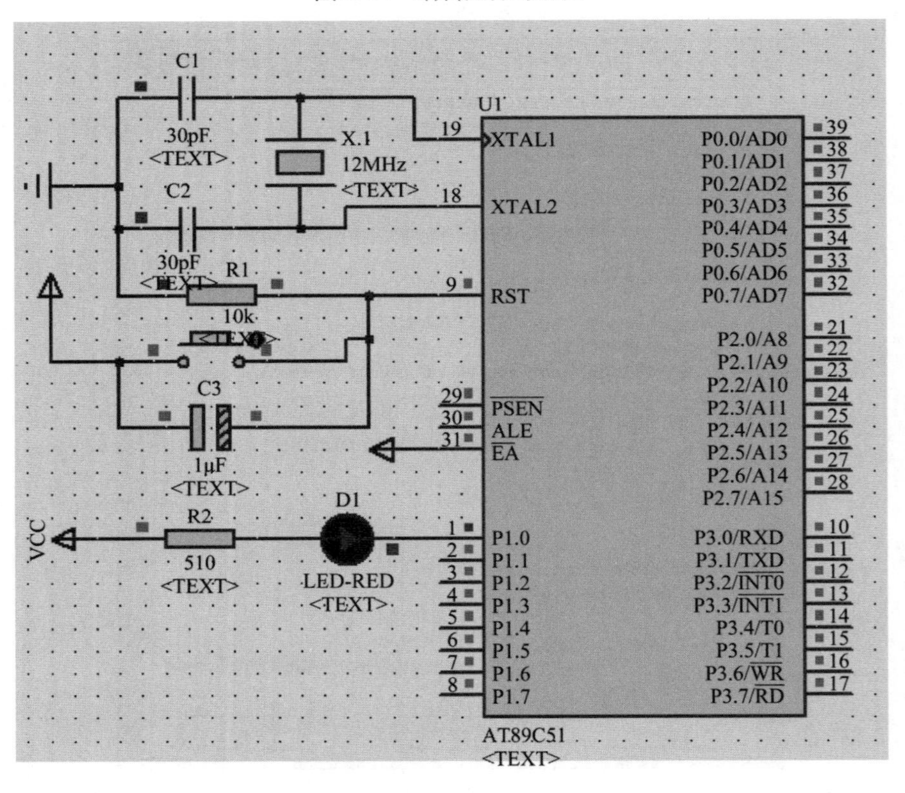

图 2.23 仿真运行

五、C51 程序设计（二）

1．Keil C 基本运算符和表达式

C51 语言的语句都是由表达式构成的，而表达式是由运算符和运算对象构成的，其中运算符是表达式的核心。C51 语言具有十分丰富的运算符，它将除了输入、输出和流控制以外的几乎所有基本操作都作为一种“运算”来处理。运算对象又称为目。

当不同的运算符出现在同一表达式中时，运算的先后次序取决于运算符优先级的高低及运算符的结合性。优先级是指当一个运算对象左右各有一个运算符时执行运算的先后顺序，优先级高的先计算。结合性是指当一个运算符对象两边出现同优先级运算符时执行运算的先后顺序，分为左结合性和右结合性两种。

①算术运算符与表达式。算术运算符用于各类数值运算，包括加+、减−、乘*、除/、求余（取模）%、自加++、自减−−，共 7 种。算术运算符如表 2.3 所示。

由算术运算符将各种运算对象连接起来的符合 C 语言语法的式子称为算术表达式。参与运算的对象包括常量、变量和函数等。计算算术表达式时，自增和自减运算符的优先级别最高，乘、除和求余次之，加和减的级别最低。若想改变计算顺序，可以使用特殊运算符括号“()”。自加和自减具有右结合性，其他具有左结合性。

表 2.3　算术运算符

符号	功能	范例	说明
+	加	c=a+b	将 a 和 b 的值相加，和赋给 c。若 a=5，b=3，则 c=8
−	减	c=a−b	将 a 的值减去 b 的值，差赋给 c。若 a=5，b=3，则 c=2
*	乘	c=a*b	将 a 和 b 的值相乘，积赋给 c。若 a=5，b=3，则 c=15
/	除	c=a/b	将 a 的值除去 b 的值，商赋给 c。若 a=5，b=3，则 c=1
%	求余（取模）	c=a%b	将 a 的值除去 b 的值，余数赋给 c。若 a=5，b=3，则 c=2
++	自加 1	c++	即 c=c+1
−−	自减 1	c−−	即 c=c−1

②关系运算符和表达式。关系运算符用于比较运算，包括大于（>）、小于（<）、大于等于（>=）、小于等于（<==）、等于（= =）、不等于（！ =）共 6 种。关系运算符如表 2.4 所示。

表 2.4　关系运算符

符号	功能	范例	说明
>	大于	a>b	若 a 的值大于 b 的值，则结果为 1，否则为 0
<	小于	a<b	若 a 的值小于 b 的值，则结果为 1，否则为 0

（续表）

符号	功能	范例	说明
>=	大于等于	a>= b	若 a 的值大于等于 b 的值，则结果为 1，否则为 0
<=	小于等于	a<=b	若 a 的值小于等于 b 的值，则结果为 1，否则为 0
= =	等于	a= =b	若 a 的值等于 b 的值，则结果为 1，否则为 0
！=	不等于	a！=b	若 a 的值不等于 b 的值，则结果为 1，否则为 0

在关系运算符中，>、>=、<、<=的优先级别相同并高于= =和！=，= =和！=优先级相同。关系运算符的优先级别低于算术运算符，具有左结合性。

由关系运算符将两个表达式连接起来的式子称为关系表达式，通常用来完成条件判断。关系表达式的结果是逻辑值，即条件成立，结果为“1”，不成立的结果为“0”。

小提示：

C 语言中，= =表示的是一种等于关系，不同于代数运算中的等于。

③逻辑运算符和表达式。逻辑运算符用于逻辑运算，包括逻辑与（&&）、逻辑或（||）、逻辑非（！）共 3 种。逻辑运算符如表 2.5 所示。

逻辑与和逻辑或为双目运算，具有左结合性，逻辑非为单目运算，具有右结合性。逻辑非的优先级最高，逻辑与次之，逻辑或最低。

逻辑运算符和其他运算符优先级关系，从高到低排列依次为逻辑非、算术运算符、关系运算符、逻辑与、逻辑或。

表 2.5　逻辑运算符

<table>
<tr><th>符号</th><th>功能</th><th>范例</th><th>说明</th></tr>
<tr><td>&&</td><td>与</td><td>（a>b）&&（b>c）</td><td>若 a 大于 b，且 b 大于 c，则结果为 1，否则为 0</td></tr>
<tr><td>||</td><td>或</td><td>（a>b）||（b>c）</td><td>若 a 大于 b，或 b 大于 c，则结果为 1，否则为 0</td></tr>
<tr><td>！</td><td>非</td><td>！（a>b）</td><td>若 a 的值大于等于 b 的值，则结果为 0，否则为 1</td></tr>
</table>

用逻辑运算符将逻辑量连接起来的式子称为逻辑表达式。此处逻辑量可以是任何 C 语言合法的表达式。在 C 语言中，判断真假时，“0”为假，“非 0”为真；计算逻辑时，真为 1，假为 0。

④位运算符和表达式。位运算可使参与运算的量，按二进制位进行运算，包括位与（&）、位或（|）、位取反（～）、位异或（^）、左移（<<）、右移（>>）共 6 种。位运算符如表 2.6 所示。

表 2.6　位运算符

符号	功能	范例	说明
&	位与	c=a&b	将 a 与 b 的每个位进行 AND 运算，结果赋给 c

（续表）

符号	功能	范例	说明
|	位或	c=a|b	将 a 与 b 的每个位进行 OR 运算，结果赋给 c
^	位异或	c= a^b	将 a 与 b 的每个位进行 XOR 运算，结果赋给 c
～	位取反	c=～a	将 a 的每个位进行 NOT 运算，结果赋给 c
<<	左移	c=a<<n	将 a 的值左移 n 位，右侧空缺位补 0，结果赋给 c
>>	右移	c=a>>n	将 a 的值右移 n 位，左侧空缺位补 0，结果赋给 c

位运算符的优先级：位取的（～）与逻辑非（!）的优先级相同，具有右结合性；<<、>>优先级高于关系运算符但低于算术运算符，&、^、|优先于逻辑与（&&），但低于关系运算符。

由位运算符构成的式子称为位表达式。注意位运算的对象只能是整型或字符型，不能为实型数据。

⑤赋值运算符和表达式。赋值运算符用于赋值运算，分为简单赋值（=）、复合算术赋值（+=、-=、*=、/=、%=）、复合位运算赋值（&=、|=、^=、>>=、<<=）3 类共 11 种。赋值运算符如表 2.7 所示。

表 2.7 赋值运算符

符号	范例	等价运算表达式
+=	a+=b	a=a+b
-=	a-=b	a=a-b
*=	a*=b	a=a*b
/=	a/=b	a=a/b
%=	a%=b	a=a%b
&=	a&=b	a=a&b
|=	a|=b	a=a|b
^=	a^=b	a=a^b
>>=	a>>=2	a=a>>2
<<=	a<<=2	a=a<<2

赋值运算符的优先级与关系运算符、逻辑运算符和位运算符比较，级别最低，具有右结合性。赋值表达式一般形式为：

<变量> <赋值运算符> <表达式>

小提示：

1. 在 C 语言中，“赋值运算=”和代数运算中的“等于=”意义不完全相同。如 a=a+1 在 C 语言中是正确的，但是在代数中是错误的。

2. 在C语言中，“赋值运算=”和“关系运算符= =”是不同的两个概念，注意区分。如a=b，运算后a的内容和b的内容相同；a= =b，若a的内容和b的内容相同，运算结果为1，否则为0。

⑥条件运算符和表达式。条件运算符（？：）是 C 语言中唯一一个三目运算，用于条件求值。一般形式为：

表达式1？表达式2：表达式3

执行过程如下：先计算表达式1的值，如果表达式1的结果为真，整个表达式的结果等于表达式2的值，如果表达式1的结果为假，则整个表达式的值等于表达式3的值。

条件运算符的优先级低于关系运算符和算术运算符，但高于赋值运算符。条件运算符的结合方向是自右向左。

⑦逗号运算符和表达式。逗号运算符（，），用于把若干表达式组合成一个表达式，一般形式为：

表达式1，表达式2，表达式3，……

逗号运算符的优先级最低，具有左结合性。用逗号运算符将两个或多个表达式连起来的式子称为逗号表达式。逗号表达式的值为最后一个表达式的值。

运算符优先级汇总表如表2.8所示。

表2.8　运算符优先级汇总表

运算符号	优先级顺序
( ) [ ]	
！ ～++ ---	高
* /%	
+ -	
<< >>	
< > <= >=	
== ！ =	
&	
^	
|	
&&	低
||	
=+= -= *= /=%= >>= <<= &= ^= |=	

2．循环语句

在程序设计中经常重复执行的操作，需要用到循环结构，C 语言提供了三种循环语句 while语句、do-while语句和for语句。

（1）while 语句

在 C51 中 while 可以实现当型循环结构，格式如下：

```
while（表达式）
            {循环体语句；}
```

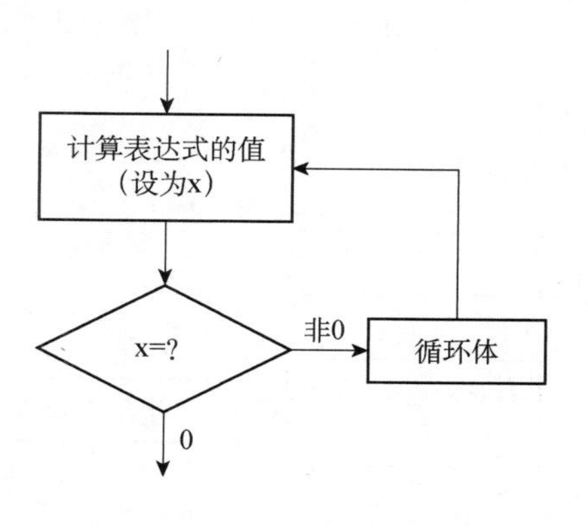

图 2.24　while 语句流程图

执行过程：如图 2.24 所示，在执行 while 语句时，先对表达式进行判断，若其值为真（非 0），则执行循环体内语句；否则跳过循环体，转而执行该结构后面的语句。在进入循环体之后，每执行完一次循环体语句后，都对表达式进行一次计算和判断。当发现表达式的值为 0 时，立即退出循环。

其特点是：先判断表达式，后执行循环体。循环体若是一条语句则可以省略{ }。

小提示：

指令“while（1）;”因小括号内的值永远为真，循环体语句一直不断地被执行。所以在单片机程序中用其来进行控制需要不断执行的程序。

（2）do-while 语句

在 C51 中 do-while 语句用来实现直型循环结构，格式如下：

```
do
{循环体语句；}
while（表达式）;
```

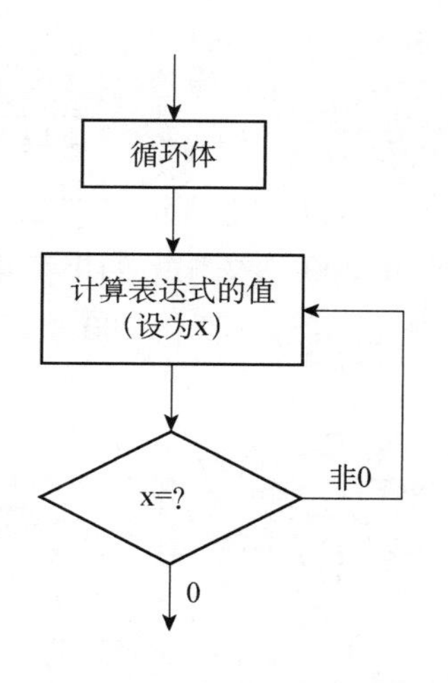

图 2.25　do-while语句流程图

执行过程：如图 2.25 所示，当流程到达关键字 do 后，立即执行循环体一次，然后再计算机表达式的值。若表达式的值为非 0，则再执行循环体，然后再计算机，直到表达式为假时，退出循环，执行结构下面语句。do-while 结构至少被执行一次。

其特点是：先执行循环体，后判断条件。

小提示：

为提高可读性，若循环语句只有一条，建议保留{ }。

（3）for 语句

for 循环控制结构，格式如下：

```
for（表达式 1；表达式 2；表达式 3）
   {循环体语句；}
```

其中，3 个表达式又称为循环控制表达式，用分号“;”隔开。表达式 1 称为初始化表达式，表达式 2 称为条件表达式，表达式 3 称为修正表达式。for 的格式可以表示为：

```
for（初始化表达式；判断表达式；修正表达式）
                {循环体语句；}
```

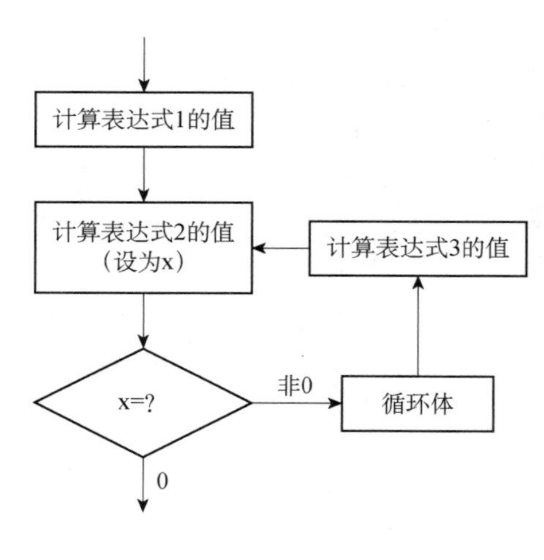

图 2.26 for 语句流程图

执行过程：如图 2.26 所示，首先计算表达式 1 的值，整个循序只执行一次。再计算表达式 2 的值，若表达式 2 的值为真，则执行循环体中的语句，然后计算表达式 3 的操作，如果表达式 2 的值为假，退出 for 循环。

计算表达式 3 后，再转到计算表达式 2 的值。

在使用 for 语句时应注意以下两点：

- for 语句中的表达式可以部分省略或全部省略，但是两个“;”不能省略。
- 所谓省略，只是在 for 语句中的省略。实际上是把所需表达式放在 for 的循环体中或语句前面。

在一个循环的循环体内又包含另外一个完整的循环称为循环嵌套。循环嵌套可以有多层，但是每一层在逻辑上必须是完整的。各层循环变量不能相同，不能交叉，只能从内层循环到外层循环。

例如：

```
unsigned char  i, j;    //定义变量
for(i=0;i<200;i++)  //如果在后面加上;又有什么区别?
  for(j=0;j<200;j++);
```

在第一个 for 语句之后加上分号，表示 i 加 200 次，然后 j 加 200 次，即 i，j 共做 200+200 次变化；如果在第一个 for 语句后没有分号，这两个 for 语句即为嵌套语句，i 每变化 1 次，j 变化 200 次，即 i 变化 200 次，j 变化 200×200 次。

1．设计搭建硬件电路及仿真环境

按照任务要求设计并搭建仿真环境和硬件电路如图 2.27 所示。输出口可以任意选择。

注意：单片机控制系统，必须先满足最小系统硬件配置条件，然后再进行其他电路搭建。

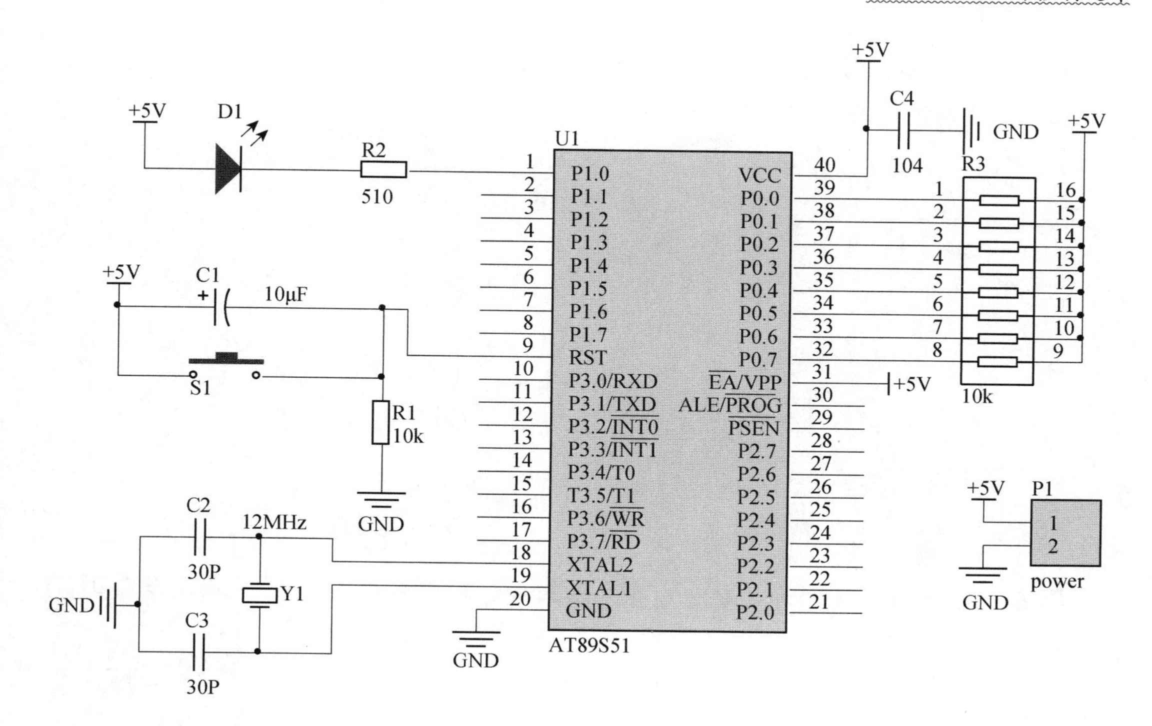

图 2.27　LED 指示灯控制系统电路图

2．搭建软件编程环境

建立工程文件，保存在桌面组号命名的文件夹内，配置工程参数，包括晶振频率12MHz、HEX 文件输出配置。新建文件并添加文件，准备编程。

3．软件设计与编程实现

（1）一个 LED 灯亮

单片机端口输出 0 时 LED 灯亮。要求认识单片机低电平驱动效果。

```
#include<at89x51.h>   // 包含头文件
sbit LED=P1^0;        //定义 LED 灯控制脚
void main(void)
{
    while(1)
        LED=0;     //引脚低电位有效，LED 灯亮
}
```

（2）一个 LED 灯灭

单片机端口输出 1 时 LED 灯灭。要求认识单片机高电平驱动效果。

```
#include<at89x51.h>
sbit LED=P1^0;
void main(void)
{   while(1)
        LED=1;              //引脚高电位无效，LED 灯灭
}
```

（3）一个LED闪烁

根据上述两种结果，添加延时程序让灯动起来。

```
#include<at89x51.h>
sbit LED=P1^0;
void main(void)
{   unsigned char i,j;    //定义局部变量
    while(1)
    {
            LED=0;        //小灯亮
            for(i=0;i<200;i++)
                for(j=0;j<200;j++);  //延时
            LED=1;        //LED灯灭
            for(i=0;i<200;i++)
                for(j=0;j<200;j++);  //延时
    }
}
```

思考： 1. 为什么要添加延时程序？不添加延时程序会有什么现象？

2. 采用位取反（~）运算符结合for循环语句实现一个LED指示器闪烁程序

单LED指示器仿真视频

4．对上述三个程序分别编译下载

利用仿真软件Proteus先行进行调试，成功后，再插接下载器。打开下载软件，选择对应芯片型号，调入HEX，自动下载即可。观察上述三种要求的程序效果。

5．填写任务实施评价单（附表1）

6．拓展任务

（1）更换不同单片机输出口进行调试。

（2）安全生产警钟长鸣，尝试调整LED灯的闪烁频率，来代表不同的安全等级。

1．单片机最小系统构成。

2．端口结构及用法。

3．发光二极管驱动设计。

4．仿真软件Proteus应用。

5．C51基本运算符和表达式，循环语句。

练习题

一、填空题

1. 单片机系统复位后，PC=________，SP=_________。

2. 当单片机从内部程序存储器取指令时，$\overline{EA}$=_________，是第_______脚。

3. 运行一次 for 语句，其表达式 1 执行______次。

4. 若单片机采用低电平驱动方式驱动 LED 灯，当对应引脚输出_______电平时，LED 灯亮；当输出______电平时，LED 灯灭。

5. 要想肉眼能观察到一个 LED 灯的闪烁，必须要添加_________程序。

二、选择题

1. 51 系列单片机中，需要外接上拉电阻的 I/O 口是（　　）。

A. P0　　B. P1　　C. P2　　D. P3

2. 下列关于“=”和“==”说法中不正确的是（　　）。

A. a=b 是把 b 的值赋值给 a　　B. “=”是赋值运算符，“==”是关系运算符

C. a==b 是判断 a 与 b 的值是否相等　　D. a=b 是把 a 的值赋值给 b

3. 下列不属于循环语句的是（　　）。

A. while 语句　　B. do-while 语句　　C. if 语句　　D. for 语句

4. 下列不属于算术运算符的是（　　）。

A. +　　B. -　　C. +=　　D. ==

5. 单片机中对特殊功能寄存器位变量进行定义时，应采用下列（　　）语句。

A. bit　　B. sbit　　C. define　　D. unsigned

6. AT89S51 单片机的 XTAL1 和 XTAL2 引脚是（　　）引脚。

A. 外接定时器　　B. 外界串行口　　C. 外界中断　　D. 外接晶振

7. AT89S51 中复位引脚 RST 是第（　　）脚。

A. 29　　B. 19　　C. 9　　D. 31

三、简答题

1. AT89S51 单片机最小系统组成有哪些？

2. 单片机的复位有哪几种？画出对应的电路图。

任务二　流水灯控制

在本项目任务一中设计制作了一个 LED 灯的闪烁控制，本次任务做 8 个 LED 流水闪烁

控制。要求每次只亮一个灯，从第 1 个开始亮，其他全灭；然后第 2 个灯亮，其他全灭；依次类推，第 8 个灯亮过之后，再转到第 1 个灯，循环不停。每个灯亮的间隔要求 0.5s。

这个任务中硬件接法同任务一，只是多了 7 个灯。时间上的控制比较严格，需要我们精确计算延时运行时间，设计合理的程序，精益求精地达成任务目标。

一、C51 程序设计（三）

1．数组（一维）

数组是一种有序数据的集合。数组中每一个元素的类型相同。数组必须先定义后使用。一维数组的定义形式为：

类型说明符 数组名［常量表达式］;

其中，类型说明符是数组中各元素的数据类型；数组名是用户定义的数组标志符；方括号中的常量表达式表示数据元素的个数，也称为数组的长度。

例如：int a［10］；　/*定义一个数组名 a，有 10 个元素，每个元素的类型均为 int*/

数组中的元素用数组名和下标来唯一确定。下标从 0 开始顺序编号，取值范围为 0～元素个数-1。因此数组 a 的 10 个元素分别是：a［0］，a［1］，a［2］，a［3］，a［4］，a［5］，a［6］，a［7］，a［8］，a［9］，它们按顺序占用连续的存储空间。

对数组的初始赋值，指按照数字大小依次为各个元素提供初始值，通过{ }中的数据序列提供。可以只给出全部或是部分元素赋值，如果是部分数据则只给前面部分元素赋值，后面元素自动赋 0 值。如果不给可初始化的数组赋值则全部元素均为 0 值。在定义数组时如果未指定数组大小，则根据给出的元素的个数来自行确定数组大小。例如 unsigned char a［］={0，1，2，3，4}；数组 a 的大小自动设为 5。

基本类型是字符型的数组称为字符数组。字符数组的每个元素存放一个字符。常用字符数组存放字符串。字符数组的定义方法和一般数组相同。例如：

char c［5］={'C'，'h'，'i'，'n'，'a'}；

说明：定义 c 为字符数组，包含 5 个元素：c［0］='C'，c［1］='h'，c［2］='i'，c［3］='n'，c［4］='a'。

C 语言中，字符串作为字符数组处理。字符数组可以用字符串来初始化。例如：

static char s［］="China"；

字符串在存储时，系统自动在其后加上结束标志‘\0’（占一个字节，其二进制数为

0）。所以数组 s 的长度为 6，内存形式为：

C	h	i	n	a	\0

因此上面两例中的字符数组 c 和 s 不等价，使用时注意二者区别。

2．函数

C 程序是由函数构成的。所谓函数（Function），是指可以被其他程序调用的具有特定功能的一段相对独立的程序。

从用户使用角度，可分为库函数和用户自定义函数。库函数由 C 系统提供，只需在程序前使用#include 命令包含有该函数原型的头文件即可在程序中直接调用。用户定义函数，由用户按需要编写的函数。函数可分为有返回值函数和无返回值函数两种。从主调函数和被调函数之间数据传送的角度看又可分为无参函数和有参函数两种。

在 C 语言中，所有的函数定义，包括主函数 main 在内，都是平行的。也就是说，在一个函数的函数体内，不能再定义另一个函数，即不能嵌套定义。但是函数之间允许相互调用，也允许嵌套调用。习惯上把调用者称为主调函数。函数还可以自己调用自己，称为递归调用。main 函数是主函数，它可以调用其他函数，而不允许被其他函数调用。因此，C 程序的执行总是从 main 函数开始的，完成对其他函数的调用后再返回到 main 函数，最后由 main 函数结束整个程序。一个 C 源程序必须有，也只能有一个主函数 main。

函数定义的一般格式如下：

```
函数类型 函数名（形式参数列表）[interrupt m][using n]
{
  声明部分
  可执行语句部分
 return 语句
}
```

前面部分称为函数首部，后面称为函数体。

函数类型：说明了函数返回值的数据类型。

函数名：用户为自定义函数取的名字，以便调用函数时使用，必须采用合法的标志符。

形式参数列表：用于列出在主函数与被调用函数之间进行数据传递的形式参数的数据类型和名称。每个参数由一个类型符和参数名组成，参数名也必须是合法的标志符。函数可以没有参数，形式参数列表中可以写一个 void，也可空着。

声明部分：主要完成变量的定义、对被调用函数的使用。

可执行语句部分：由一系列语句组成，完成函数的具体功能设计。

return 语句：使流程返回到调用处。当函数执行到 return 语句时，将停止本函数的执行，将流程送回至调用处。函数的值通过 return 返回主调函数，函数的类型就是返回语句中表达式的类型。return 语句一般格式为：

```
return 表达式;
```

或者为：

```
return（表达式）;
```

该语句的功能是计算表达式的值，并返回给主函数。在函数中允许有多个 return 语句，但每次调用只能有一个 return 语句被执行，因此只能返回一个函数值。

如果被调函数中 return 语句没有表达式，return 语句可省略，函数不产生返回值，可以用 void 定义为无类型（空类型）。

interrupt m 修饰符：是 C51 函数中非常重要的一个修饰符，这是因为中断函数必须通过它进行修饰。在 C51 程序设计中，中断过程通过使用 interrupt 关键字和中断号 *m*（0～31）来实现。具体参照项目四。

using n 修饰符：用于指定中断服务程序使用的工作寄存器组，其中 *n* 的取值范围为 0～3，表示寄存器组号。

使用 using n 修饰符时，应注意以下几点：

- 加入 using n 后，所有被调用的过程都必须使用同一个寄存器，否则参数传递会发生错误。
- using n 修饰符不能用于有返回值的函数，因为 C51 函数的返回值是放在寄存器中的。若寄存器组改变了返回值就会出错。

3．函数的调用

C 语言程序中函数是可以互相调用的。在函数调用时，通过主函数的实际参数（简称实参）与被调函数的形式参数（简称形参）之间进行数据传递来实现函数参数的传递。

函数调用的一般形式为：

```
函数名（实际参数表列）;
```

对无参数函数没有实参表列，对于有参数的函数调用，实际参数可以是常数、变量或其他构造类型数据及表达式。若实参列表包含多个实参，则各个实参之间用逗号隔开。函数调用中的实参与函数定义中的形参必须在个数、类型及顺序上严格保持一致，以便将实际参数的值正确地传递给形式参数，否则在函数调用时会产生意想不到的错误结果。

按照函数调用在主函数中出现的位置，函数调用方式有以下 3 种。

- 函数语句。把被调用函数作为主调用函数的一条语句。
- 函数表达式。函数被放在一个表达式中，以一个运算对象的方式出现。这时的被调用函数要求带有返回语句，以返回一个明确的数值参加表达式的运算。
- 函数参数。此时被调用函数作为另一个函数的实际参数。

函数调用的前提是被调用函数必须已经存在即已定义过。如果使用库函数，需使用预处理命令“#include<**.h>将有关函数的信息包含到本文件中。当使用了用户自定义函数时，如果在函数定义之前调用，需要在主调函数中对被调函数进行声明。函数的声明是把函数的名字、函数类型及形参的类型、个数和顺序通知编译系统，以便于调用函数时系统进行对照，进行合法性检查。函数的声明后面要加分号。

在C51中，函数声明（函数原型）一般形式如下：

```
[extern]  函数类型  函数名(形式参数表);
```

如果声明的函数在文件内部，则声明时不用加extern，如果声明的函数不在文件内部，而在另一个文件中，声明时须带extern，指明使用函数在另一个文件中。

[例2.1] 没有入口参数也没有返回值的函数。

```
#include <at89x51.h>
 void delay(void); //子函数声明
 void main( )    //主函数main
 {
   while(1)
   {
    P1=~P1;
    delay( );  //子函数调用
   }
 }
 void delay ( ) //子函数delay
 {
    int i;
    for(i=0;i<1000;i++);
 }
```

说明：因子函数delay在主函数main之后，所以在main函数前面必须先声明，告诉编译器delay函数在后面定义了。如果把delay函数放到main函数前面则不声明。子函数delay是一个无参数输入也无返回值的函数。

[例2.2] 有输入参数无返回值的函数。

```
#include <at89x51.h>
 void delay(int i); //子函数声明
 void main( )    //主函数main
 {
   while(1)
   {
    P1=~P1;
    delay(1000);
   }
 }
 void delay(int i)  //子函数delay
 {
    while(i>0)
        i--;
 }
```

说明：主函数main在执行到“delay（1000);”时，就会把1000传递给变量i，i用来接收入口参数值。子函数 delay 是一个有入口参数无返回值的函数。

［例 2.3］有输入参数也有返回值的函数。

```
#include <at89x51.h>
 int sum(int x, int y); //子函数声明
 void main()      //主函数 main
 {
   int answer;
   answer=sum(20,100);  //函数调用
   while(1);
 }
int sum(int x, int y)   //子函数
{
    int z;
    z=x+y;
    return z;
}
```

说明：主函数执行 sum(20,100)时，把 20 传递给 x，100 传递给 y，子函数 sum 中的 “return z;” 语句把 z 的值 120 返回给主函数，主函数中利用变量 answer 接收，即 answer=120。子函数 sum 是一个有入口参数也有返回值的函数。

［例 2.4］没有输入参数却有返回值的函数。

```
#include <at89x51.h>
 #include <stdlib.h>
 unsigned char random(void); //子函数声明
 void main()      //主函数 main
 {
     while(1)
        P1=random(); //子函数调用
 }
unsigned char random(void)
{
    unsigned int m;
    unsigned char n;
    m=rand();    //m 为随机数
    n=m%6+1;    //n 为 1~6 随机数
    return n;    //返回 n 的值
}
```

说明：子函数 random 为一个不需要入口参数，但是却有返回值的函数。主函数用 P1 接收子函数 random 返回的 n 值。

二、单片机工作时序

1．振荡周期

振荡周期是指单片机片内或片外振荡器所产生的，为单片机提供的时钟源信号的周期，通常定义为节拍（P）。

设时钟信号源的频率为 f_{osc}，则振荡周期为 $1/f_{osc}$。若信号频率 f_{osc} 为 6MHz，则振荡周

期为 1/6μs。

2．时钟周期

振荡周期二分频后，就是单片机的时钟信号的周期，称为时钟周期，又称状态周期（S），包含两个振荡周期。

3．机器周期

机器周期即单片机的基本操作周期，一个机器周期由 6 个状态周期组成，依次为 S1～S6，共 12 个振荡周期。

1 机器周期=6 状态周期=12 振荡周期

4．指令周期

执行一条指令所需要完成的全部时间称为指令周期，通常由 1 个、2 个、4 个机器周期组成。

思考： *若外接晶振为 12MHz，计算各周期数值？*

若晶振为 6MHz 呢？

三、延时程序设计及时间计算

单片机软件设计中经常采用 for 语句构成延时函数，完成延时功能。在本项目任务一的程序中主程序通过调用延时程序 delay（）来决定 LED 闪烁频率，即通过改变 delay（）函数中的变量值来调整延时时间。在任务一中如果去掉延时，虽然灯的控制是在亮灭之间变化，但是已经超出人眼分辨范围。若晶振为 12MHz，单片机执行赋值语句只需要一个机器周期即 1μs，即灯亮 1μs，灭 1μs，远远超出人眼 20ms 左右的分辨能力。所以必须延时，人眼才能分辨出来。

单片机执行指令以机器周期为最基本执行时间单位，所以延时时间计算最小单位为机器周期，用 T 来指代。下面以延时函数为例子说明时间的计算方法与过程。

```
void delay( )            //子程序调用 2T
{  unsigned char i,j;  //自变量定义 T+T
for(i=0;i<20;i++)      //赋值 T,判断 2T, 自加 T, 且下面语句、判断、自加执行 20 次
        for(j=0;j<200;j++);  //赋值 T,判断 2T, 自加 T, 且判断、自加执行 200 次
}                      //子程序返回 2T
```

延时程序耗时机器周期计算：

$$2T+2T+T+[2T+T+200*(2T+T)+T]*20+2T=12087T$$

如果单片机晶振为 12MHz，机器周期为 1μs，这个函数延时 12087μs，约 12ms。

四、输出处理技巧

在本项目任务一中，输出采用的是单个位控制，如果此任务中仍然采用单个位控制，

程序必将很烦琐。因此可以直接对端口字节赋值处理。这就需要将对应显示方式进行编码，输出编码即可实现控制。编码如表2.1所示。

表2.1　任务一的编码

位号	7	6	5	4	3	2	1	0	编码
第1个灯亮	1	1	1	1	1	1	1	0	0xFE
第2个灯亮	1	1	1	1	1	1	0	1	0xFD
第3个灯亮	1	1	1	1	1	0	1	1	0xFB
第4个灯亮	1	1	1	1	0	1	1	1	0xF7
第5个灯亮	1	1	1	0	1	1	1	1	0xEF
第6个灯亮	1	1	0	1	1	1	1	1	0xDF
第7个灯亮	1	0	1	1	1	1	1	1	0xBF
第8个灯亮	0	1	1	1	1	1	1	1	0x7F

1．设计搭建硬件电路及仿真环境，参照电路图（见图2.28）

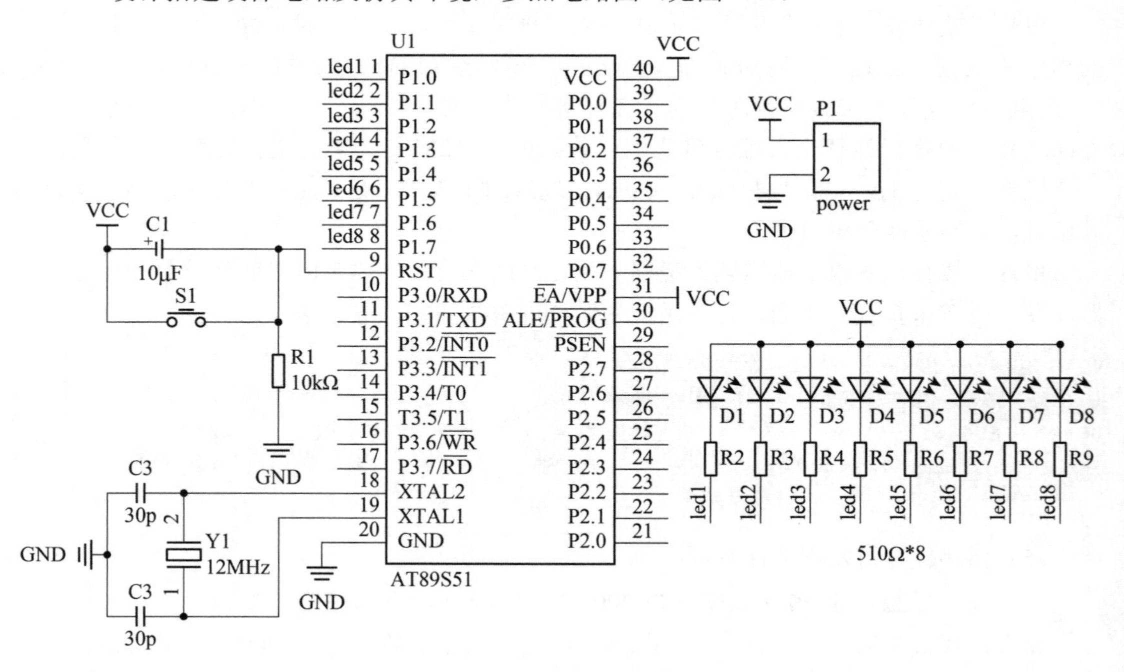

图2.28　流水灯控制系统电路图

2．搭建软件编程环境

先建立工程文件，并保存在桌面组号命名的文件夹内，再配置工程参数，包括晶振频率 12MHz、HEX 文件输出配置。新建文件并添加文件，然后准备编程。

3．软件设计及编程实现

根据任务延时要求，计算延时函数的延时，再编程实现（分别采用三种方式），要求理解并掌握 C51 编程处理的技巧。

（1）8 个灯都采用位控制方式，方法同本项目任务一，亮的灯输出 0，灭的灯输出 1。程序参照任务一中（3），详细清单略。

（2）按照输出处理技巧，把单独位控制方式修改为字节输出控制。需要对输出进行编码，根据显示方式编码，如果改变显示方式只需改变编码即可。

参照程序如下：

```
#include<at89x51.h>
void delay()                    //延时子函数
{   unsigned char i,j;    //定义局部变量
    for(i=200;i>0;i--)
            for(j=200;j>0;j--);    //时间按照自己计算数值，此处仅仅参考数据
}
void main(void)
{   while(1)
    {       P1=0XFE;          //第 1 个灯亮，其余灯灭
            delay();          //延时
            P1=0XFD;          //第 2 个灯亮，其余灯灭
            delay();
            P1=0XFB;          //第 3 个灯亮，其余灯灭
            delay();
            P1=0XF7;          //第 4 个灯亮，其余灯灭
            delay();
            P1=0XEF;          //第 5 个灯亮，其余灯灭
            delay();
            P1=0XDF;          //第 6 个灯亮，其余灯灭
            delay();
            P1=0XBF;          //第 7 个灯亮，其余灯灭
            delay();
            P1=0X7F;          //第 8 个灯亮，其余灯灭
            delay();
    }
}
```

思考：当 8 只 LED 循环点亮过程中，编码数据呈现何种变化？能否采用左移位运算符（<<）结合 for 循环语句实现程序效果？

（3）将（2）中的显示方式编码定义成数组，利用 C 语言中的循环指令，将其修改为精简程序，以提高程序阅读效果，提升代码效率。

参照程序如下：

```
#include<at89x51.h>
unsigned char code lsd[]={0XFE,0XFD,0XFB,0XF7,0XEF,0XDF,0XBF,0X7F}; //灯控制
字节编码
void delay( )
```

```
{    unsigned char i,j;
     for(i=200;i>0;i--)
      for(j=200;j>0;j--); //时间按照自己计算数值，此处仅仅参考数据
}
void main(void)
{  unsigned char u;
     while(1)
     {    for(u=0;u<8;u++)          //for 循环，依次循环数组内字节编码
                {    P1=lsd[u];       //根据编码不同灯亮不同
                     delay();          //延时
                }
     }
}
```

4．分别编译下载

流水灯控制仿真视频

利用仿真软件 Proteus 先进行调试，成功后，插接下载器。打开下载软件，选择对应芯片型号，调入 HEX。自动下载即可。观察上述三种要求的程序效果。

5．填写任务实施评价单（附表 1）

6．拓展任务

（1）改变单片机的输出端口，修改程序实现任务要求。

（2）用 LED 制作中国心图案，自定义显示方式，并编程实现。

1．单片机硬件连接方式，以及单片机软硬件配合。

2．单片机 C 语言延时方法及计算。

3．单片机 C 语言循环程序设计应用技巧及函数定义与调用方法。

练习题

一、填空题

1. 主函数后面的子函数，使用时在主函数之前必须先_________。

2. 数组中所有元素的数据类型都必须_________。

3. 单片机使用 12MHz 的晶振时，则 1 个机器周期为_________。

4. 数组 unsigned int a[8]中元素个数为_________。

5. 在 C 语言中，所有的函数定义，包括主函数 main 在内，都是_____关系。也就是说，在一个函数的函数体内，不能再定义另一个函数，即不能嵌套定义。但是函数之间允许_____。

二、选择题

1. 数组 unsigned ichar a[4]={1，2，3，4}，则 a[2]=（　　）。

A. 1　　　　B. 2　　　　C. 3　　　　D. 4

2. 一个机器周期等于（　　）个振荡周期。

A.1　　B. 2　　C. 6　　D. 12

3. 关于循环嵌套中的两个变量，下列说法中正确的是（　　）。

A. 变量名称必须相同　　B. 变量类型必须相同

C. 变量名称可以相同，也可以不同　　D. 变量类型可以相同，也可以不同

4. 用户定义函数名时，下列说法中不正确的是（　　）。

A. 可以用自己名字的拼音　　B. 可以以下画线开头

C. 可以以数字开头　　D. 可以以英文字母开头

5. 如果 8 个 LED 灯采用共阳极接法接到 P1 口，当第三个灯亮时，应给 P1 口赋值（　　）。

A. 0xFE　　B. 0xFD　　C. 0xFB　　D. 0xF7

三、简答题

如果单片机晶振为 6MHz，试编写延时 10ms 的延时子函数。

项目三　制作交通灯控制系统

作为输出模块，数码管、LED 点阵等显示设备在很多小型单片机系统中应用非常广泛，另外，精确方便的时间控制也是单片机的主要功能部分。本项目通过制作交通灯控制系统来掌握数码管等显示设备驱动应用方法，以及单片机定时计数器模块的应用；培养学生单片机开发的工程思维，强化规则与安全意识，培养节约和绿色发展理念，践行精益求精的工匠精神，提升工程素养和创新能力。

任务一　流水灯序号指示

将项目二中的流水灯工作时对应的灯序号分别用 1～8 显示出来。

一、数码管结构

基本的半导体数码管是由 7 个条状的发光二极管（LED）所排列而成的，可实现数字 0～9 及少量字符的显示。另外，为显示小数点，增加了 1 个点状的发光二极管，因此数码管就由 8 个 LED 组成，分别命名为 a，b，c，d，e，f，g，dp。

数码管按各发光二极管电极的连接方式，分为共阳极数码管和共阴极数码管两种。

共阳极数码管是指将所有发光二极管的阳极接到一起形成公共阳极（COM）的数码管。共阳极数码管在应用时，应将公共极 COM 接到+5V，当某一字段发光二极管的阴极为低电平时，相应字段就点亮；当某一字段的阴极为高电平时，相应字段就不亮。

共阴极数码管是指将所有发光二极管的阴极接到一起形成公共阴极（COM）的数码管。共阴极数码管在应用时，应将公共极 COM 接到地线 GND 上，当某一字段发光二极管的阳极为高电平时，相应字段就点亮，当某一字段的阳极为低电平时，相应字段就不亮。

数码管的结构如图 3.1 所示，共阳极 LED 数码管字形（段码）表如表 3.1 所示。

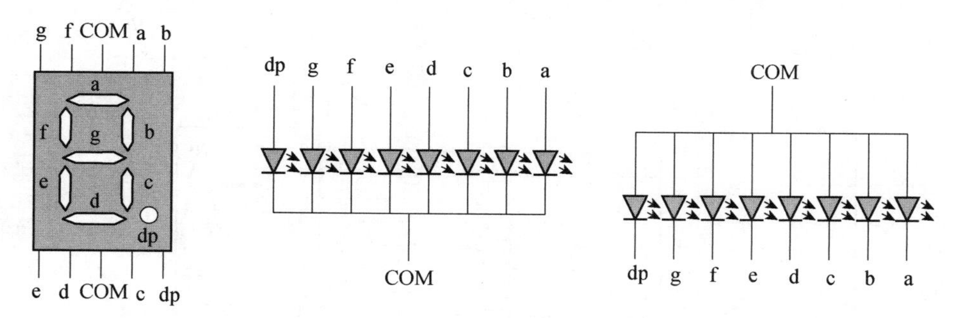

图 3.1　数码管的结构

表 3.1　共阳极 LED 数码管字形（段码）表

显示数字（字符）	P1.7 dp	P1.6 g	P1.5 f	P1.4 e	P1.3 d	P1.2 c	P1.1 b	P1.0 a	二进制代码	十六进制代码
0	1	1	0	0	0	0	0	0	11000000	0xC0
1	1	1	1	1	1	0	0	1	11111001	0xF9
2	1	0	1	0	0	1	0	0	10100100	0xA4
3	1	0	1	1	0	0	0	0	10110000	0xB0
4	1	0	0	1	1	0	0	1	10011001	0x99
5	1	0	0	1	0	0	1	0	10010010	0x92
6	1	0	0	0	0	0	1	0	10000010	0x82
7	1	1	1	1	1	0	0	0	11111000	0xF8
8	1	0	0	0	0	0	0	0	10000000	0x80
9	1	0	0	1	0	0	0	0	10010000	0x90
A	1	0	0	0	1	0	0	0	10001000	0x88
B	1	0	0	0	0	0	1	1	10000011	0x83
C	1	1	0	0	0	1	1	0	11000110	0xC6
D	1	0	1	0	0	0	0	1	10100001	0xA1
E	1	0	0	0	0	1	1	0	10000110	0x86
F	1	0	0	0	1	1	1	0	10001110	0x8E
H	1	0	0	0	1	0	0	1	10001001	0x89
O	1	1	0	0	0	0	0	0	11000000	0xA3
P	1	0	0	0	0	1	0	0	10000100	0x8C
N	1	1	0	0	1	0	0	0	11001000	0xC8

二、数码管静态驱动

所谓静态显示驱动法，是指每一个 LED 灯分别对应一个独立的 I/O 驱动口，其点亮和关闭由该 I/O 口来进行控制，互不干扰。数码管的公共端按共阴极或共阳极分别接地或接 VCC。

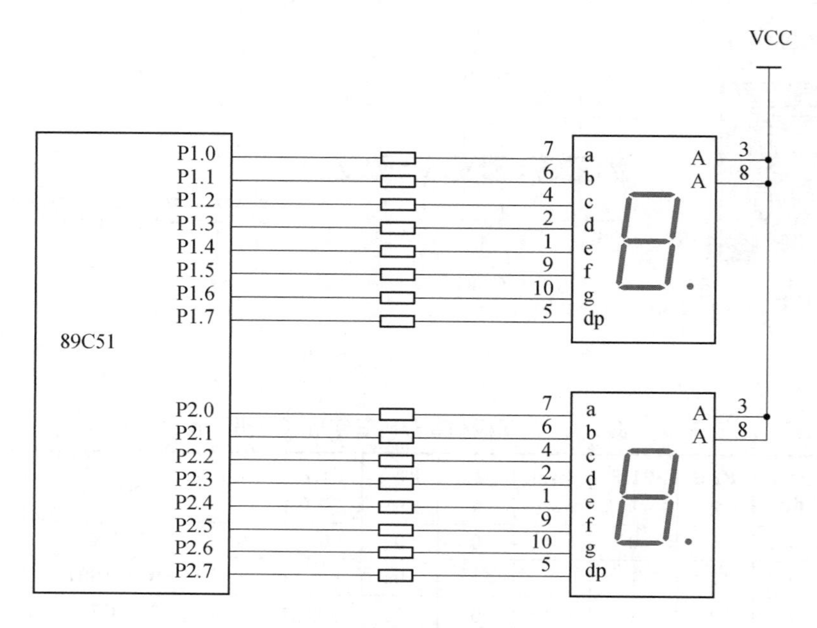

图 3.2　静态驱动原理

其优点是显示的数据稳定，无闪烁，占用 CPU 时间少。其缺点是由于每一个 LED 灯需要一个 I/O 口，显然当显示位数多时，占用 I/O 口过多。

三、C51 程序设计（四）——分支语句

1．if 语句

if 语句是 C51 中的一个基本条件分支语句，通常有以下 3 种格式。

（1）if 语句

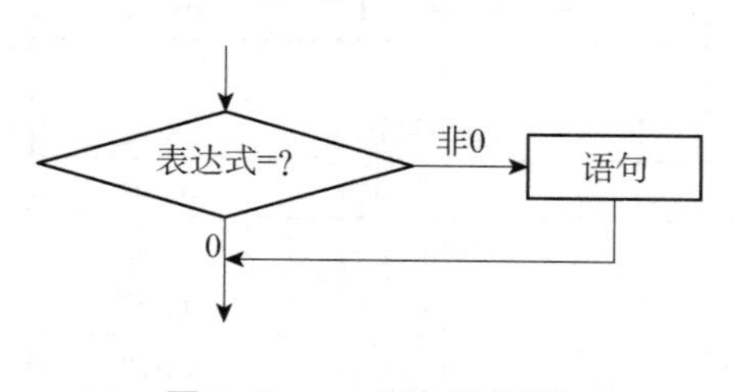

图 3.3　if 语句流程图

if 语句的一般形式为：

```
if（表达式）{ 语句；}
```

其中，语句为 C51 语言任意合法语句，多条语句要用“{ }”括起来。

执行过程：如图 3.3 所示，先计算表达式的值，若表达式的值为真（非 0），执行后面的语句；

若表达式的值为假（等于 0），不执行语句，直接跳过执行后面的程序。

（2）if-else 语句

一般形式为：

```
if（表达式）{ 语句 1； }
else        { 语句 2； }
```

其中，if、else 为关键字，但是 else 不能独立使用，只能和 if 一起配对使用；语句 1、语句 2 为 C51 语言任意合法语句，多条语句要用“{ }”括起来。

执行过程：如图 3.4 所示，如果表达式值为真，则执行语句 1；表达式的值为假，则执行语句 2。

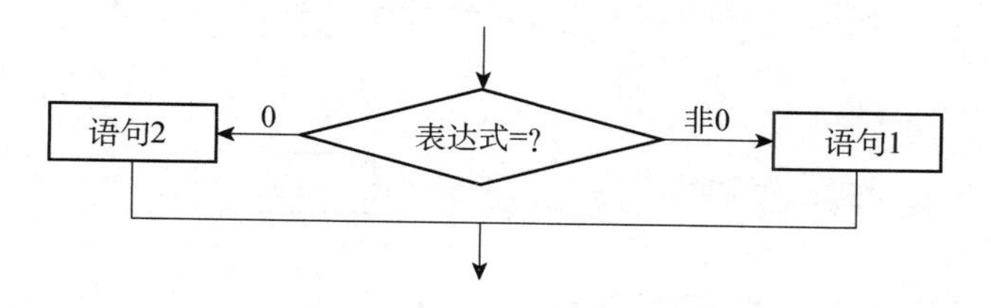

图 3.4　if-else 语句流程图

（3）if-else-if 语句

一般形式为：

```
if（表达式 1） 语句 1；
else if（表达式 2）语句 2；
else              语句 3；
```

if-else-if 语句又称为嵌套的 if-else 语句。

2．switch 语句

if 语句一般处理不超过 3 分支结构，对于多分支结构一般采用 switch 分支语句。

switch 语句一般形式：

```
switch（表达式）{
        case 常量表达式 1：语句 1；break；
        case 常量表达式 2：语句 2；break；
        case 常量表达式 3：语句 3；break；
              ……
        case 常量表达式 n：语句 n；break；
        default：语句 n+1；
  }
```

其中，switch、case、break 为关键字；表达式可以是整型或字符型表达式；case 常量表达式的值必须不同。

执行过程：如图 3.5 所示，进入 switch 语句后，用表达式的值依次与各常量表达式比较，当该表达式的值与某一个“case”后面的常量表达式的值相等时，就开始执行该

“case”后面的匹配语句，执行到 break 后退出 switch，break 语句不可以省略，否则将执行后面所有的语句。若表达式的值与所有 case 后面的常量表达式的值都不相同，则执行 default 后面的语句，然后退出。

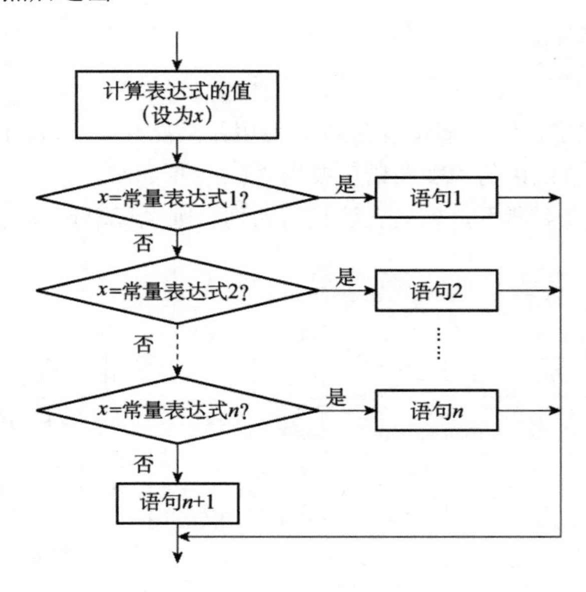

图 3.5　switch 语句流程图

小提示：

if 语句在执行时有优先级之分，而 switch 语句没有优先级之分。

3．循环退出语句 break 和 continue

中途退出循环结构——break 语句，其一般形式为：

```
break;
```

其作用为：跳出所在循环结构，结束循环。

提前结束一个重复周期——continue 语句，其一般形式为：

```
continue;
```

其作用为：用于结束本次循环，跳过 continue 之后的语句，直接进行下一次是否执行的条件判断。

1．设计搭建硬件电路

按照任务要求设计并搭建硬件电路（见图 3.6）及仿真环境。输出口可以任意选择。

注意：考虑单片机驱动能力的限制，采用共阳极数码管进行显示。

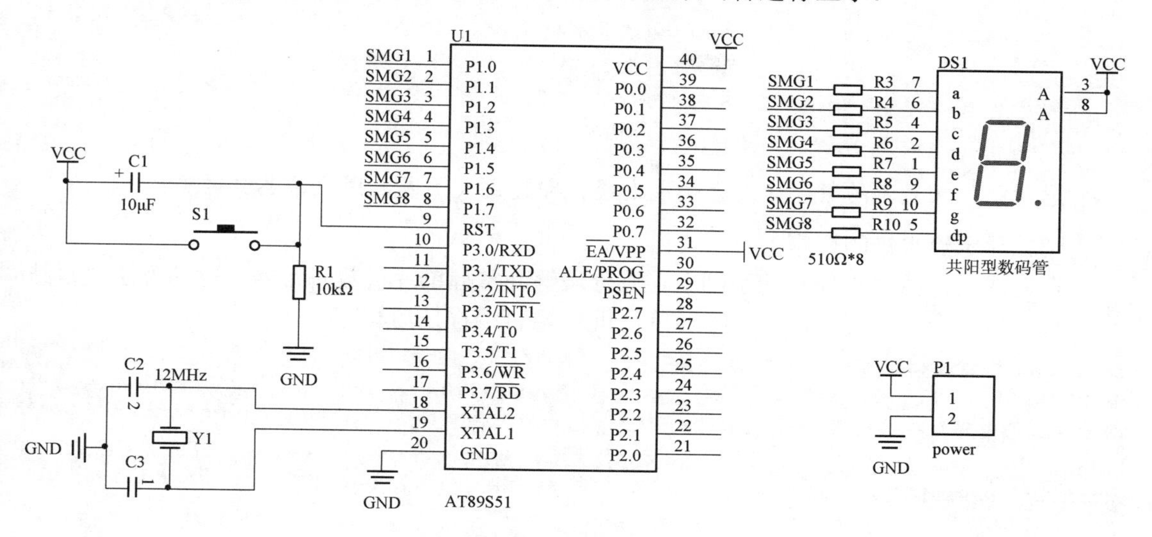

图 3.6　数码管静态驱动原理图

2．搭建软件编程环境

先建立工程文件，并保存在桌面组号命名的文件夹内，再配置工程参数，包括设置晶振频率 12MHz、配置 HEX 输出文件。新建文件并添加文件，然后准备编程。

3．软件设计与编程实现

（1）数码管显示一个 0～9 任意数字

通过编程实现，并认识单片机驱动数码管的工作效果。

```
#include<at89x51.h>   // 包含头文件
void main(void)
{
    P1=0xF9;                //数码管显示数字 1,可以改变此编码显示其他数字
    while(1);
}
```

思考：如果采用的是共阴极数码管，在不修改数据的前提下怎么处理才能正常显示？

（2）循环显示 0～9 数字

让数码管显示的数字动起来，同时要求进一步理解项目二中延时程序设计和数码管编码数组的构建方法。

```
#include<at89x51.h>
unsigned char SMG[]={0xc0,0xf9,0xa4,0xb0,0x99,0x92,0x82,0xf8,0x80,0x90};
 //共阳极数码管 0~9 编码
void delay(void)
{   unsigned char i,j;
        for(i=250;i>0;i--)
            for(j=250;j>0;j--);
}
void main(void)
{   unsigned char u;
```

```
    while(1)
    {    for(u=0;u<10;u++)
         {    P1=SMG[u];    //数码管依次显示 0~9
              delay();
         }
    }
}
```

思考：如果显示的数字速度太快或太慢，即变化太快或太慢应该怎么调整？

（3）显示流水灯的灯序

在完成上述两个小任务的基础上，充分理解并掌握单片机数码管静态驱动方法。再结合项目二做一个综合应用，同时练习单片机 C 语言编程技巧和方法。

```
#include<at89x51.h>
unsigned char SMG[]={0xc0,0xf9,0xa4,0xb0,0x99,0x92,0x82,0xf8,0x80,0x90};//共阳极数码管编码 0~9
unsigned char LSD[]={0XFE,0XFD,0XFB,0XF7,0XEF,0XDF,0XBF,0X7F};// 流水灯编码
void delay(void)
{   unsigned char i,j;
        for(i=250;i>0;i--)
            for(j=250;j>0;j--);
}
void main(void)
{   unsigned char i;
    while(1)
    {   for(i=0;i<8;i++)
        {   P1=SMG[i+1];    //数码管显示输出
            P2=LSD[i];     //流水灯输出
            delay( );
        }
    }
}
```

思考：数码管显示 SMG[i+1]和流水灯输出 LSD[i]中的序号为什么不一样？

4．对上述三个程序分别编译下载

利用仿真软件 Proteus 先进行调试，成功后，再插接下载器。打开下载软件，选择对应芯片型号，调入 HEX 文件。自动化下载即可。观察上述三种要求的程序效果。

流水灯序号指示器仿真视频

5．填写任务实施评价单（附表 1）

6．拓展任务

采用直接数码管静态驱动，利用两个共阳极数码管，创新设计完成显示 00～99。提示：需要用到两个数码管和两个单片机并行端口，以及 C 语言分支语句。

1．数码管的工作原理。

2．单片机与数码管的接口电路及驱动方法。

3．C51 分支程序设计及编程技巧。

练习题

一、填空题

1. 数码管按各发光二极管电极的连接方式，分为__________和__________两种。

2. 共阳极数码管在应用时，COM 接_________，当某一字段发光二极管的阴极为____电平时，相应字段就点亮；当某一字段的阴极为______电平时，相应字段就不亮。

3. ______语句一般处理不超过 3 分支结构，对于多分支结构一般采用______分支语句。

4. ______语句的作用是跳出所在循环结构，结束循环。

二、选择题

1. 利用 AT89S51 单片机的 P1 口并行输出直接驱动共阳极数码管显示数据 0，P1. 0～P1. 7 分别对应数码的 a～h，则 P1=（　　）。

A. 0xF9　　B. 0xB0　　C. 0x3F　　D. 0xC0

2. 下列不是数码管静态显示的优点（　　）。

A. 显示稳定　　B. 无闪烁　　C. 占用 CPU 时间少　　D. 占用 IO 口资源少

三、简答题

1. 用 if-else-if 语句描述数学中的分段函数。

$$y=\begin{cases}1(x>0)\\0\ (x=0)\\-1\ (x<0)\end{cases}$$

2. 试编出共阳极数码管显示 A、B、C、D、E、F 的字形码。

任务二　设计数码管静态驱动（I/O 扩展）

若要求静态显示 2 位数字，显然需要 2 个数码管。若按照本项目任务一单片机直接驱动数码管静态显示方式，则需要 16 个口，这是对单片机资源的浪费。

本任务采用 I/O 扩展技术实现数码管静态驱动显示 2 位数字，也可以依次类推显示更多位数字，以便节约单片机端口资源。

一、C51程序设计（五）

1．Keil C 预处理命令

编译预处理是以“#”开头的一些命令，它通知编译系统在进行正式编译前应先进行一些前期工作（即编译预处理）。

（1）文件包含

格式一：

```
#include <头文件名称>
```

在系统指定子目录中查找头文件，并放到程序中。

格式二：

```
#include "头文件名称"
```

在当前源文件目录中查找头文件并放到程序中，该文件一般为用户自定义文件，如果没有找到，则在系统的指定子目录中查找。

（2）宏定义

#define 用来定义常数、字符串或宏函数的代名词。其格式为：

```
#define 宏名  常数（字符串或宏函数）
```

其中，宏名不能有空格或引号，不能重复定义，且一般用大写字母。

例如，利用 P1 口驱动 LED 灯，可以利用#define 定义：

```
#define OUT_DATA P1
```

在定义以后，如果程序中要通过 P1 口输出控制外部的 LED 灯，就可以用 OUT_DATA 来代替（OUT_DATA=0XAA）；进行编译时，预处理器会将整个程序中的所有 OUT_DATA 替换成 P1。使用#define 命令进行定义，便于程序修改与阅读。

（3）条件式编译命令

C 语言是一种移植性很高的程序语言，源程序可以在不同版本的 C 语言编译器下进行编译。因不同的 C 语言编译器提供不同的资源与指令语法，所以在编译时要区分不同的编译器。在 C51 程序设计中可以用条件式编译命令来适应不同的编译器。

条件编译命令格式为：

```
#if    表达式
       程序 1
#else
        程序 2
#endif
```

若表达式成立，则编译程序 1，否则编译程序 2。

2．Keil C **的特殊指令**

在 Keil C 的库文件 intrins.h 中定义了标准 C 语言没有的指令，这些指令可以使程序设计更简单。

（1）左循环指令

将变量的内容向左循环移动 *n* 位，示意图如图 3.7 所示。

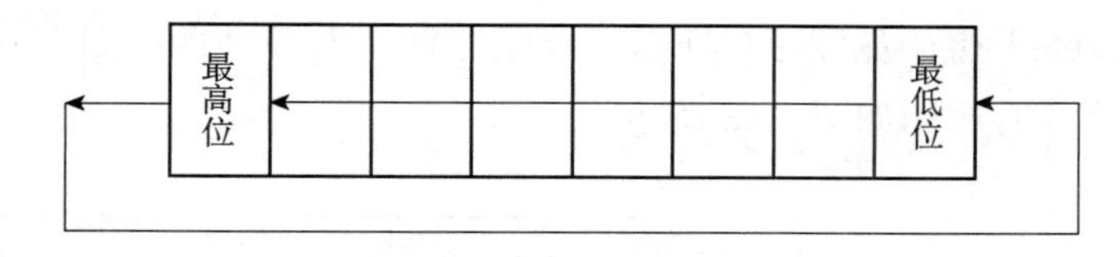

图 3.7 左循环示意图

指令一：_crol_（c，n）把字符型变量 *c* 左移 *n* 位。

指令二：_irol_（i，n）把整数型变量 *i* 左移 *n* 位。

指令三：_lrol_（l，n）把长整型变量 *l* 左移 *n* 位。

［例 3. 1］

```
char a, b;
a=0x81;
b=_crol_(a,2);    //b=0x06
```

（2）右循环指令

将变量的内容向右循环移动 *n* 位，示意图如图 3.8 所示。

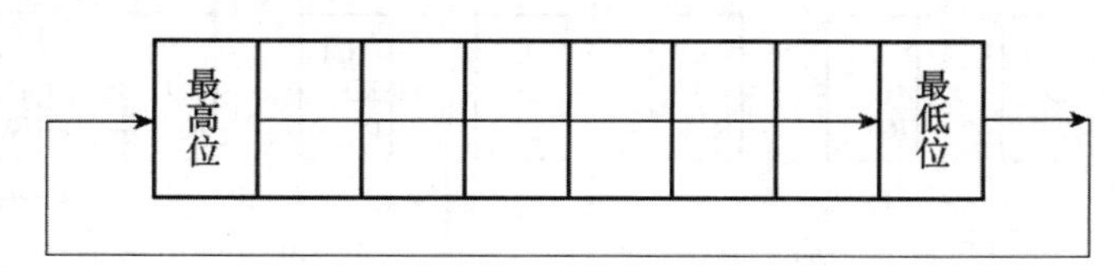

图 3.8 右循环示意图

指令一：_cror_（c，n）把字符型变量 *c* 右移 *n* 位。

指令二：_iror_（i，n）把整数型变量 *i* 右移 *n* 位。

指令三：_lror_（l，n）把长整型变量 *l* 右移 *n* 位。

（3）延时机器周期指令

指令：_nop_（）延时一个机器周期指令，CPU 暂停一个机器周期不做任何工作。

二、74HC164 简介

74HC164 是高速硅门 CMOS 器件，与低功耗肖特基型 TTL 器件的引脚兼容。74HC164 是 8 位边沿触发式移位寄存器，串行输入数据，然后并行输出。数据通过两个输入端（A 或 B）之一串行输入。任何一个输入端都可以用作高电平使能端，控制另一输入端的数据输入。两个输入端或者连接在一起，或者把不用的输入端接高电平，一定不要悬空。74HC164 主要用于数字电路和 LED 显示控制电路中。

时钟（CLK）信号每次由低到高时，数据右移一位，输入到 Q_A，Q_A 是两个数据输入端（A 和 B）的逻辑与，它将上升时钟沿之前保持一个建立时间的长度。

清零（$\overline{CLR}$）输入端上的一个低电平将使其他所有输入端都无效，同时非同步地清除寄存器，强制所有的输出为低电平。

74HC164 引脚图及说明如图 3.9 所示，74HC164 内部功能图如图 3.10 所示，其逻辑图如图 3.11 所示。其时序图如图 3.12 所示。

引脚	编号	编号	引脚
A	1	14	VCC
B	2	13	Q_H
Q_A	3	12	Q_G
Q_B	4	11	Q_F
Q_C	5	10	Q_E
Q_D	6	9	$\overline{CLR}$
GND	7	8	CLK

符号	引脚名称	引脚号	说明
A/B	数据输入	1，2	该引脚为与门输入
Q_A，Q_B，Q_C，Q_D，Q_E，Q_F，Q_G，Q_H.	数据输出	3，4，5，6 10，11，12，13	并行输出口
CLK	时钟输入	8	在上升沿读取串行数据
$\overline{CLR}$	复位	9	该端口输入为低时，所有输入无效，所有输出口清零，该端口为高时，发送数据
VCC	逻辑电源	14	2～6V
GND	逻辑地	7	系统地

图 3.9　74HC164 引脚图及说明

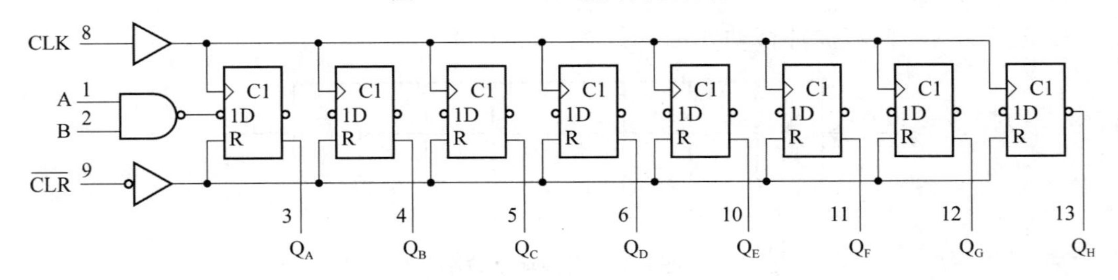

图 3.10　74HC164 内部功能图

INPUTS				OUTPUTS		
$\overline{CLR}$	CLK	A	B	Q_A	Q_B …	Q_H
L	X	X	X	L	L	L
H	L	X	X	Q_{A0}	Q_{B0}	Q_{H0}
H	↑	H	H	H	Q_{An}	Q_{Gn}
H	↑	L	X	L	Q_{An}	Q_{Gn}
H	↑	X	L	L	Q_{An}	Q_{Gn}

图 3.11　74HC164 逻辑图

注：H——高电平，L——低电平，X——无效，↑——上升沿，Q_{An}——上升沿前状态。

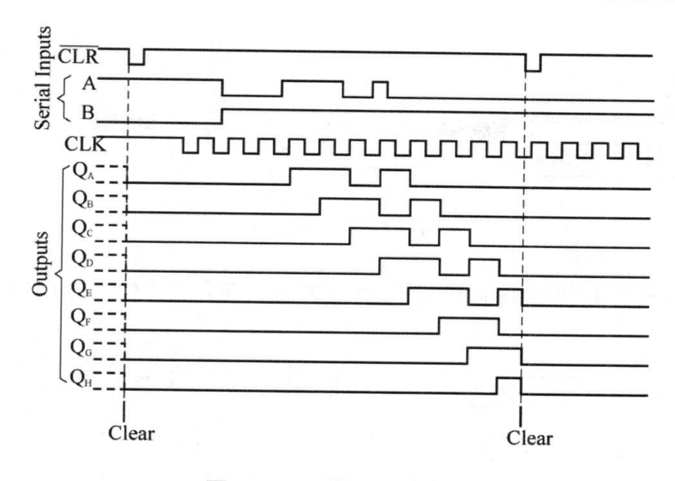

图 3.12　74HC164 时序图

三、74HC164 驱动程序

74HC164 采用高位先输入低位最后输入的左移型串行输入方式，并且 CLK 上升沿传递数据，所以数据更新在 CLK 低电平时，可以将输入端 A 和 B 连接在一起作为数据输入 DAT。单字节输出驱动程序参照如下：

```
sbit  DAT=P1^0;  //可以更换其他端口
sbit  CLK=P1^1;  //可以更换其他端口
sbit  CLR=P1^2;  //可以更换其他端口
/***********************
输出一个字节数据
***********************/
void  send_byte_164(unsigned char dat_byte)
{
   unsigned char temp, i;
    temp=dat_byte;
    for(i=0;i<8;i++)       //传输 8 位
    {
        CLK=0;
        DAT=temp&0x80;  //取高位数据，低电平更新数据
        _nop_( );        //延时一个机器周期
        CLK=1;           //上升沿，送出数据
        temp<<=1;        // 准备下一位数据
    }
}
```

1．设计搭建硬件电路

按照任务要求设计并搭建仿真环境和硬件电路（见图 3.13）。输出口可以任意选择。

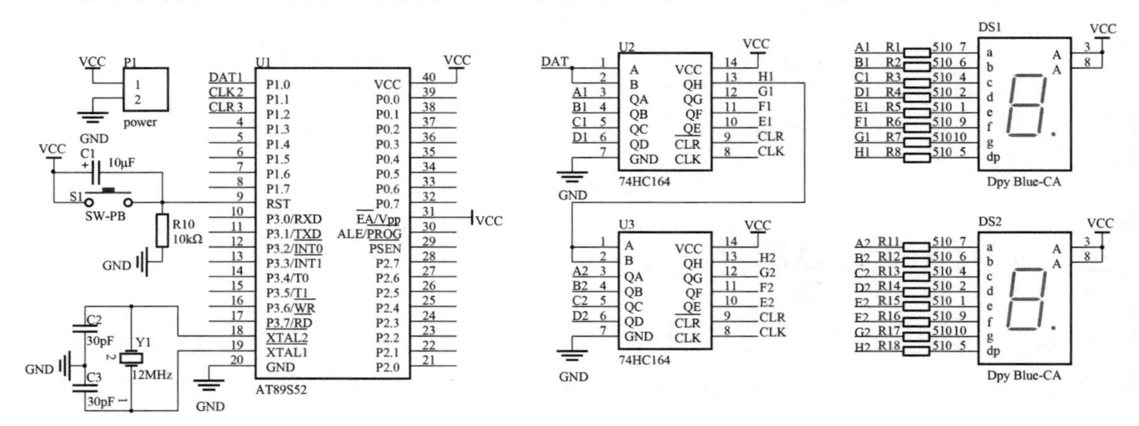

图 3.13　74HC164 驱动数码管应用原理图

2．搭建软件编程环境

先建立工程文件，并保存在桌面组号命名的文件夹内，再配置工程参数，包括设置晶振频率 12MHz、配置 HEX 输出文件。新建文件并添加文件，然后准备编程。

3．软件设计与编程实现

（1）数码管显示一个 00～99 任意两位数字

可以通过编程实现，并认识 74HC164 驱动数码管工作效果，显示处理技巧。

```
#include <at89x51.h>      // 包含头文件
#include <intrins.h>
sbit  DAT=P1^0;  //可以更换其他端口
sbit  CLK=P1^1;  //可以更换其他端口
sbit  CLR=P1^2;  //可以更换其他端口
unsigned char SMG[ ]={0xc0,0xf9,0xa4,0xb0,0x99,0x92,0x82,0xf8,0x80,0x90};
 //共阳极数码管 0~9 编码
/************************
输出一个字节数据
************************/
void  send_byte_164(unsigned char dat_byte)
{
   unsigned char temp, i;
    temp=dat_byte;
    for(i=0;i<8;i++)       //传输 8 位
    {
```

```
        CLK=0;
        DAT=temp&0x80;  //取高位数据，低电平更新数据
        _nop_( );          //延时一个机器周期
        CLK=1;          //上升沿，送出数据
        temp<<=1;        // 准备下一位数据
    }
}
void main(void)
{   unsigned char count, ge, shi;
    CLR=0;
    CLR=1;
    count = 20;      //00～99 的任意整数
    ge = count%10;  //个位
    shi = count/10;   //十位
    send_byte_164(SMG[shi]);
    send_byte_164(SMG[ge]); //显示数据
    while(1);
}
```

思考：如果数码管与 164 硬件连接的是 $Q_A \sim Q_H$，对应 h～a，在不修改数码显示数据的前提下怎么处理才能正常显示?

（2）循环显示 00～99 数字

要求让数码管显示的数字动起来，同时进一步理解 74HC164 驱动程序设计、数码管编码数组的构建方法及数码管显示数据处理技巧。

```
#include<at89x51.h>  // 包含头文件
sbit  DAT=P1^0;  //可以更换其他端口
sbit  CLK=P1^1;  //可以更换其他端口
sbit  CLR=P1^2;  //可以更换其他端口
unsigned char SMG[ ]={0xc0,0xf9,0xa4,0xb0,0x99,0x92,0x82,0xf8,0x80,0x90};
 //共阳极数码管 0~9 编码
void delay(void)
{   unsigned char i,j;
        for(i=250;i>0;i--)
            for(j=250;j>0;j--);
}
/**********************
输出一个字节数据
**********************/
void  send_byte_164(unsigned char dat_byte)
{
   unsigned char temp, i;
    temp=dat_byte;
    for(i=0;i<8;i++)       //传输 8 位
    {
```

```
        CLK=0;
        DAT=temp&0x80;      //取高位数据，低电平更新数据
        CLK=1;              //上升沿，送出数据
        temp<<=1;           // 准备下一位数据
    }
}
void main(void)
{   unsigned char count, ge, shi;
    CLR=0;
    CLR=1;
    send_byte_164(0);
    send_byte_164(0); //初始化显示00
    while(1)
    {
         count++;  //计数
         if(count>99)
              count = 0;
         ge = count%10;  //个位
         shi = count/10;   //十位
         send_byte_164(SMG[shi]);
         send_byte_164(SMG[ge]); //显示数据
         delay( );
    }
}
```

思考：如果数码管扩展更多，应怎样处理数字显示呢？

数码管静态驱动（I/O 扩展）仿真视频

4．对上述程序分别编译下载

利用仿真软件 Proteus 先进行调试，成功后，再插接下载器。打开下载软件，选择对应芯片型号，调入 HEX 文件。自动化下载即可。观察上述三种要求的程序效果。

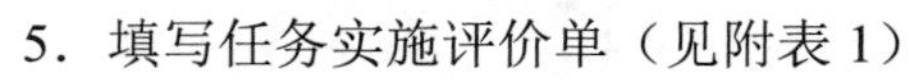

5．填写任务实施评价单（见附表 1）

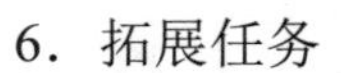

6．拓展任务

自行查阅资料，采用 74HC595 扩展芯片完成上述任务，充分掌握不同方式实现 I/O 扩展技术，提高解决问题的能力。

1．74HC164 的工作原理。

2．单片机与 74HC164 的连接方式及驱动方法。

3．C51 编程技巧，数据处理技巧。

练习题

一、填空题

1. 利用 Keil C51 编程时，可以用预编译处理命令___________直接引用 AT89S51 的寄存器。
2. 在 Keil C 的库文件 intrins.h 中定义的延时一个机器周期指令为__________。
3. 74HC164 是______位边沿触发式移位寄存器，_____输入数据，然后______输出。

二、选择题

1. 若“unsigned char a=0x81;”，执行 _crol_(a，2)后，a=（　　）。
   A. 0x02　　B. 0xC0　　C. 0x40　　D. 0x03
2. 74HC164 的时钟（CLK）______时，数字右移一位。
   A. 高电平　　B. 低电平　　C. 上升沿　　D. 下降沿
3. 向 74HC164 传输数据时，数据先输入到（　　），所以应先传输数据的（　　）位。
   A. Q_A 高　　B. Q_A 低　　C. Q_H 高　　D. Q_H 低
4. 74HC164 的数据 Q_0 是两个数据输入端 A 和 B 进行（　　）实现。
   A. 逻辑与　　B. 逻辑或　　C. 逻辑异或　　D. 相加

任务三　设计数码管循环动态驱动

本任务要求显示 4 位数字，因此显然需要 4 个数码管。如果按照本项目任务一单片机直接驱动数码管静态显示方式，那么需要 32 个端口，但是单片机只有 32 个端口，因此就不能再与外界进行其他信息交换了，这是对单片机资源的浪费。如果采用本项目任务二中的方法，则可以很好地实现功能，但是成本可能会比较高。

本任务采用数码管动态驱动方式来实现循环显示 0000～9999，并利用软件来弥补硬件的不足，既节约端口资源，又兼顾低成本要求。

一、数码管动态驱动原理

在数码管个数比较多时，采用静态显示方式要占用大量的 I/O，而且硬件电路比较复杂，因此为了简化电路，降低成本，可采用动态显示方式。

所谓动态显示，就是一位一位地轮流点亮各位数码管（位码扫描）。对于每一个数码管来说，每隔一段时间点亮一次。数码管的点亮与点亮时的导通电流有关，也与点亮时间和间隔时间的比例有关。调整电流和时间的参数，可实现亮度较高、较稳定的显示。若数码管的位数不大于 8 位，则控制数码管公共极电位只需一个 I/O 口（简称位扫描口），控制各位数码管所显示的字形也需要一个 8 位口（称为段码数据口）。

动态显示的硬件接法是将所有的数码管的段选线并在一起，然后接到一个 8 位的 I/O 接口上，而位选线则分开接到各自的 I/O 线上。

由于各 LED 的段选线是并到一起的，如果不加控制，在送显示字模时各 LED 会显示同样的内容，为解决这一问题，应使 LED 在每一个时间段内只显示一位，即在此期间只使一位 LED 的位选线有效，则只有一位 LED 显示，其他 LED 不显示。通过程序或硬件电路控制，各 LED 在一个显示周期内分别显示一段时间，当一个显示周期足够短时（小于 100ms），由于人眼的视觉暂留特性及发光二极管的余辉效应，使人感觉为一个 LED 总在亮，这就是动态扫描显示方式，完成这种功能可由软件也可由硬件完成。图 3.14 所示的是用单片机设计的一个 5 位共阳极 LED 动态显示电路。P0 端口接动态数码管的字形码笔段（段数据口），P2 端口接动态数码管的位选择端（位码口）。

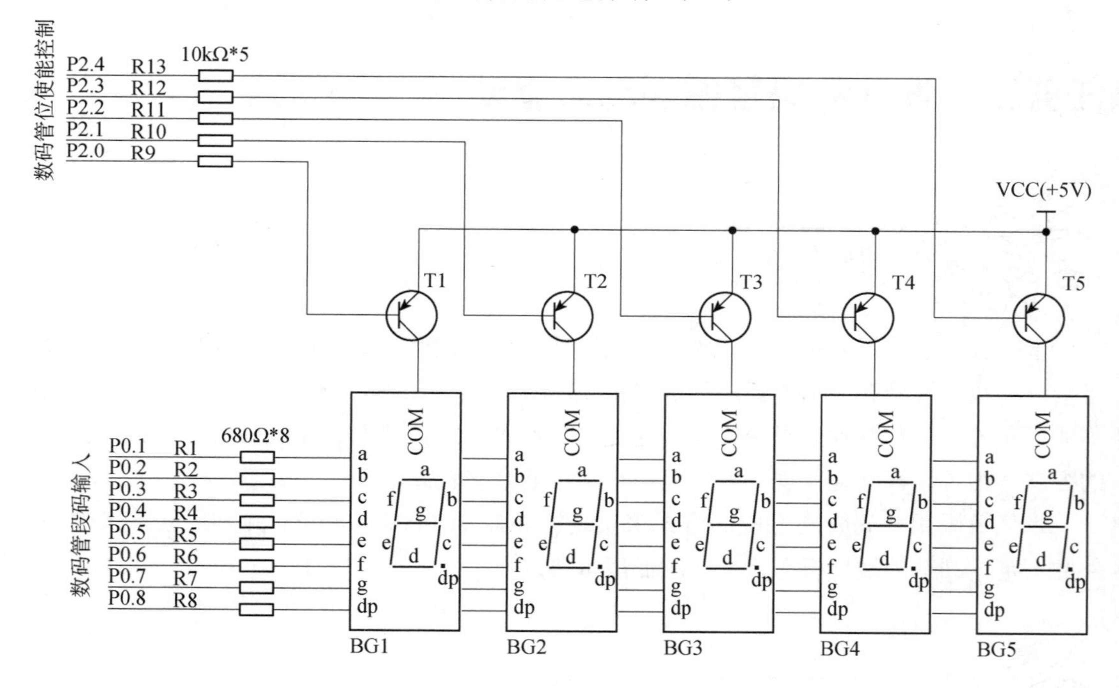

图 3.14　动态驱动原理

优点：当显示位数较多时，采用动态显示方式比较节省 I/O 口，硬件电路也较静态显示简单。

缺点：其稳定度不如静态显示方式，而且在显示位数较多时 CPU 要轮番扫描，占用 CPU 较多的时间。

二、编程技巧

根据动态驱动原理，要想动态驱动数码管显示 4 位或更多位数据必须逐个显示，利用人眼视觉分辨率较低来实现。

将要显示的段码和控制位码同时送出，其他控制位码无效，延时后更换下一个数据。2 位数码管动态显示流程图如图 3.15 所示。

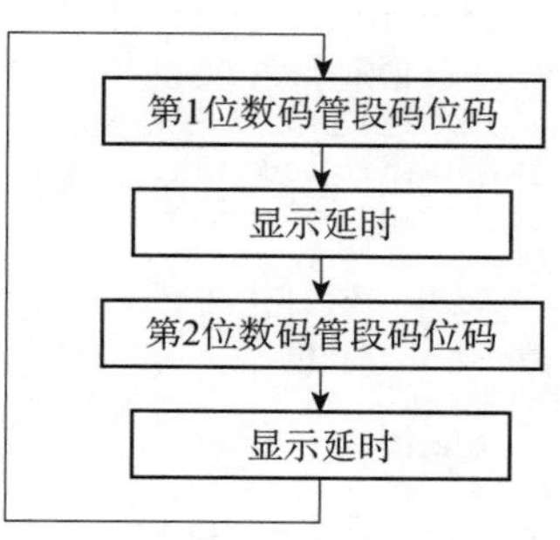

图 3.15　2 位数码管动态显示流程图

对于扫描方式驱动的 LED 动态显示，其亮度控制需要斟酌。如果要亮一点，则扫描的频率要低一点，以提高工作周期；但是如果扫描频率太低，则会有闪烁的感觉。因此，建议把扫描的频率限制在 60Hz 以上，也就是 16ms 之内完整扫描一周，才不会感到闪烁。若为 4 位一体数码管，其每位数的工作周期为固定式负载的 1/4，其亮度约为固定式负载的 1/4；若为 8 位一体数码管，则亮度为固定式负载的 1/8。可以通过降低限流电阻来提高亮度，因电流上升需要时间，所以实际值比计算值偏小。

1．设计搭建硬件电路

按照任务要求设计并搭建硬件电路（见图 3.16）及仿真环境。输出口可以任意选择。

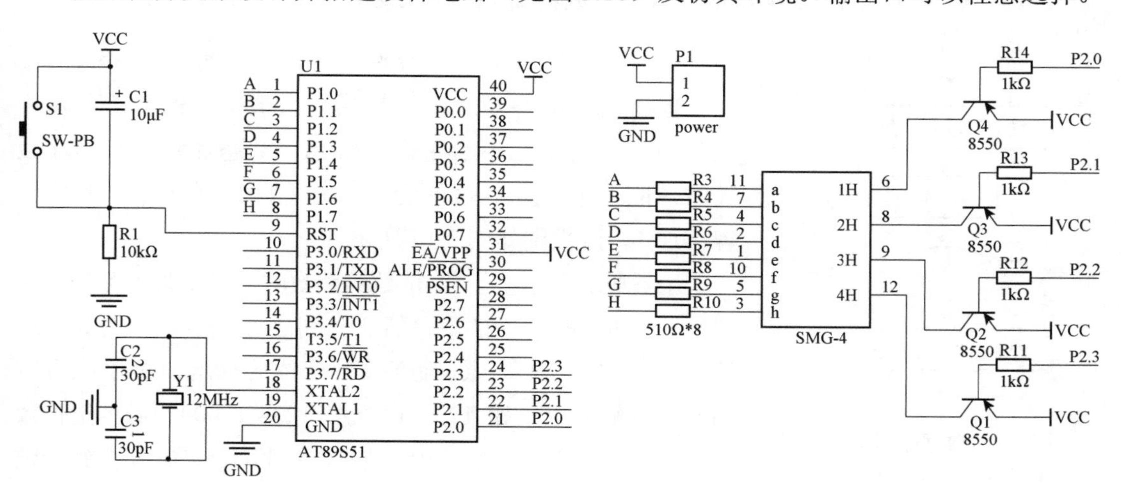

图 3.16　数码管动态显示原理图

2．搭建软件编程环境

先建立工程文件，并保存在桌面组号命名的文件夹内，再配置工程参数，包括设置晶振频率 12MHz、配置 HEX 输出文件。新建文件并添加文件，然后准备编程。

3．软件设计与编程实现

（1）数码管动态显示 1234 成静止状态，示例程序如下：

```
#include<at89x51.h>   // 包含头文件
unsigned char SMG[ ]={0Xc0,0xf9,0xa4,0xb0,0x99,0x92,0x82,0xf8,0x80,0x90};
//共阳极数码管
void delay( )
{   unsigned char i,j;
    for(i=0;i<40;i++)
        for(j=0;j<20;j++);
}
void main()
{
    while(1)
    {
          P2=0XF7;
           P1=SMG[1];           //第一个数码管显示 1
           delay( );
           P2=0XFB;
           P1=SMG[2];           //第二个数码管显示 2
           delay( );
           P2=0XFD;
           P1=SMG[3];           //第三个数码管显示 3
           delay( );
           P2=0XFE;
           P1=SMG[4];           //第四个数码管显示 4
           delay( );
    }
}
```

思考： 如果 1、2、3、4 显示不明显、出现逐个显示或是抖动，应该怎么处理？

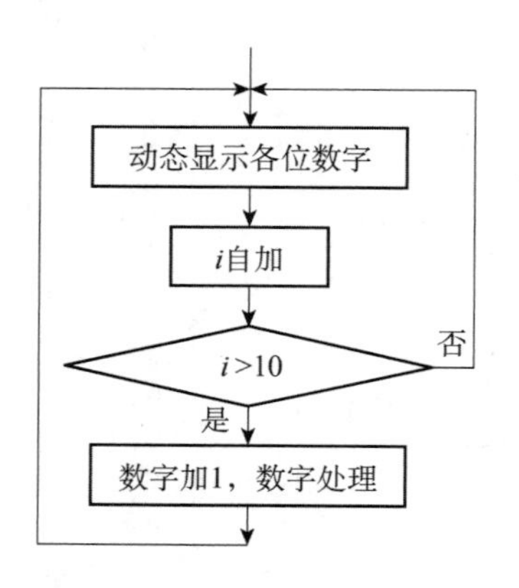

图 3.17　数据处理流程图

（2）循环显示 0000～9999 数字，时间间隔约 0.5s。

理解两种动态显示：一是同一组数字上的动态显示；二是数字本身是在不断更换而引起的动态显示。在程序设计时，应采用让数字动态显示多次（如 10 次）后，数字内容再加 1。流程图如图 3.17 所示。

用数码管显示多于 2 位数的整数时，需要把整数的各个位给拆解成 0～9 中的数，然后分别进行显示。利用算术运算中的“/”和“%”进行整数各个位的拆解，可以先拆解高位再拆解低位。如 1234 可以用 1234/1000=1 得到千位数 1，1234/100%10=2 得到百位数 2，1234/10%10=3 得到十位数 3，1234%10=4 得到个位数 4。

示例程序如下：

```
#include<at89x51.h>
unsigned char code SMG[]={0xc0,0xf9,0xa4,0xb0,
```

```
0x99,0x92,0x82,0xf8,0x80,0x90};    //段码
void delay( )   //延时约2.56ms

{   unsigned char i,j;
    for(i=0;i<40;i++)
        for(j=0;j<20;j++);
}
void main( )
{   unsigned int count;              //数据变量
    unsigned char i,d1,d2,d3,d4;
    while(1)
    {   P2=0Xf7;            //位码选择
        P1=SMG[d1];         //段码显示
        delay( );
        P2=0Xfb;
        P1=SMG[d2];
        delay ( );
        P2=0Xfd;
        P1=SMG[d3];
        delay( );
        P2=0Xfe;
        P1=SMG[d4];
        delay( );
        i++;
        if(i>50)            //约0.5s变化一次数据
        {
            i=0;
            count++;
            if(count>9999)         //count>9999时，置0
                count=0;
            d1=count/1000;         //千位
            d2=count/100%10;       //百位
            d3=count/10%10;        //十位
            d4=count%10;           //个位
        }
    }
}
```

思考：利用循环语句应该如何处理位码和段码的显示？

数码管动态驱动仿真视频

4．对上述两个程序分别编译下载

利用仿真软件Proteus先进行调试，成功后，再插接下载器。打开下载软件，选择对应芯片型号，调入HEX文件。自动化下载即可。观察上述三种要求的程序效果。

5．填写任务实施评价单（附表1）

6．拓展任务

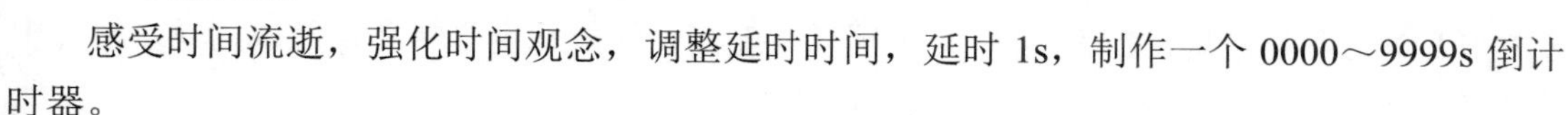
感受时间流逝，强化时间观念，调整延时时间，延时1s，制作一个0000～9999s倒计时器。

1．数码管动态显示驱动的原理。

2．单片机编程的技巧。

练习题

一、填空题

1. 在数码管动态显示中，控制数码管公共极的数据称______扫描码，控制数码管所显示的字形的数据称______扫描码。

2. 若为 4 位一体数码管，其每位数的工作周期为固定式负载的_____，其亮度约为固定式负载的______，可以通过_________来进行亮度的提高。

3. 动态显示，就是一位一位地轮流点亮各位数码管，通过调整______和______可以得到亮度较高、较稳定的显示。

二、选择题

1. 数码管动态显示扫描的周期一般为（　　）比较适宜，既能较亮地显示也不会出现闪烁。

A. 1s　　B. 100ms　　C. 10ms　　D. 16ms

2. 若用 AT89S51 单片机的 P1、P2 口直接驱动数码管，最多可以驱动（　　）个。

A. 4　　B. 8　　C. 16　　D. 64

3. 若 4 位一体数码管动态显示时，闪动比较明显，则应该（　　）。

A. 降低扫描频率　　B. 提高扫描频率　　C. 减小限流电阻　　D. 增大限流电阻

三、简答题

试说明数码管动态显示的优缺点。

任务四　设计 LED 点阵屏显示驱动

在广场、商家门口等地方经常看到用来宣传的滚动显示的大屏幕，这种显示屏幕基本都是 LED 点阵显示屏。LED 点阵显示屏以亮度高、性能稳定等特点，已成为显示器件中的主流产品，广泛地应用于社会经济中的许多领域。

本任务采用 8×8 的 LED 点阵显示屏，采用动态扫描方式来实现数字的动态循环显示。

一、LED 点阵屏简介

LED 点阵屏是一种能显示字符、图形、文字和动画等功能的显示器件，一般由 $M \times N$ 个发光二极管组成，且每个发光二极管是放置在行线和列线的交叉点上的。因为显示点为发光二极管，所以 LED 点阵屏具有可靠性高、使用寿命长、环境适应能力强、使用成本低等特点，现已成为众多显示媒体中的主流产品，广泛地应用于车站、机场、银行等信息发布场所。

8×8 的 LED 点阵屏，由 64 个 LED 组成方阵，将其内部的各二极管引脚按一定的规律连接成 8 根行线和 8 根列线，作为该点阵屏的 16 根引脚，8×8LED 点阵屏实物如图 3.18 所示，外形引脚如图 3.19 所示。

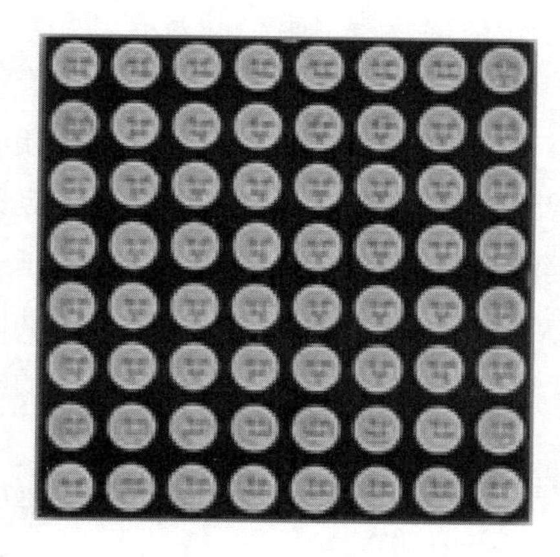

图 3.18　LED 点阵屏实物图

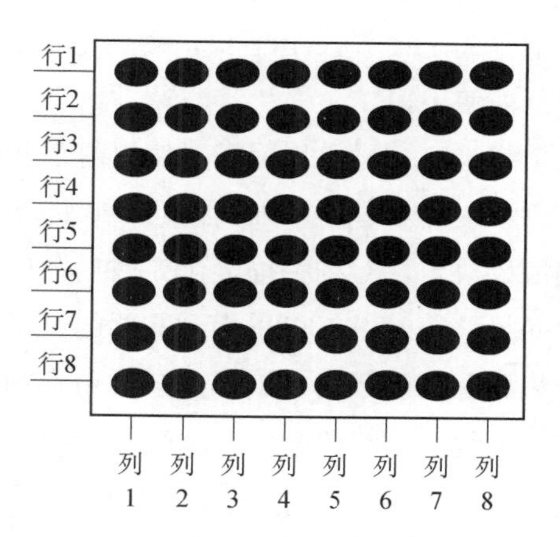

图 3.19　LED 点阵屏外形引脚图

8×8LED 点阵屏按照内部二极管连接方式的不同，分为列共阴极和列共阳极两种类型，如图 3.20 所示。

在驱动 LED 点阵屏时，需要判断行列所对应的驱动信号。当需要点亮其中的某一个 LED 时，施加有效的行、列电平即可。若采用列共阳行共阴的 8×8LED 点阵屏，如果在某列线上施加高电平，在某行线上施加低电平，那么列线与行线交叉点处的 LED 就被点亮。

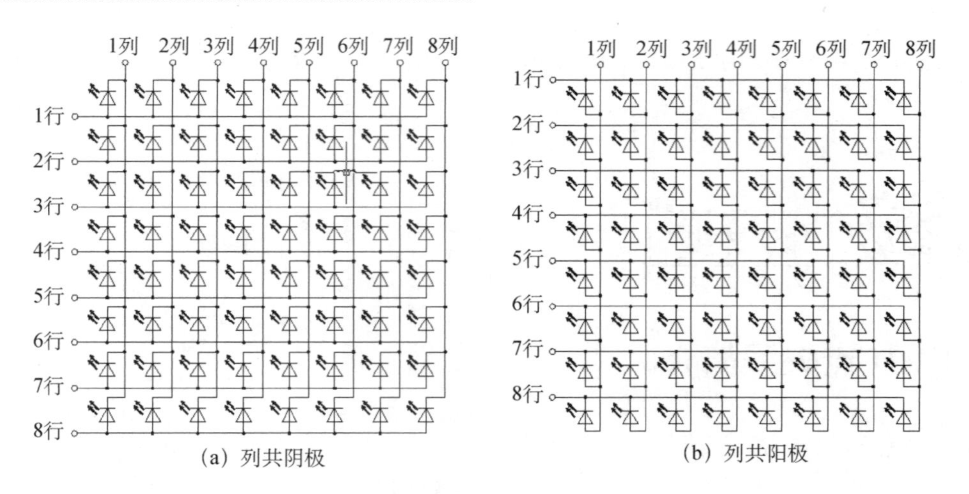

(a) 列共阴极　　(b) 列共阳极

图 3.20　LED 点阵的内部结构

二、LED 点阵屏动态显示原理

LED 点阵屏的显示驱动原理和任务三中的动态数码管显示原理一样，采用逐行或逐列依次点亮的动态扫描显示方式。利用了人眼的视觉暂留特性，将连续的几帧画面高速地循环显示，人眼看起来就是一个完整的、相对静止的画面。在单片机控制系统中，动态扫描的显示方式比较节省 I/O 口，硬件电路也较静态的显示方式简单，因此在 LED 显示技术中广泛被使用。

一个 8×8LED 点阵屏需要使用两个并行端口，一个端口控制行线，另一个端口控制列线。例如，显示过程以列扫描的形式进行，每次显示一列的 8 个 LED，LED 亮灭由行线上的编码决定，8 列扫描显示完成后开始新一轮扫描。列与列之间给予一定的延时，当延时时间足够短时，就可以得到需要的显示效果。这时列线上的编码称为扫描驱动码，行线上的编码称为显示信息编码。若采用行扫描形式，显示过程一样，仅仅行线上的编码为驱动码，列线上的编码为信息编码。

若采用列共阳行共阴的 8×8LED 点阵屏，当单片机运行时，当使用 P2 端口控制列选通信号（驱动码），P1 端口控制行选通信号（信息编码）时，通过 P1、P2 两个端口同步动态扫描不断刷新，就可以显示出需要的数字。例如，当 8×8 LED 点阵屏显示数字“1”时，如图 3.21 所示。以列扫描的方式从左到右运行，过程如图 3.22 所示，8 组列与行的数据对分别为 0x80 和 0xFF、0x40 和 0xFF、0x20 和 0xDE、0x10 和 0x80、0x08 和 0xFE、0x04 和 0xFF、0x02 和 0xFF、0x01 和 0xFF。P1、P2 端口同步刷新这些数据对，只要列与列之间的延时时间合适，就可实现 LED 点阵动态显示。

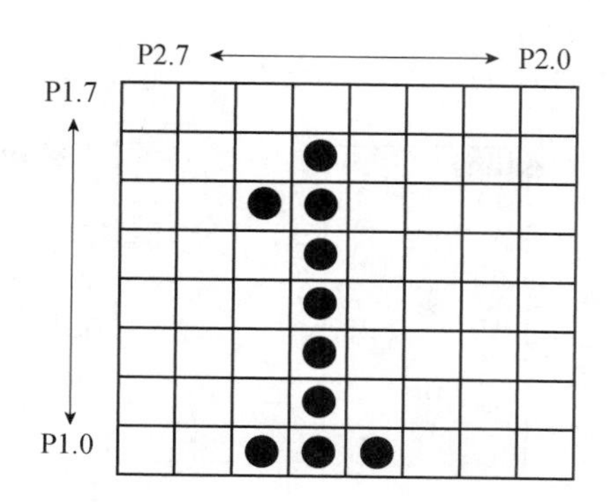

图 3.21　数字“1”显示效果

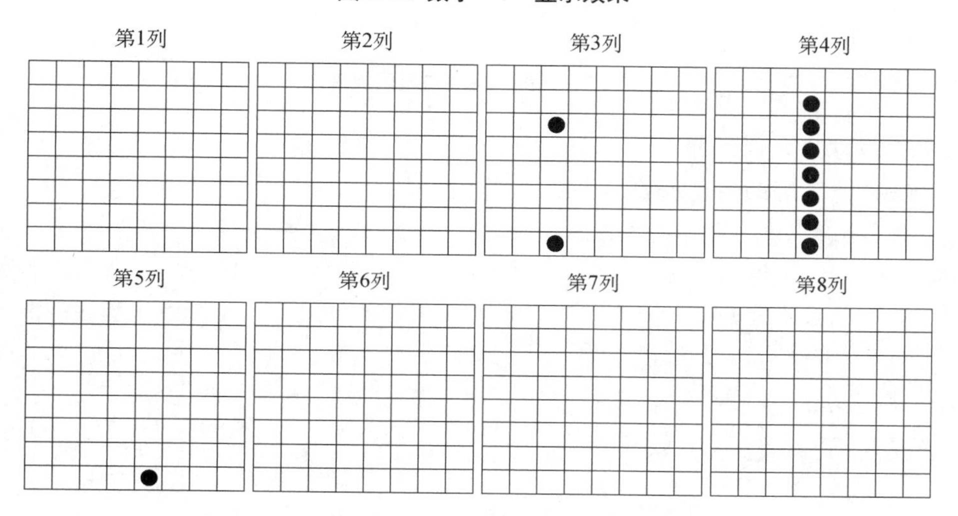

图 3.22 数字动态扫描显示过程

1. 设计搭建硬件电路

按照任务要求设计并搭建硬件电路及仿真环境。输出口可以任意选择。

因为单片机 I/O 口的驱动能力较弱，采用 74HC245 来提高 51 单片机 I/O 口的驱动能力。74HC245 采用的是 CMOS 型三态缓冲门电路，8 路信号收发器，主要应用于大屏显示，以及其他的消费类电子产品中增加驱动。LED 点阵动态显示原理图如图 3.23 所示。

2. 搭建软件编程环境

先建立工程文件，并保存在桌面组号命名的文件夹内，再配置工程参数，包括设置晶振频率 12MHz、配置 HEX 输出文件。新建文件并添加文件，准备编程。

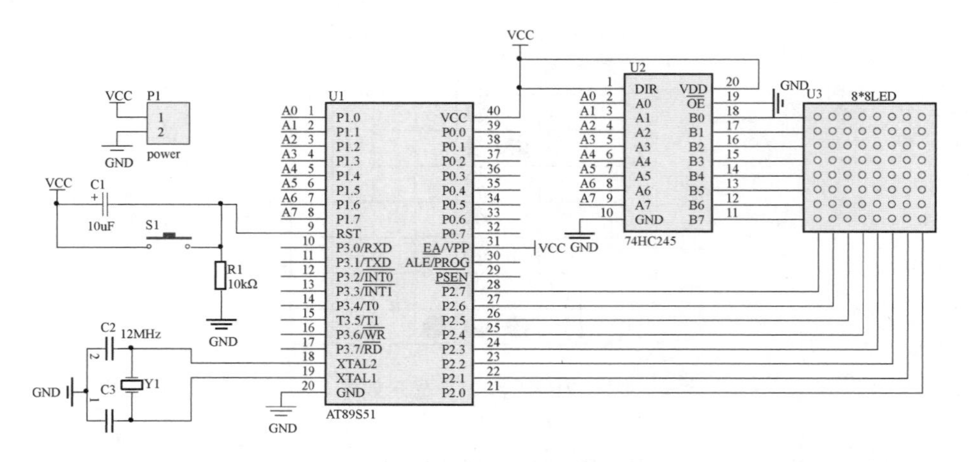

图 3.23 LED 点阵动态显示原理图

3. 软件设计与编程实现

（1）LED 点阵屏动态显示数字“1”成静止状态。

```
#include<at89x51.h>  // 包含头文件
unsigned char LM[ ]={0x80,0x40,0x20,0x10,0x08,0x04,0x02,0x01};//列码，驱动码
unsigned char HM[ ]={0xFF,0xFF,0xDE,0x80,0xFE,0xFF,0xFF,0xFF};//数字“1”编码，
可以其他任意数字显示编码
void delay( )
{   unsigned char i,j;
    for(i=0;i<20;i++)
        for(j=0;j<10;j++);
}
void main()
{   unsigned char u;
    while(1)
    {
        for(u=0;u<8;u++)
        {
            P2=LM[u];//驱动码
            P1=HM[u];//信息编码
            delay( );
        }
    }
}
```

思考：结合数码管动态显示，如果数字“1”显示不明显、出现逐列闪亮或是抖动，应该怎么处理？

（2）滚动显示数字 1、2、3、4。

单个数字显示效果参照图 3.24，以此进行显示信息编码。

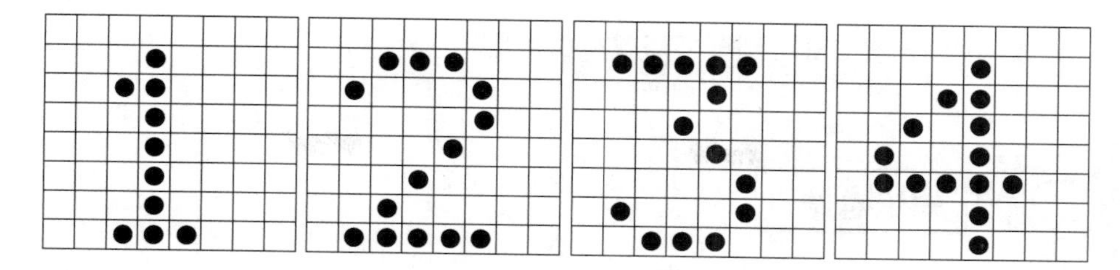

图 3.24　数字 1～4 显示效果图

```
#include<at89x51.h>
unsigned char code LM[ ]={0x80,0x40,0x20,0x10,0x08,0x04,0x02,0x01};
//列码，驱动码
unsigned char code HM[ ]={0xFF,0xFF,0xDE,0x80,0xFE,0xFF,0xFF,0xFF,//数字 1
                          0xFF,0xDE,0xBC,0xBA,0XB6,0xCE,0xFF,0xFF,//数字 2
                          0xFF,0xBD,0xBE,0xAE,0X96,0Xb9,0xFF,0xFF,//数字 3
                          0xFF,0XF3,0xEB,0xDB,0X80,0xFB,0xFF,0XFF //数字 4
                         };

void delay( )
{   unsigned char i,j;
    for(i=0;i<20;i++)
        for(j=0;j<10;j++);
}
void main( )
{
unsigned char u,j,k;                    //数据变量
    while(1)
    {
        for(u=0;u<8;u++)
        {
            P2=LM[u];//驱动码
            P1=HM[(u+k)%32];//逐个右移显示信息编码，超出编码范围，则从头开始
            delay( );
        }
        j++;      //显示刷新次数计数
        if(j>100)  //数据动态显示刷新 100 次后，进行滚屏
        {   j=0;
            k++;
            if(k>31)  k=0;
        }
    }//while
}
```

思考：程序中(u+k)%32 的具体含义是什么？%32 有什么意义？

4. 对上述两个程序分别编译下载

利用仿真软件 Proteus 先进行调试，成功后，再插接下载器。打开下载软件，选择对应芯片型号，调入 HEX 文件。自动化下载即可。观察上述三种要求的程序效果。

LED 点阵屏显示仿真视频

5. 填写任务实施评价单（附表 1）

6. 拓展任务

采用 74HC164 芯片扩展 I/O 方式，利用 4 块 8×8 的 LED

点阵屏，完成16×16的LED点阵显示汉字“中国”。

1. LED点阵动态显示驱动的原理。
2. 单片机滚屏显示编程技巧。

练习题

一、填空题

1. LED 点阵屏的显示驱动原理和动态数码管显示原理一样，采用逐行或逐列依次点亮的________显示方式。

2. 8×8 的 LED 点阵屏内部的各二极管引脚按一定的规律连接成______根行线和______根列线，作为该点阵屏的_______根引脚。

二、选择题

1. 8×8的LED点阵屏有（　　）发光二极管。

A. 8　　B. 16　　C. 32　　D. 64

2. 若采用列共阳行共阴的8×8LED点阵屏，在列线上施加（　　）电平，在行线上施加（　　）电平，列线与行线交叉点处的LED就被点亮。

A. 高　低　　B. 低　高　　C. 高　高　　D. 低　低

三、简答题

试用LED点阵屏编程实现用ABCD滚屏显示。

任务五　交通灯控制系统的制作

十字路的交通灯控制属于典型的单片机时间控制系统，那么怎么样才能方便地实现长时间的精确定时控制呢？可以利用 AT89S51 单片机提供的内部定时/计数器来完成，同时进行时间显示。

设计制作时间精准的交通灯控制系统，并利用 AT89S51 单片机内部定时/计数器进行时间查询式控制，设计硬件电路及软件编程编译下载调试。

一、定时/计数器应用

1．定时与延时控制方面

定时/计数器可产生定时中断信号，以设计出各种不同频率的信号源，产生定时扫描信号，对键盘进行扫描以获得控制信号，对显示器进行扫描以不间断地显示数据。

2．测量外部脉冲方面

定时/计数器对外部脉冲信号进行计数可测量脉冲信号的宽度、周期，也可实现自动计数。

3．监控系统工作方面

定时/计数器对系统进行定时扫描，当系统工作异常时，使系统自动复位，重新启动以恢复正常工作。

二、AT89S51 单片机定时/计数器的结构与原理

1．定时方法比较

硬件定时：由硬件电路完成，修改电路中的元件参数可以改变定时时间，但其不够灵活、方便。

软件定时：编写循环程序来实现，其优点是时间精确，但占用 CPU。

可编程定时器定时：对系统时钟脉冲记数，该方法灵活、方便。

2．AT89S51 单片机定时/计数器的结构

AT89S51 内部设有两个 16 位可编程定时/计数器，简称为定时器 0（T0）和定时器 1（T1）。16 位的定时/计数器分别由一个 16 位加 1 计数器组成：T0 由 TH0 和 TL0 寄存器构成，T1 由 TH1 和 TL1 构成。每个寄存器均可单独访问，这些寄存器是用于存放定时初值或计数初值的。定时器结构框图如图 3.15 所示。

TMOD 主要用于设定定时器的工作方式。

TCON 是两个定时/计数器控制寄存器，主要用于控制定时器的启动与停止，并保存 T0、T1 的溢出和中断标志。

这些寄存器之间是通过内部总线和控制逻辑电路连接起来的，定时/计数器的工作方式、定时时间和启停控制可以通过设置指令确定这些寄存器的状态来实现。

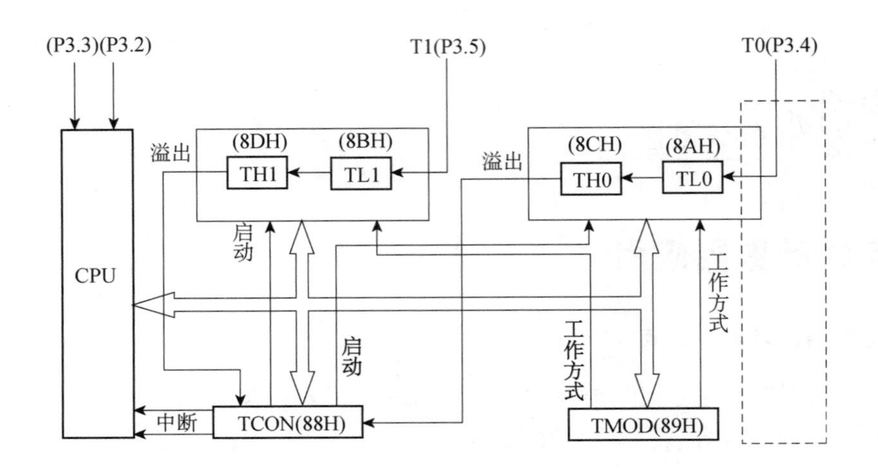

图 3.25 定时器结构框图

3. 定时/计数器的原理

16 位的定时/计数器实质上是一个加 1 计数器，根据信号源不同，可实现定时和计数两种功能，其功能由软件控制和切换。

定时/计数器的定时功能为：加 1 计数器对内部机器周期（12 倍的振荡周期）脉冲计数，即每过一个机器周期，计数器加 1，直至计满溢出。如果晶振频率为 12MHz，则机器周期为 1μs。通过改变定时器的定时初值，并适当选择定时器的长度（8 位、13 位或 16 位），可以调整定时时间。

定时/计数器的计数功能为：通过外部计数输入引脚 P3.4 和 P3.5 对外部信号计数，外部脉冲的下降沿将触发计数。因检测一个由 1 至 0 的跳变需要两个机器周期，故外部信号的最高计数频率为时钟频率的 1/24。若晶振频率为 12MHz，则最高计数频率为 0.5MHz。为了确保给定电平在变化前至少被采样一次，外部计数脉冲的高电平与低电平保持时间均需在一个机器周期以上。

三、定时/计数器的控制

1. 定时器方式寄存器 TMOD

定时器方式寄存器 TMOD，8 位寄存器，用来设置 T0、T1 的工作方式，其结构为：

TMOD	D7	D6	D5	D4	D3	D2	D1	D0
(89H)	GATE	$C/\overline{T}$	M1	M0	GATE	$C/\overline{T}$	M1	M0
	定时器1				定时器0			

（1）GATE：门控位

GATE=0：软件启动定时器，即用指令使 TCON 中的 TR1（TR0）置 1 即可启动定时器 1（定时器 0）。

GATE=1：软件和硬件共同启动定时器，即用指令使 TCON 中的 TR1（TR0）置 1 时，还需外部中断 INT1（INT0）引脚输入高电平时才能启动定时器 1（定时器 0）。

（2）$C/\overline{T}$：功能选择位

$C/\overline{T}=0$ 时，为定时器方式。$C/\overline{T}=1$ 时，为计数器方式。

（3）M1、M0：方式选择位

定时器工作方式及功能描述如表 3.2 所示。

表 3.2　定时器工作方式及功能描述

M1 M0	工作方式	功能描述
0 0	方式 0	13 位定时/计数器
0 1	方式 1	16 位定时/计数器
1 0	方式 2	自动重装初值的 8 位定时/计数器
1 1	方式 3	定时器 0：分为两个独立的 8 位计数器 定时器 1：无中断的计数器

2．定时器控制寄存器 TCON

定时器控制寄存器 TCON 的作用是控制定时器的启动与停止，并保存 T0、T1 的溢出和中断标志。其结构为：

TCON	8FH	8EH	8DH	8CH	8BH	8AH	89H	88H
(88H)	TF1	TR1	TF0	TR0	IE1	IT1	IE0	IT0

各位的功能说明如下。

①TF*i*：定时器 0、1 溢出标志位。当定时器计满溢出时，由硬件自动使 TF*i*（i=0，1）置 1，并申请中断。

②TR*i*：定时器 0、1 启停控制位。

GATE=0 时，用软件使 TR*i*（i=0，1）置 1 即启动定时器 0、1，若用软件使 TR*i* 清 0 则停止定时器 0、1。

GATE=1 时，用软件使 TR*i* 置 1 的同时外部中断 INT*i*（i=0，1）的引脚输入高电平才能启动定时器 0、1。

③IE*i*：外部中断 0、1 请求标志位。

④IT*i*：外部中断 0、1 触发方式选择位。

四、定时/计数器的 4 种工作方式

下面以 T0 为例进行定时器工作方式介绍。

1．工作方式 0

在工作方式 0 下，定时/计数器是一个由 TH0 中的 8 位和 TL0 中的低 5 位组成的 13

位加1计数器（TL0中的高3位不用）。若TL0中的第5位有进位，直接进到TH0中的最低位。定时/计数器工作方式0逻辑结构如图3.26所示。

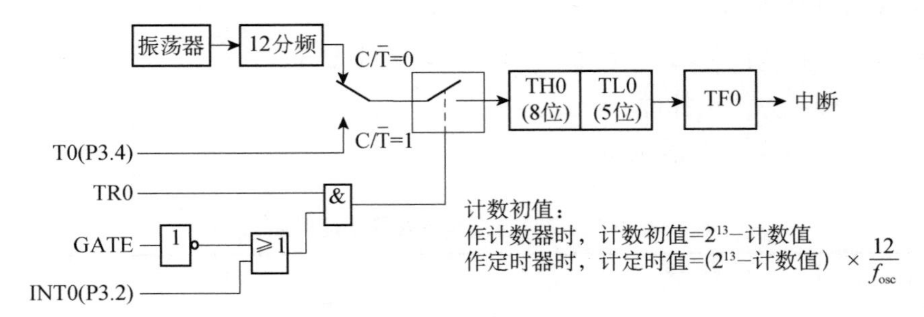

图3.26　定时/计数器工作方式0逻辑结构

当门控位GATE=0时，或门输出始终为1，与门打开，与门的输出电平始终与TR0的电平一致，实现由TR0控制定时/计数器的启动和停止。若软件使TR0置1，启动定时器0，13位加1计数器在定时初值或计数初值的基础上进行加1计数；溢出时，13位加1计数器为0，TF0由硬件自动置1，并申请中断，同时13位加1计数器继续从0开始计数。若软件使TR0清0，关断控制开关，定时器0加1，计数器停止计数。

当门控位GATE=1时，INT0（P3.2）引脚电平与TR0共同控制定时/计数器T0的启动与停止。

2．工作方式1

在工作方式1下，定时/计数器是一个由TH0中的8位和TL0中的8位组成的16位加1计数器。工作方式1与工作方式0相似，最大的区别是工作方式1的加1计数器位数是16位。定时/计数器工作方式1逻辑结构如图3.27所示。

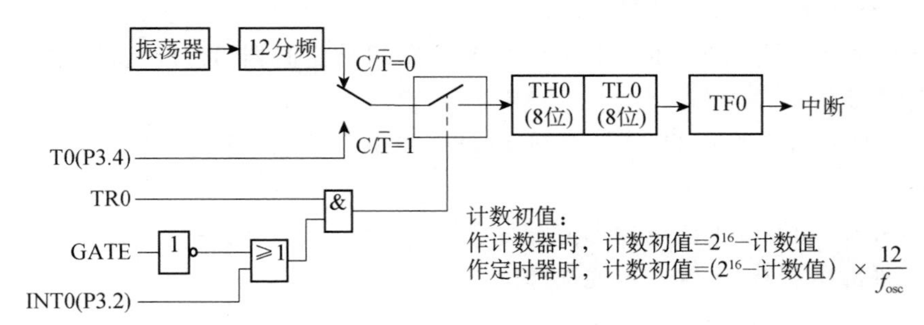

图3.27　定时/计数器工作方式1逻辑结构

3．工作方式2

在工作方式2下，定时/计数器是一个能自动装入初值的8位加1计数器，TH0中的8位用于存放定时初值或计数初值，TL0中的8位用于加1计数器。

工作方式2与工作方式0基本相似，最大的区别除工作方式2的加1计数器位数是8

位外，加 1 计数器溢出后，硬件使 TF0 自动置 1，同时自动将 TH0 中存放的定时初值或计数初值再装入 TL0，继续计数。定时/计数器 2 工作方式逻辑结构如图 3.28 所示。

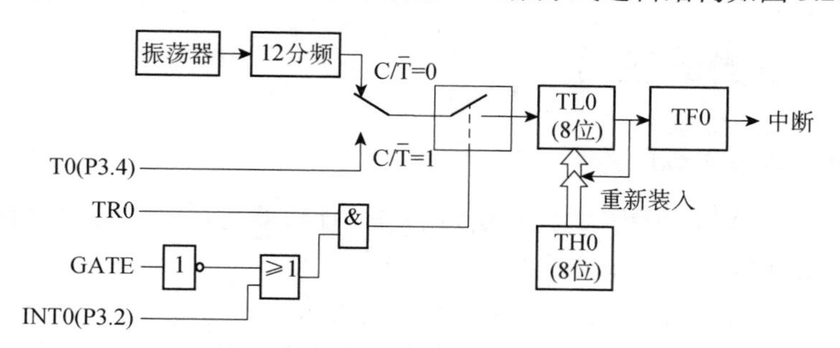

图 3.28　定时/计数器工作方式 2 逻辑结构

4．**工作方式** 3

（1）T0 工作方式 3 的结构特点

在工作方式 3 下，定时/计数器分为两个独立的 8 位加 1 计数器 TH0 和 TL0。其中 TL0 既可用于定时，也能用于计数；TH0 只能用于定时。定时/计数器工作方式 3 逻辑结构如图 3.29 所示。

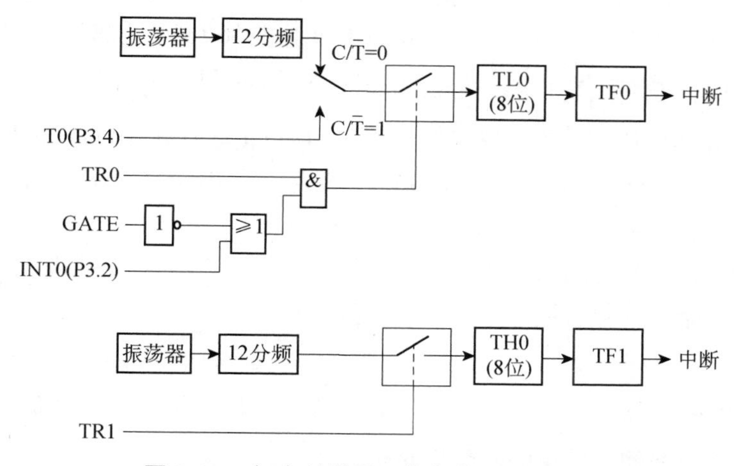

图 3.29　定时/计数器工作方式 3 逻辑结构

在工作方式 3 下，加 1 计数器 TL0 占用了 T0 除 TH0 外的全部资源，原 T0 的控制位和信号引脚的控制功能与工作方式 0、工作方式 1 相同；与工作方式 2 相比，只是不能自动将定时初值或计数初值再装入 TL0，而必须用程序来完成。加 1 计数器 TH0 只能用于简单的内部定时功能，它占用了原 T1 的控制位 TR1 和 TF1，同时占用了 T1 中断源。

（2）T0 工作方式 3 下 T1 的结构特点

T1 不能工作在工作方式 3 下，因为在 T0 工作在工作方式 3 下时，T1 的控制位 TR1、TF1 和中断源被 T0 占用。T1 可工作在工作方式 0、工作方式 1、工作方式 2 下，但其输出直接送入串行口。设置好 T1 的工作方式，T1 就自动开始计数；若要停止计数，可将 T1 设为工作方式 3。T1 通常用作串行口波特率发生器，以工作方式 2 工作会使程序简单一些。

五、定时/计数器的应用

1．定时/计数器的初始化步骤

定时/计数器是一种可编程部件，在使用定时/计数器前，一般都要对其进行初始化，以确定其以特定的功能工作。初始化的步骤如下。

①确定定时/计数器的工作方式，并写入 TMOD。

②预置定时初值或计数初值，根据定时时间或计数次数，计算定时初值或计数初值，并写入 TH0、TL0 或 TH1、TL1。

③根据需要开放定时/计数器的中断，给 IE 中的相关位赋值。

④启动定时/计数器，给 TCON 中的 TR1 或 TR0 置 1。

下面以实例进行初始化步骤应用，设晶振频率为 12MHz，选择 T0 定时 10ms，只依靠定时器软件控制完成定时，设置相关寄存器。

步骤 1：根据已知条件，晶振频率为 12MHz，则机器周期为 1μs，定时 10ms 即 10000μs，工作方式中只有工作方式 1 能达到一次性溢出计时 10ms 的要求。因为只靠软件控制定时，所以 GATE 门信号应为 0。TMOD 高 4 位控制 T1 可全部为 0。

```
TMOD=0x01;     //T0，工作方式 1，定时模式，软件控制
```

步骤 2：计算初始值，由于机器周期为 1μs，所以需要计数 10000 次才能计时 10ms。初始值为 65536−10000=55536。将 55536 转换为十六进制即 0xD8F0，将高字节赋给 TH0，低字节赋给 TL0。

```
TH0=0xD8;      //赋值高位
TL0=0xF0;      //赋值低位
```

小提示：

编程时初始值赋值可以采用 TH0=（溢出值−计数值）/256，TL0=（溢出值−计数值）%256 来实现，在编译时系统自动计算。

步骤 3：T0 溢出可以采用查询和中断两种方式进行。采用查询方式时不需要设置中断，故此步骤可以省略，中断方式设置可参照项目四。

步骤 4：启动定时器运行，即将 TCON 中的 TR0 置位。

```
TR0=1; //启动 T0
```

2．定时器溢出处理

定时器在相应信号源的作用下，其值增加 1，当计数值超出表示范围时，硬件会自动将标志位置位为“1”，定时器的值也会恢复到 0（工作方式 2 除外）。所以溢出标志位的状态成为判断计时是否结束的依据。对于溢出标志位，CPU 可以通过查询得到，也可

以通过中断系统通知CPU。中断方式详见项目四。

CPU 查询方式又称为软件查询方式，需要用户进行编程处理。检测到溢出标志位有效时，首先进行标志位清零处理，为下次计时做准备，然后对计数值进行重新赋值，之后再进行其他程序处理。对上面例子采用软件查询方式进行溢出处理，程序步骤如下。

采用 if 语句进行查询处理。

```
if（TF0==1） //查询判读标志位
{
    TF0=0;              //清除标志位，为下次查询做准备
    TH0=0xD8;           //赋值高位
    TL0=0xF0;           //赋值低位
   -----                //其他处理程序
}
```

或者，采用 while 语句进行查询处理。

```
while（!TF0） //查询判读标志位
TF0=0;              //清除标志位，为下次查询做准备
TH0=0xD8;           //赋值高位
TL0=0xF0;           //赋值低位
  -----             //其他处理程序
```

这两种查询方式各有利弊，if 语句查询方式实时性欠缺但是消耗 CPU 资源少，while 语句实时性好，但是消耗较多 CPU 资源，应用时可根据实际需要进行选取。

1．设计搭建硬件电路

按照任务要求设计并搭建硬件电路（见图 3.30）及仿真环境。输出口可以任意选择。

为了对接实际工程应用，采用 74HC595 扩展 I/O 方式进行数码管静态显示驱动。

2．搭建软件编程环境

先建立工程文件，并保存在桌面组号命名的文件夹内，再配置工程参数，包括设置晶振频率 12MHz、配置 HEX 输出文件。新建文件并添加文件，然后准备编程。

3．软件设计与编程实现

（1）利用定时/计数器实现数码管静态驱动显示 0～9s。通过完成任务要求熟练掌握单片机定时器的应用步骤及方法。

如果采用 12MHz 晶振，那定时最大时间为 65.536ms，所以需要采用间接方式实现。如采用 50ms×20 方式，可采用类似于动态显示 0000～9999 程序中的处理方式。

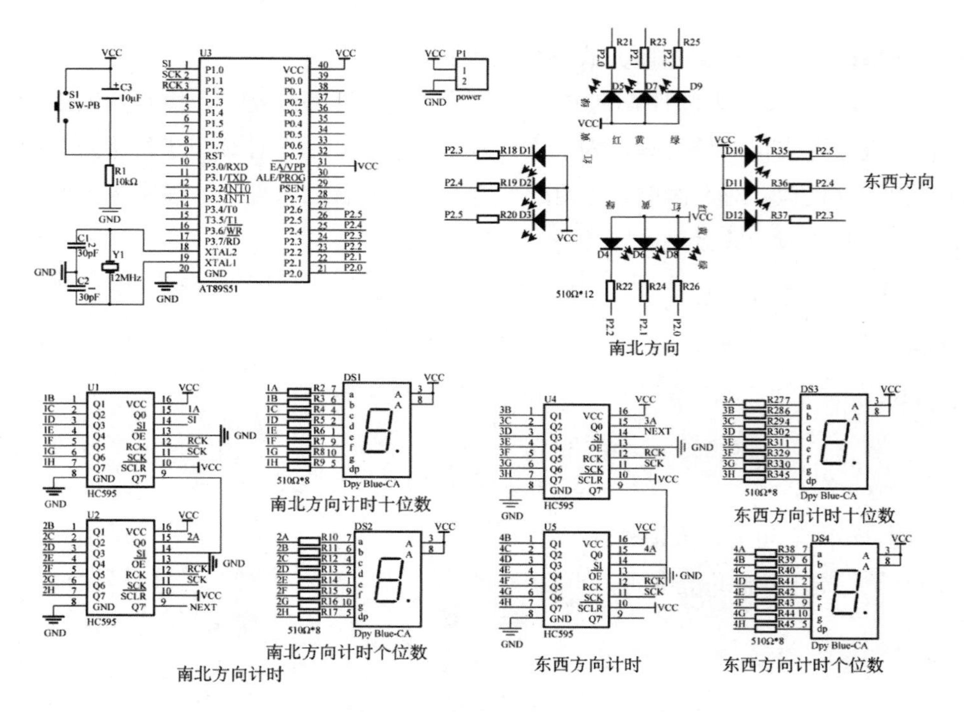

图 3.30　交通灯控制系统原理图

```
#include<at89x51.h>  // 包含头文件
unsigned char SMG [ ]={0xc0,0xf9,0xa4,0xb0,0x99,0x92,0x82,0xf8,0x80,0x90};
 //共阳极数码管 0~9 编码
void main(void)
{
    unsigned char count, sec;
 /*定时器初始化*/
     TMOD=0x01;    //定时器 0, 工作方式 1
     TH0=0x3C;
     TL0=0xB0;     //置初值, 定时 50ms
     TF0=0;       //清除标志位
     TR0=1;       //启动 T0
     while(1)
    {
        while(!TF0);  //等待计时 50ms
        TF0=0;
        TH0=0x3C;
        TL0=0xB0;     //置初值, 准备下次定时
        count++;
        if(count>=20)           //1s 时间到
        {
            count=0;   //准备下个 1s
            sec++;
            if(sec>9)
               sec=0;
        }
      P1=SMG[sec];   //输出
    }
}
```

（2）利用定时/计数器实现数码管静态显示00～99s。

```
#include<at89x51.h>   // 包含头文件
unsigned char SMG[ ]={0xc0,0xf9,0xa4,0xb0,0x99,0x92,0x82,0xf8,0x80,0x90};
 //共阳极数码管 0~9 编码
void main(void)
{
    unsigned char count,sec,d1,d2;
/*定时器初始化*/
     TMOD=0x01;    //定时器 0，工作方式 1
     TH0=0xEC;
     TL0=0x78;     //置初值，定时 5ms
     TF0=0;        //清除标志位
     TR0=1;
     d1=0;           //十位
     d2=0;        //个位
     while(1)
    {
        P1=SMG[d1];
        P2=SMG[d2];

        while(!TF0);  //等待计时 5ms
        TF0=0;
        TH0=0xEC;
        TL0=0x78;     //置初值，准备下次定时
        count++;
        if(count>=200)          //1s 时间到
        {
            count=0;   //准备下个 1s
            sec++;
            if(sec>99)
                sec=0;
            d1=sec/10;     //十位
            d2=sec%10;   //个位
        }
    }
}
```

思考：是否可以采用74HC595扩展方式来实现数码管静态显示0～99?

（3）利用上述经验及单片机查询方式，设计交通控制软件控制系统。要求东西方向绿灯亮30s，黄灯闪烁3s，红灯亮40s。南北方向绿灯亮37s，黄灯闪烁3s，红灯亮33s。要求掌握单片机控制系统应用方法，构建较复杂的应用系统。

```
#include<at89x51.h>
unsigned char SMG[ ]={0xC0,0xF9,0xA4,0xB0,0x99,0x92,0x82,0xF8,0x80,0x90};
//数码管段码
sbit  DS=P1^0;                  //595 串行数据输入
sbit  SCK=P1^1;                 //595 移位时钟脉冲
sbit  RCK=P1^2;                 //595 输出锁存器控制脉冲
bit flag1, flag2, flag3, flag4;
void in_595(unsigned char dat) //595 写入子函数
```

```
{   unsigned char  i;
    for(i=0; i<8; i++)
    {   SCK=0;
        DS=dat&0x80;
        dat<<=1;
        SCK=1;
        SCK=0;
    }
}
void out_595( )                    //595 输出数据
{   RCK=0;
    RCK=1;
    RCK=0;
}
void main( )                           //主函数
{   unsigned char j;
    char SN_time, EW_time;
    TMOD=0x01;  //定时器 T0，工作方式 1，软件控制
    TH0=0xD8;    //定时 10ms
    TL0=0xF0;
    TF0=0;        // 清除标志位
    TR0=1;        // 运行定时器
    flag1=1;      //南北红，东西绿、黄标志位
    EW_time=30;  //东西时间
    SN_time=33;   //南北时间
    while(1)
    {
        in_595(SMG[EW_time%10]); //东西时间显示
        in_595(SMG[EW_time/10]);
        in_595(SMG[SN_time%10]); //南北时间显示
        in_595(SMG[SN_time/10]);
        out_595( );
        if(flag1==1)  //南北红，东西绿
        {   while(!TF0);
            TF0=0;
            TH0=0xD8;
            TL0=0xF0;
            j++;
            if(j>100)
            {   j=0;
                EW_time--;
                SN_time--;
                if(EW_time==0)
                {   EW_time=3;
                    flag2=1;
                    flag1=0;
                }
            }
            P2=0xEE;  //灯信号输出
        }
        if(flag2==1)  //南北红，东西黄
        {   while(!TF0);
            TF0=0;
            TH0=0xD8;
            TL0=0xF0;
```

```
        if(j<100)
        {   j++;
            if(j<50)
                P2=0xDE;
           else
                P2=0xFE;
        }
        else
        {   j=0;
            EW_time--;
            SN_time--;
        if(EW_time==0)
            {   EW_time=40;
            SN_time=37;
                flag2=0;
            flag3=1;
            }
      }
    }
    if(flag3==1)  //南北绿，东西红
    {   while(!TF0);
        TF0=0;
        TH0=0xD8;
        TL0=0xF0;
        if(j<100)
        j++;
        else
    {   j=0;
            EW_time--;
            SN_time--;
        if(SN_time==0)
            {   SN_time=3;
                flag3=0;
            flag4=1;
            }
      }
        P2=0xF5;    //东西红 南北绿
     }
     if(flag4==1)
     {  while(!TF0);
        TF0=0;
        TH0=0xD8;
        TL0=0xF0;
        if(j<100)
          { j++;
           if(j<50)
             P2=0xF3;    //东西红 南北黄
           else
             P2=0xF7;
          }
        else
  {     j=0;
            EW_time--;
            SN_time--;
        if(SN_time==0)
        {   SN_time=33;
            EW_time=30;
            flag4=0;
```

```
                flag1=1;
            }
            }
        }
    }
}
```

4．对上述三个程序分别编译下载

利用仿真软件 Proteus 先进行调试，成功后，再插接下载器。打开下载软件，选择对应芯片型号，调入 HEX 文件，自动化下载即可。观察上述三种要求的程序效果。

交通灯控制系统仿真视频

5．填写任务实施评价单（附表 1）

6．拓展任务

秉着节约资源、降低成本理念，利用前述知识，把时间显示改为采用数码管动态或是 LED 点阵显示方式，实现交通灯控制系统。

1．单片机定时/计数器的工作原理。

2．单片机定时器应用的步骤及编程技巧。

练习题

一、填空题

1. AT89S51 单片机内部设有两个_____位可编程定时器/计数器，简称为____和____。

2. 定时/计数器实质上是一个_______计数器，对___________脉冲计数实现定时功能。

3. 定时/计数器作为计数功能时，外部计数信号的最高计数频率为时钟频率的_____。

4. 在工作方式 0 下，定时/计数器是一个由 TH0 中的____位和 TL0 中的____位组成的 13 位加 1 计数器。

5. $C/\overline{T}$=______时，为定时器方式。$C/\overline{T}$=________时，为计数器方式。

6. 检测到溢出标志位有效时，首先进行_______处理，为下次计时做准备，然后对计数值进行重新赋值，之后再进行其他程序处理。

二、选择题

1. 已知 TMOD=0x01，则定时器 T0 为（　　）。

A. 定时方式 1　　B. 定时方式 2　　C. 计数方式 0　　D. 计数方式 1

2. T0 的工作方式 1 属于（　　）

A. 13 位定时/计数器　　B. 16 位定时/计数器

C. 可重载 8 位定时/计数器　　D. 两个独立 8 位定时/计数器

3. 定时器 0 溢出后将对（　　）标志置 1。

A. TF0　　B. TR1　　C. IT0　　D. TR0

4. 若 GATE=0 时，用软件使（　　）置 1 即启动定时器 1。

A. TF1　　B. TR1　　C. TF0　　D. TR0

5. 定时计时器在工作方式 2 下，最大计数值为（　　）。

A. 2^8　　B. 2^{13}　　C. 2^{16}　　D. 2^{10}

三、简答题

1. 试说明定时/计数器初始化的步骤。

2. 试解释 GATE 门控位的作用。

项目四　制作电子时钟

电子时钟在日常生活中应用非常广泛，显示直观，醒目。本项目通过逐步制作电子时钟掌握单片机外部中断、定时器中断等中断系统的应用，以及单片机控制系统中常用的按键处理、LCD 液晶显示、串行通信技术等；增强学生的时间观念和应急处理能力，提升社会责任感，强化单片机应用开发工程思维，提高分析问题、解决问题的能力，增强学好专业技能的信心和科技报国的责任担当。

任务一　制作键码显示器

在工业生产和日常生活中，经常会用到按键对单片机系统进行相应的控制与管理，同时还有按键提示音。按键已经作为最基本的输入装置在单片机控制系统中被广泛使用。那按键怎么才能被系统正确地识别？其信息是怎么被确认的？按键声音又是怎么发出的？

本次任务设计完成一个键码显示器系统，按下一个按键数码管显示其对应的编号，同时系统发出嘀的一声。

一、按键输入技术

在单片机控制系统中，作为输入方法，最简单、最常见的元件就是按键，按键根据连接电路的不同分为独立式按键和矩阵式按键。

1. 独立式按键

在单片机控制系统中，往往只有几个功能键，此时，可采用独立式按键结构。

独立式按键结构是直接用 I/O 口线构成的单个按键电路，其特点是每个按键单独占用一根 I/O 口线，每个按键的工作不会影响其他 I/O 口线的状态。

独立式按键电路配置灵活，软件结构简单，但每个按键必须占用一个 I/O 口线，因此，在按键较多时，I/O 口线浪费较大，不宜采用。独立式按键多用于设置控制键、功能键，适用于按键数少的场合。

如图 4.1 所示为独立按键连接电路，按键输入采用低电平有效，此外，上拉电阻保证了按键断开时 I/O 口线有确定的高电平。当 I/O 口线内部有上拉电阻，外电路可不接上拉电阻。

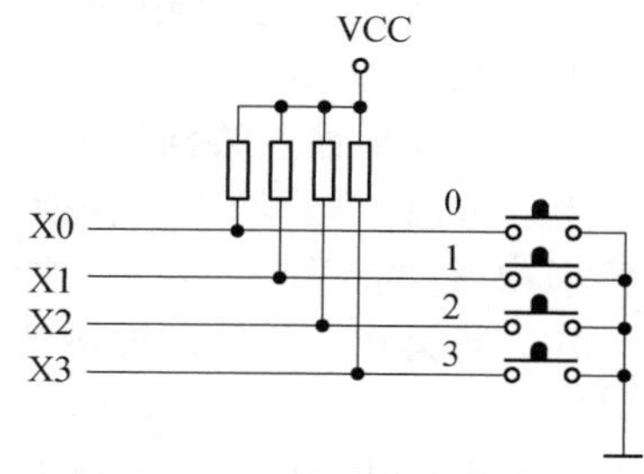

图 4.1　独立按键连接电路

2. 矩阵式按键

在单片机系统中，若按键较多时，通常采用矩阵式（也称行列式）按键。

（1）矩阵式按键的结构及原理

矩阵式按键由行线和列线组成，按键位于行、列线的交叉点上，其结构如图 4.2 所示。

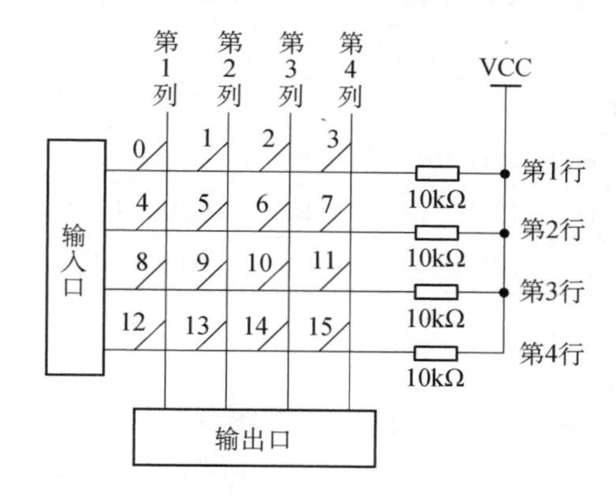

图 4.2　矩阵式按键结构

由图 4.2 可知，一个 4×4 的行、列结构可以构成一个含有 16 个按键的键盘。显然，在按键数量较多时，矩阵式按键较之独立式按键要节省很多 I/O 口。

在矩阵式按键中，行、列线分别连接到按键开关的两端，行线通过上拉电阻接到+5V 电源上，上拉电阻一般选用 10kΩ。当无按键被按下时，行线处于高电平状态；当有按键被按下时，行、列线将导通，此时，行线电平将由与此行线相连的列线电平决定。这是识别按键是否被按下的关键。然而，矩阵式按键中的行线、列线和多个键相连，各按键按下与否均影响该键所在行线和列线的电平，各按键间将相互影响，因此，必须将行线、列线信号配合起来进行适当处理，才能确定按键的位置。

小提示：

电子产品用的小按键都是 4 个脚的，为了保证接线正确，最好连接按键的对角线上的一对引脚。

（2）矩阵式按键的识别

识别按键的方法有很多，其中，最常见的方法是行列扫描法，下面以图 4.2 为例说明按键的识别过程。

输出口先输出扫描码 0000，如果输入口读入的数据为 1111，则说明没有按键被按下，若不全为 1 则说明有按键被按下。在判断有按键被按下后，开始逐列扫描以确定具体是哪个按键被按下。逐列扫描是通过扫描码每次只有一个低电平，其余 3 个为高电平输出，然后根据输入数据是否有 0 来进行确定的。具体地讲：首先检测第 1 列是否有按键被按下，输出扫描码 0111 使得第 1 列为 0，若第 1 行的按键被按下，则输入数据为 0111；若第 2 行的按键被按下，则输入数据为 1011；若第 3 行的按键被按下，则输入数据为 1101；若第 4 行的按键被按下，则输入数据为 1110；若第 1 列没有按键被按下，则输入数据为 1111，再改变扫描码为 1011 使得第 2 列为 0，对行进行扫描，方法同扫描第 1 列，以此类推完成第 3 列和第 4 列的扫描，最终确定哪个按键被按下。

输出的列扫描码和输入的行扫描码共同确定一个具体按键，称为按键的编码，简称键码，具有唯一性。按键所代表的数值或表示的功能含义称为键值，根据需要进行定义，具有随意性。图 4.2 中的按键编码，如表 4.1 所示。

表 4.1　4×4 矩阵按键编码（列码为高 4 位，行码低 4 位）

	第 1 列		第 2 列		第 3 列		第 4 列	
第 1 行	0111 0111	0x77	1011 0111	0xB7	1101 0111	0xD7	1110 0111	0xE7
第 2 行	0111 1011	0x7B	1011 1011	0xBB	1101 1011	0xDB	1110 1011	0xEB
第 3 行	0111 1101	0x7D	1011 1101	0xBD	1101 1101	0xDD	1110 1101	0xED
第 4 行	0111 1110	0x7E	1011 1110	0xBE	1101 1110	0xDE	1110 1110	0xEE

3．按键抖动

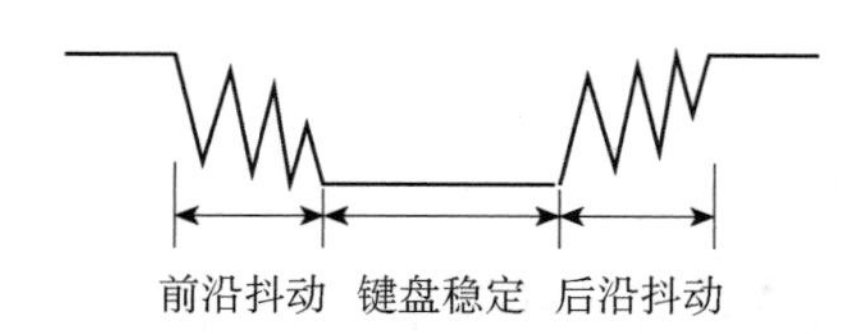

图 4.3　按键抖动波形

由于按键闭合时机械触点的弹性作用，触点在闭合和断开瞬间的电接触情况不稳定，造成了电压信号的抖动现象。如图 4.3 所示为按键抖动波形。键的抖动时间一般为 5～10ms。这种现象会引起单片机对于一次按键操作进行多次处理，因此须设法消除按键接通或断开时的抖动现象。去抖动的方法有硬件去抖动和软件去抖动两种。

- 硬件去抖动，在硬件上可采用在按键的输出端加 RS 触发器（双稳态触发器）或单稳态触发器构成去抖动电路。虽然这种方式可以降低抖动所产生的噪声，但所需的元件较多，所占的电路面积也较大，增加了成本与电路的复杂度，所以现在已经很少使用了，这里不再介绍。这里利用 104 电容并联在按键两侧进行简单去噪滤波。
- 软件去抖动，采用软件去抖动的方法是在单片机检测到有按键被按下时执行一个 10～20ms 的延时程序后再次检查该按键电平是否仍保持闭合状态。如保持闭合状态，则确认为有按键被按下，否则从头检测。这样就能消除按键的抖动影响。

二、蜂鸣器原理及应用技术

蜂鸣器是一种一体化结构的电子讯响器，采用直流电压供电，广泛应用于计算机、打印机、复印机、报警器、电子玩具、汽车电子设备、电话机、定时器等电子产品中做发声器件。蜂鸣器主要分为压电式蜂鸣器和电磁式蜂鸣器两种类型。

压电式蜂鸣器主要由多谐振荡器、压电蜂鸣片、阻抗匹配器及共鸣箱、外壳等组成。有的压电式蜂鸣器外壳上还装有发光二极管。多谐振荡器由晶体管或集成电路构成。当接通电源后（1.5～15V 直流工作电压），多谐振荡器起振，输出 1.5～2.5kHz 的音频信号，阻抗匹配器推动压电蜂鸣片发声。压电蜂鸣片由锆钛酸铅或铌镁酸铅压电陶瓷材料制成。在陶瓷片两面镀上银电极，经极化和老化处理后，再与黄铜片或不锈钢片黏在一起。

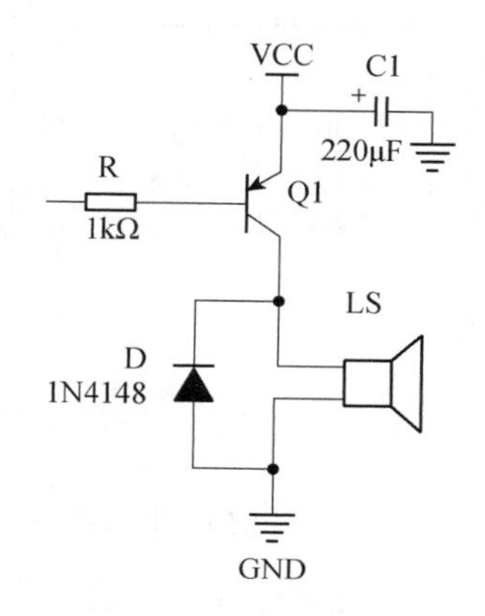

图 4.4　蜂鸣器驱动电路图

电磁式蜂鸣器由振荡器、电磁线圈、磁铁、振动膜片及外壳等组成。接通电源后，振荡器产生的音频信号电流通过电磁线圈，使电磁线圈产生磁场。振动膜片在电磁线圈和磁铁的相互作用下，周期性地振动发声。

由于蜂鸣器的工作电流一般比较大，以至于单片机的 I/O 口无法直接驱动，所以要利用放大电路来驱动，一般使用三极管来放大电流就可以了。如图 4.4 所示为蜂鸣器驱动电路图。

蜂鸣器驱动电路一般包含以下几个部分：一个三极管、一个蜂鸣器、一个续流二极管和一个电源滤波电容。蜂鸣器发声元件，在其两端施加直流电压（有源蜂鸣器）或者方波（无源蜂鸣器）就可以发声，其主要参数是外形尺寸、发声方向、工作电压、工作频率、工作电流、驱动方式（直流/方波）等。这些都可以根据需要来选择。蜂鸣器本质上是一个感性元件，其电流不能瞬变，因此必须有一个续流二极管提供续流。否则，在蜂鸣器两端会产生几十伏的尖峰电压，可能损坏驱动三极管，并干扰整个电路系统的其他部分。滤波电容 C1 的作用是滤波，滤除蜂鸣器电流对其他部分的影响，也可改善电源的交流阻抗，如果可能，最好再并联一个 220μF 的电解电容。三极管 Q1 起开关作用，其基极的低电平使三极管饱和导通，使蜂鸣器发声；而基极高电平则使三极管关闭，蜂鸣器停止发声。

任务实施

1．设计搭建硬件电路

按照任务要求设计并搭建硬件电路（见图 4.5）及仿真环境。输出口可以任意选择。

注意：考虑单片机驱动能力的限制，采用共阳极数码管进行显示。

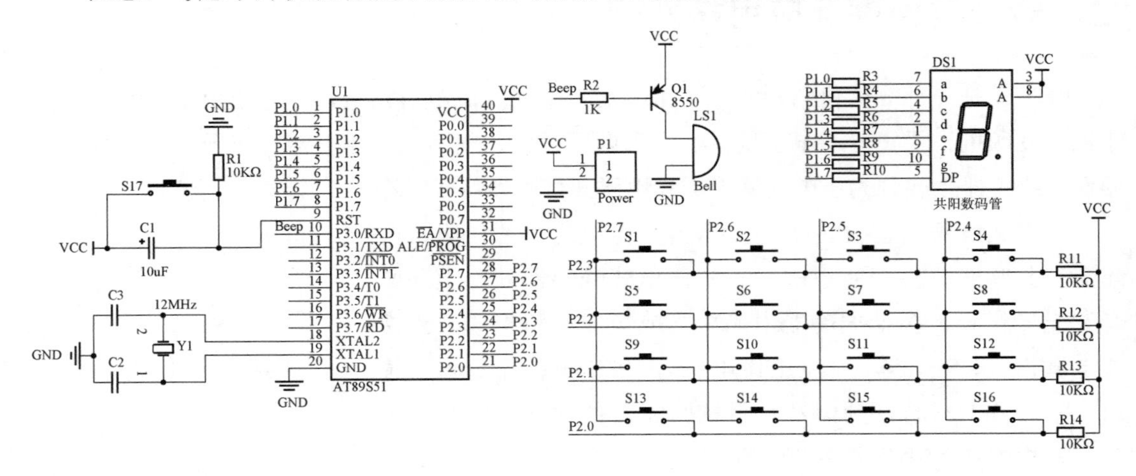

图 4.5　矩阵键码显示器原理图

2．搭建软件编程环境

先建立工程文件，并保存在桌面组号命名的文件夹内，再配置工程参数，包括设置晶振频率 12MHz、配置 HEX 输出文件。新建文件并添加文件，然后准备编程。

3．软件设计与编程实现

（1）数码管显示驱动设计

参照项目三。

（2）独立按键键码显示器

利用 6 个独立按键进行键码显示 1～6，当有按键被按下的同时，蜂鸣器发出“嘀”的声响。注意通过编程实现，来认识按键软件去抖动处理方法及蜂鸣器驱动原理。

```
#include <at89x51.h>        // 包含头文件
unsigned char code SMG[ ]={0xC0,0xF9,0xA4,0xB0,0x99,0x92,0x82,0xF8,0x80,0x90};
//数码管段码
sbit  key1=P2^0;                  //定义按键引脚
sbit  key2=P2^1;
sbit  key3=P2^2;
sbit  key4=P2^3;
sbit  key5=P2^4;
sbit  key6=P2^5;
sbit  BEEP=P3^0;              //蜂鸣器定义
void Beep( )               //蜂鸣器子函数
{
   unsigned char i;
   BEEP=0;
   for(i=0;i<100;i++);
   BEEP = 1;
 }
void main( )
```

```
{ unsigned char key;
    P1=0xFF;
    while(1)
    {
        if(key1==0) {key=1;      Beep( );}  //判断按键是否按下
        if(key2==0)     {key=2;      Beep( );}
        if(key3==0)     {key=3;      Beep( );}
        if(key4==0)     {key=4;      Beep( );}
        if(key5==0) {key=5;      Beep( );}
        if(key6==0) {key=6;      Beep( );}
        P1=SMG[key];                //键码显示
    }
}
```

（3）矩阵式按键键码显示器

显示 4×4 矩阵式按键的键码值。键码值用十六进制数表示（0～9，A～F）。要求掌握矩阵式按键扫描方法处理技巧。

```
#include<at89x51.h>
unsigned char code SMG[ ]={0XC0,0XF9,0XA4,0XB0,0X99,0X92,0X82,0XF8,
                           0X80,0X90,0X88,0X83,0XC6,0XA1,0X86,0X8E};
                           //数码管 0~F 段码
sbit  BEEP=P3^0;
void delay(unsigned char n)  //延时函数，1ms
{   unsigned char i,j;
    for(i=0;i<n;i++)
        for(j=0;j<250;j++);
}
void Beep( )                       //蜂鸣器子函数
{
    unsigned char i;
    BEEP = 0;
    for(i=0;i<100;i++);
    BEEP = 1;
}
unsigned char keyscan(void)           //键盘扫描函数
{   unsigned char i,temp,Key_Value=0;
    P2=0x0F;                              //列线输出全为 0
    if((P2&0x0F)!=0x0F)               //是否有按键按下
    {   delay(10);                   //延时 10ms 去抖
        if((P2&0x0F)!=0x0F)              //确认按键是否按下
        {
            temp=0x7F;                  // 准备列扫描
            for(i=0;i<4;i++)
            {
                P2=temp;                  //  输出列扫描码
                if((P2&0x0F)!=0x0F)  //   此列有键按下
                {
                  Key_Value=(P2&0x0F)|(temp&0xF0);  //  键码=行码+列码
                  Beep();                  //    声音
                  return Key_Value;  //返回键码
                }
                temp>>=1;                //     准备下列扫描
```

```
                temp+=0x80;
            }
        }
    }
    return  Key_Value;      //返回键码
}
void main( )
{   unsigned char key;
    P1=0xFF;            //数码管灭
    while(1)
    {   key=keyscan();    //调用键盘扫描
       switch(key)
       {      case 0x7E:P1=SMG[0]; break;//0 按下相应的键显示相对应的码值
              case 0x7D:P1=SMG[1]; break;//1
              case 0x7B:P1=SMG[2]; break;//2
              case 0x77:P1=SMG[3]; break;//3
              case 0xBE:P1=SMG[4]; break;//4
              case 0xBD:P1=SMG[5]; break;//5
              case 0xBB:P1=SMG[6]; break;//6
              case 0xB7:P1=SMG[7]; break;//7
              case 0xDE:P1=SMG[8]; break;//8
              case 0xDD:P1=SMG[9]; break;//9
              case 0xDB:P1=SMG[10];break;//a
              case 0xD7:P1=SMG[11];break;//b
              case 0xEE:P1=SMG[12];break;//c
              case 0xED:P1=SMG[13];break;//d
              case 0xEB:P1=SMG[14];break;//e
              case 0xE7:P1=SMG[15];break;//f
        }
    }
}
```

思考：如果不加软件去抖动功能，会出现什么样的结果？怎么利用软件把去抖动效果表现出来？

4．对上述两个程序分别编译下载

利用仿真软件 Proteus 先进行调试，成功后，再插接下载器。打开下载软件，选择对应芯片型号，调入 HEX 文件。自动化下载即可。观察上述三种要求的程序效果。

键码显示器仿真视频

5．填写任务实施评价单（附表 1）

6．拓展任务

在工业控制等重大安全场合，为了确保操作的安全性，实际应用中，经常会用到复合按键处理方式，尝试利用复合按键（2 个按键）进行不同含义的显示。

1．矩阵式按键扫描识别技术。

2．基本按键去抖动原理及技术。

3．蜂鸣器驱动技术。

4．C51 编程技巧。

练习题

一、填空题

1. 按键根据连接电路的不同分为______式按键和______式按键。

2. 由于按键闭合时机械触点的弹性作用，触点在闭合和断开瞬间的电接触情况不稳定，造成了电压信号的______现象。

3. 蜂鸣器驱动电路中一般会设计一个续流二极管，其作用是____________。

4. 在矩阵式按键中，有上拉电阻线的是作为扫描码__________端口，上拉电阻保证了按键断开时 I/O 口线有确定的_______电平。

二、选择题

1. 软件查询判断按键是否被按下一般需要读取两次按键对应的 I/O 口电平变化，并且在两次读取 I/O 口电平之间需要加一段程序，这段程序的作用是（　　）。

A. 屏蔽按键　　B. 显示延时　　C. 保护按键　　D. 去抖延时

2. 按键抖动的时间长短与开关机械特性有关，一般将去抖延时时间设计为（　　）。

A. 1～2s　　B. 50～60ms　　C. 10～20ms　　D. 1～2ms

3. 在矩阵式按键中，按键的唯一标志是（　　）。

A. 行扫描码　　B.列扫描码　　C. 键值　　D. 键码

4. 一个 4×4 的行、列结构可以构成一个含有(　　)个按键的键盘。

A. 4　　B. 8　　C. 16　　D. 32

三、简答题

1. 试概述矩阵式按键行列扫描过程。

2. 试分析按键的延时去抖程序会对程序的执行带来哪些影响？

任务二　制作秒表计

明确任务

在项目三中定时时间采用查询方式进行，这种方式往往不能及时地处理定时器溢出，特别是程序较大时会出现很大的计时误差，并且查询会占用 CPU 宝贵的系统资源。单片机内部中断系统能够及时地解决类似的突发事件，把 CPU 解放出来，只有在突发事件到来的时候才去处理相应事件。

本次任务要求设计制作一个秒表计。利用单片机中断系统，配合 3 个按键 1 位共阳极数码管，实现 1 位数秒表计功能。3 个按键分别为启动、停止、清零功能。

一、中断概念

什么是中断？我们从生活中的例子引入。

过程			
↓	某人看书	执行主程序	中断过程
	电话铃响	中断信号	中断请求
	暂停看书	暂停执行主程序	中断响应
	书中作记号	当前 PC 值入栈	保护断点
	电话谈话	执行中断程序	中断服务
	继续看书	返回主程序	中断返回

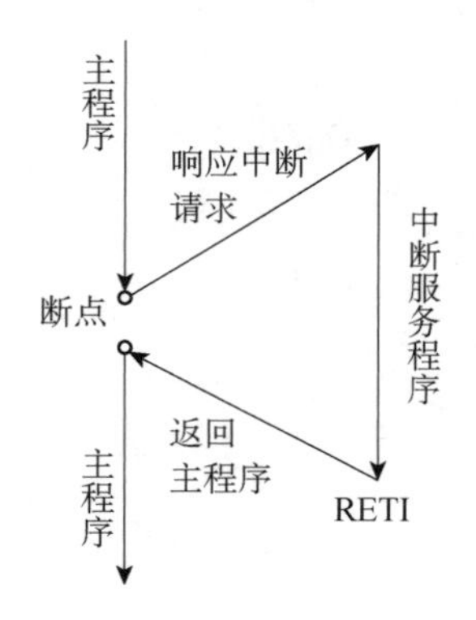

图 4.6　中断过程示意图

中断（interrupt）就是当特定事件发生时，暂时放下正在执行的程序，先去执行特定的服务程序，待完成特定的程序后，再返回执行原来程序的整个过程。特定事件就是中断源，服务程序即中断服务程序。中断过程示意图如图 4.6 所示。

二、AT89S51 单片机中断系统

1．AT89S51 单片机中断源

（1）外部中断源（中断标志为 IE0 和 IE1）

由 $\overline{\text{INT0}}$（P3.2）端口线引入，低电平或下降沿触发。

由 $\overline{\text{INT1}}$（P3.3）端口线引入，低电平或下降沿触发。

（2）内部中断源（中断标志为 TF0、TF1 和 TI/RI）

T0：定时/计数器 0 中断，由 T0 计数满溢出引起。

T1：定时/计数器 1 中断，由 T1 计数满溢出引起。

TI/RI：串行发送完成或接收完成引起，共用一个中断。

AT89S51 内部中断系统结构图如图 4.7 所示。

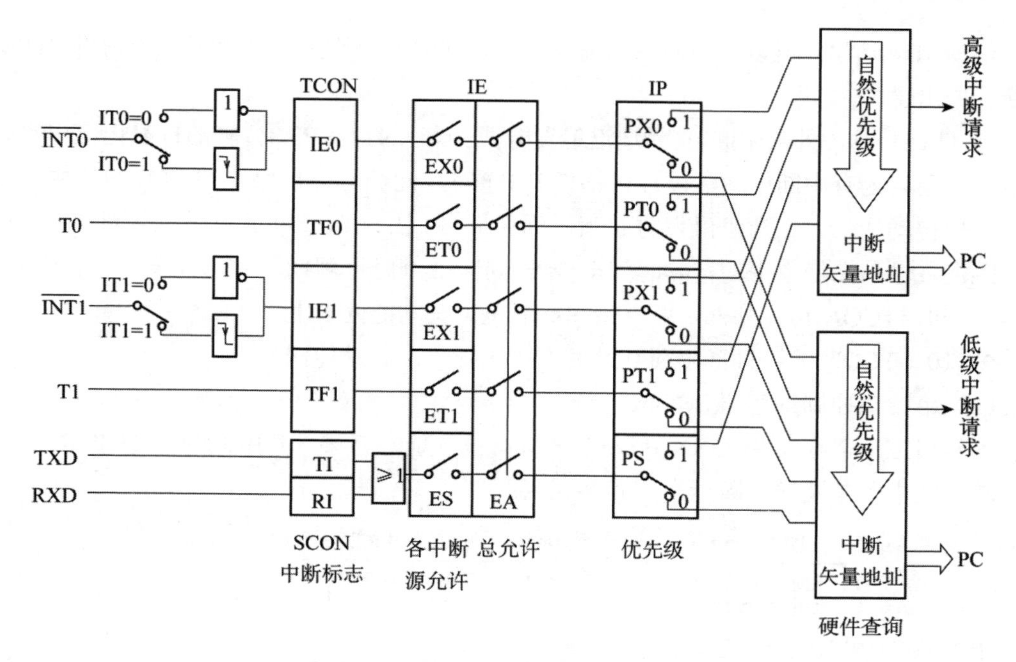

图 4.7　AT89S51 内部中断系统结构图

2．单片机中断控制

(1) 定时器控制寄存器 TCON

定时器控制寄存器 TCON 是一个 8 位可位寻址寄存器，控制定时器的启动与停止，并保存 T0、T1 的溢出中断标志和外部中断的触发方式、外中断标志。其格式为：

bit7	bit 6	bit 5	bit 4	bit 3	bit 2	bit 1	bit 0
TF1	TR1	TF0	TR0	IE1	IT1	IE0	IT0

各位的功能说明如下。

● TF1（TCON.7）：T1 溢出标志位。T1 被启动计数后，从初值开始进行加 1 计数，当 T1 计满溢出时，由硬件自动使 TF1 置 1，并申请中断。该标志一直保持到 CPU 响应中断后，才由硬件自动清 0。也可用软件查询该标志，并由软件清 0。

● TR1（TCON.6）：T1 启停控制位，TR1=1，启动 T1；TR1=0，停止 T1。

● TF0（TCON.5）：T0 溢出标志位。其功能同 TF1。

● TR0（TCON.4）：T0 启停控制位。其功能同 TR1。

● IE1（TCON.3）：外部中断 1 请求标志位。IE1=1 表示外部中断 1 向 CPU 申请中断。当 CPU 响应外部中断 1 的中断请求时，由硬件自动使 IE1 清 0（边沿触发方式）。

● IT1（TCON.2）：外部中断 1 触发方式选择位。

当 IT1=0 时，外部中断 1 为电平触发方式。若 INT1（P3.3）为低电平，则认为有中断申请，硬件自动使 IE1 置 1；若为高电平，认为无中断申请或中断申请已撤除，硬件自动使 IE1 清 0。在电平触发方式中，CPU 响应中断后硬件不能自动使 IE1 清 0，也不能由软件使 IE1 清 0，所以在中断返回前必须撤销 INT1 引脚上的低电平，否则将再次响应中断造成出错。

当 IT1=1 时，外部中断 1 为边沿触发方式。若 INT1（P3.3）脚的信号由高电平转为低电平，则认为有中断申请，硬件自动使 IE1 置 1，此标志一直保持到 CPU 响应中断时，才由硬件自动清 0。在边沿触发方式下，为保证 CPU 在两个机器周期内检测到先高后低的负跳变，输入高低电平的持续时间至少要保持 12 个时钟周期。

- IE0（TCON.1）：外部中断 0 请求标志位。其功能同 IE1。
- IT0（TCON.0）：外部中断 0 触发方式选择位。其功能同 IT1。

（2）串行口控制寄存器 SCON

串行口控制寄存器 SCON 也是一个 8 位可位寻址寄存器，其中低两位 TI 和 RI 保存串行口的接收中断与发送中断标志。其格式为：

bit7	bit 6	bit 5	bit 4	bit 3	bit 2	bit 1	bit 0
SM0	SM1	SM2	REN	TB8	RB8	TI	RI

下面就 TI 和 RI 各位的功能进行说明。

- TI（SCON.1）：串行发送中断请求标志。CPU 将一个字节数据写入发送缓冲器 SBUF 后启动发送，每发送完一帧数据，硬件自动使 TI 置 1。但 CPU 响应中断后，硬件并不能自动使 TI 清 0，必须由软件使 TI 清 0。
- RI（SCON.0）：串行接收中断请求标志。在串行口允许接收时，每接收完一帧数据，硬件自动使 RI 置 1。但 CPU 响应中断后，硬件并不能自动使 RI 清 0，必须由软件使 RI 清 0。

（3）中断允许寄存器 IE

中断允许寄存器 IE 为 8 位可位寻址寄存器，其作用是控制 CPU 对中断的开放或屏蔽及每个中断源是否允许中断。其格式为：

bit7	bit 6	bit 5	bit 4	bit 3	bit 2	bit 1	bit 0
EA	—	—	ES	ET1	EX1	ET0	EX0

各位的功能说明如下。

- EA（IE.7）：CPU 中断总允许位。EA=1，CPU 开放中断。每个中断源是被允许还是被禁止，分别由各中断源的中断允许位确定；EA=0，CPU 屏蔽所有的中断要求，称为关中断。
- ES（IE.4）：串行口中断允许位。ES=1，允许串行口中断；ES=0，禁止串行口中断。
- ET1（IE.3）：T1 中断允许位。ET1=1，允许 T1 中断；ET1=0，禁止 T1 中断。
- EX1（IE.2）：外部中断 1 中断允许位。EX1=1，允许外部中断 1 中断；EX1=0，禁止外部中断 1 中断。

- ET0（IE.1）：T0 中断允许位。ET0=1，允许 T0 中断；ET0=0，禁止 T0 中断。
- EX0（IE.0）：外部中断 0 中断允许位。EX0=1，允许外部中断 0 中断；EX0=0，禁止外部中断 0 中断。

（4）中断优先级寄存器 IP

中断优先级寄存器 IP 也是 8 位可位寻址寄存器，其作用是设定各中断源的优先级别。其格式为：

bit7	bit 6	bit 5	bit 4	bit 3	bit 2	bit 1	bit 0
—	—	—	PS	PT1	PX1	PT0	PX0

各位的功能说明如下。

- PS（IP.4）：串行口中断优先级控制位。PS=1，串行口为高优先级中断；PS=0，串行口为低优先级中断。
- PT1（IP.3）：定时器 1 中断优先级控制位。PT1=1，定时器 1 为高优先级中断；PT1=0，定时器 1 为低优先级中断。
- PX1（IP.2）：外部中断 1 中断优先级控制位。PX1=1，外部中断 1 为高优先级中断；PX1=0，外部中断 1 为低优先级中断。
- PT0（IP.1）：定时器 0 中断优先级控制位。PT0=1，定时器 T0 为高优先级中断；PT0=0，定时器 0 为低优先级中断。
- PX0（IP.0）：外部中断 0 中断优先级控制位。PX0=1，外部中断 0 为高优先级中断；PX0=0，外部中断 0 为低优先级中断。

中断源的优先级别分为高级和低级，通过中断优先级寄存器 IP 相关位来设定每个中断源的级别。但 IP 只是决定中断属“高优先级”组，还是“低优先级”组而已，原来各个中断存在自然优先级之分。各中断源优先级别如下所示：

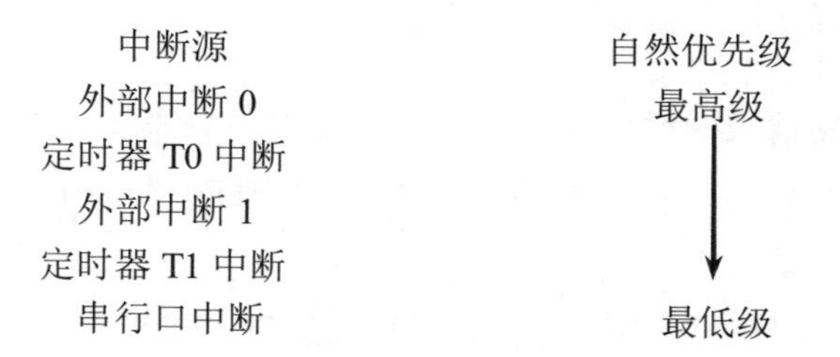

三、中断处理过程

1．中断响应

CPU 要响应某个中断必须满足以下三个基本条件：该中断源发出中断请求、其中断允许位为 1 和总中断允许 EA=1。

如果几个同一优先级别的中断源同时向 CPU 请求中断，CPU 通过硬件查询电路首先响应自然优先级较高的中断源的中断请求。

高优先级中断源可中断正在执行的低优先级中断服务程序，除非执行了低优先级中断服务程序的 CPU 关中断指令。同级或低优先级的中断不能中断正在执行的中断服务程序。

2．中断处理

当发生 CPU 响应中断时，程序将跳至其对应的中断向量地址，执行该位置上的程序，执行完中断服务程序，CPU 返回到原程序的断点（即原来断开的位置），继续执行原来的程序。执行中断服务程序即中断处理。

对于C语言程序，可以不必知道具体中断入口地址，编程人员只要知道中断对应的中断编号即可。在中断服务程序的定义中，标明对应的中断编号即可。中断向量表如表 4.2 所示。

表 4.2　中断向量表

中 断 源	中断入口地址	Keil C 中断编号
外部中断 0	0003H	0
定时器 T0 中断	000BH	1
外部中断 1	0013H	2
定时器 T1 中断	001BH	3
串行口中断	0023H	4

CPU 响应某中断请求后，在中断返回前，应该撤销该中断请求，否则会引起另一次中断。不同中断源中断请求的撤除方法是不一样的。在控制寄存器 TCON、SCON 等位功能有说明，总结如下。

（1）定时器溢出中断请求的撤除

CPU 在响应中断后，硬件会自动清除中断请求标志 TF0 或 TF1。

（2）串行口中断的撤除

在 CPU 响应中断后，硬件不能清除中断请求标志 TI 和 RI，而要由软件来清除相应的标志。

（3）外部中断的撤除

外部中断为边沿触发方式时，CPU 响应中断后，硬件会自动清除中断请求标志 IE0 或 IE1。

外部中断为电平触发方式时，CPU 响应中断后，硬件会自动清除中断请求标志 IE0 或

IE1，但由于加到 INT0 或 INT1 引脚的外部中断请求信号并未撤除，中断请求标志 IE0 或 IE1 会再次被置 1，所以在 CPU 响应中断后应立即撤除 INT0 或 INT1 引脚上的低电平。一般采用加一个 D 触发器和几条指令的方法来解决这个问题。

四、中断应用及 C 语言编程

1．中断初始化程序

为了能使单片机在执行主程序过程中响应中断，就必须先对使用中断的相关寄存器进行初始化。

定时计数器在应用中往往采用中断方式进行处理，常常作为一个时间基，通过中断提供不同时间分割，提供不同定时需求。对定时计数器的应用初始化除了需要最基本的定时相关工作配置，还需要对定时中断进行配置。具体步骤如下：

①定时计数器工作模式配置。根据需要，选择定时计数器及其工作方式。

②计算初始值，并赋值。计算方法详见项目三。

③清除标志位。

④开定时器中断，并开放总中断位。

⑤根据需要开启运行定时计数器。

若采用定时器计算 1s，而定时器最大定时时间约 65ms，显然不能满足要求，可以通过间接方式实现，20×50ms=1000ms=1s。定时器采用 T0，工作方式 1，则上述步骤程序对应为：

```
TMOD=0x01;              //设置定时器 T0，工作模式 1，内部控制运行方式
TH0=0x3C;               //赋初始值
TL0=0xB0;               //
TF0=0;                  //清标志位
ET0=1;                  //允许定时器 0 中断
EA=1;                   //开总中断
TR0=1;                  //运行 T0
```

外部中断初始化，首先根据控制需要，配置外部信号触发方式，然后允许相应的中断及总中断。例如，一个按键采用外部中断 0，则中断初始化程序如下：

```
IT0=1;              //设置 INT0 为下降沿触发
EX0=1;              //允许外部中断 0
EA=1;               //开发所有中断
```

2．中断服务程序

单片机响应中断请求，将自动跳转到对应的中断服务程序。

（1）中断服务程序入口

Keil C 中规定 51 单片机每种中断源类型所对应的中断服务程序入口编号，如下所示：

中断源类型	Keil C 中断编号
外部中断 0	0
定时计数器中断 0	1
外部中断 1	2
定时计数器中断 1	3
串行口中断	4

（2）中断处理程序

为避免中断服务程序与主程序的工作寄存器组冲突，一般设置主程序和不同中断源之间使用不同的寄存器组。中断服务程序基本架构为：

```
void 中断服务程序名 ( ) interrupt 中断号 using n
{
//中断服务语句
}
```

其中，中断服务程序名为自定义名称，一般依据中断服务程序功能命名；“interrupt”是中断服务程序的关键字；“中断号”根据 Keil C 规定编号；“using”用于定义工作寄存器组；*n* 为寄存器组编号（0～3）。中断服务语句应尽可能短，基本不用来进行数据处理，大多数用于置位标志信号。由主程序根据标志信号再进行数据的处理。

若采用定时器中断 0，则中断服务程序如下：

```
/*定时器中断 0 中断服务程序*/
void T0_sev ( ) interrupt 1
{
    //定时器中断 0 处理语句
}
```

若要求禁止更高优先级中断源的中断请求，应先用软件关闭 CPU 中断或屏蔽更高级中断源的中断，在中断返回前再开放被关闭或被屏蔽的中断。

1．设计搭建硬件电路

按照任务要求设计并搭建硬件电路（见图 4.8）及仿真环境。输出口可以任意选择。

注意：考虑单片机驱动能力的限制，采用共阳极数码管进行显示。

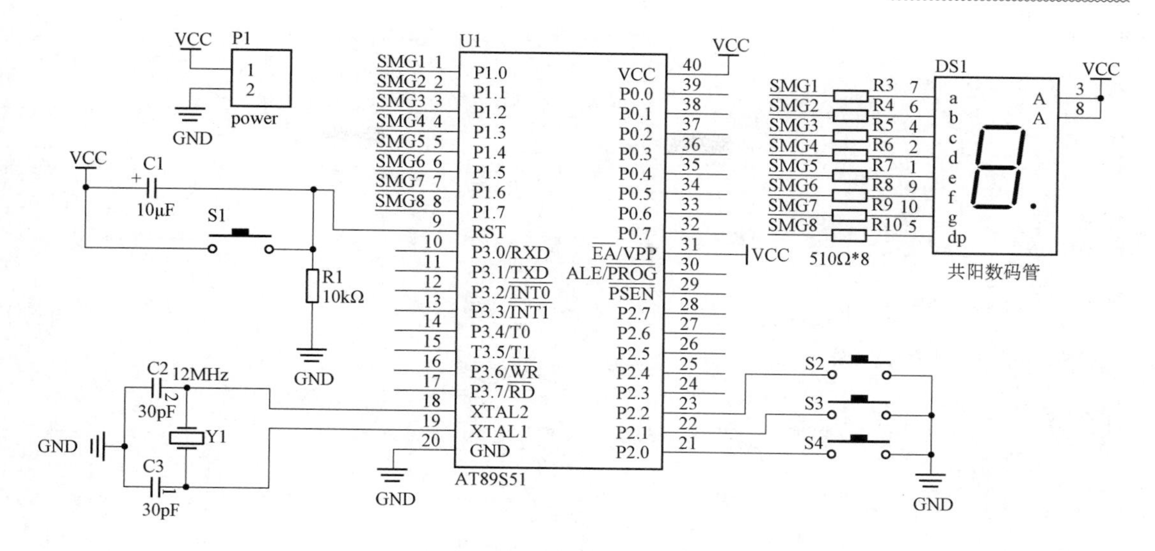

图 4.8　秒表计电路原理图

2．搭建软件编程环境

先建立工程文件，并保存在桌面组号命名的文件夹内，再配置工程参数，包括设置晶振频率 12MHz、配置 HEX 输出文件。新建文件并添加文件，然后准备编程。

3．软件设计与编程实现

（1）数码管显示驱动设计

参照项目三。

（2）定时器中断方式实现 0～9s 时钟显示

要求理解单片机中断系统，学会使用定时器中断，掌握应用单片机中断处理 C 程序方法及技巧。程序示例如下：

```
#include<at89x51.h>
unsigned char code SMG[ ]={0xc0,0xf9,0xa4,0xb0,0x99,0x92,0x82,0xf8,0x80,
0x90};//数码管段码//
bit flag_1s;     //1s 标志位
unsigned char count;
void T0_init( )  //T0 初始化
{
    TMOD=0x01; //定时器 T0,模式 1,定时
    TH0=0x3C;
    TL0=0xB0;  //定时 50ms
    TF0=0;
    ET0=1;  //开定时器 0 中断
    EA=1;   //开总中断
    TR0=1;
}
void T0_sev( ) interrupt 1  //T0 中断函数
{
    TH0 = 0x3C;        //置初始值
    TL0 = 0xB0;
```

```
    count++;
    if(count >= 20)    //1s到
    {   count = 0;  //计数器清零
        flag_1s = 1;  //1s标志位置位
    }
}
void main(void)
{
    unsigned char i;
    T0_init ( );
    P1=SMG[0];
    while(1)
    {
        if(flag_1s == 1)
        {
            flag_1s = 0;
            i++;
            if(i>9)
               i=0;
        }
        P1=SMG[i];
    }
}
```

思考：如果要求定时1s，为什么定时器一般采用方式1，而不采用其他方式？

（3）秒表计

按照任务要求添加3个按键，实现启动、停止、清零功能。程序示例如下：

```
#include<at89x51.h>
unsigned char code SMG[ ]={0xc0,0xf9,0xa4,0xb0,0x99,0x92,0x82,0xf8,0x80,
0x90};//数码管段码//
sbit START=P2^0; //启动
sbit STOP=P2^1;  //暂停
sbit CLR=P2^2;  //清零
bit flag_1s;     //1s 标志位
unsigned char count;
void T0_init( ) //T0初始化
{
    TMOD=0X01; //定时器T0,模式1,定时
    TH0=0X3c;
    TL0=0Xb0;  //定时50ms
    TF0=0;
    ET0=1;
    EA=1;
    TR0=1;
}
void T0_sev( ) interrupt 1 //T0中断函数
{
```

```
    TH0 = 0X3C;          //置初始值
    TL0 = 0XB0;
    count++;
    if(count >= 20)      //1s 到
    {   count = 0;       //计数器清零
        flag_1s = 1;     //1s 标志位置位
    }
}
void main(void)
{
    unsigned char i;
    T0_init( );
    P1 = SMG[0];
    P2 = 0xFF;
    while(1)
    {
        if(flag_1s == 1)
        {
            flag_1s = 0;
            i++;
            if(i>9)
               i=0;
        }
        P1=SMG[i];    //显示
        if(START == 0) TR0 = 1; //启动
        if(STOP == 0)  TR0 = 0;  //停止
        if(CLR == 0)   i = 0;     //清零
    }
}
```

4．对上述程序分别编译下载

利用仿真软件 Proteus 先进行调试，成功后，再插接下载器。打开下载软件，选择对应芯片型号，调入 HEX 文件。自动下载即可。观察上述程序效果。

秒表计仿真视频

5．填写任务实施评价单（附表 1）

6．拓展任务

根据突发事件要快速响应处理原则，按键信息采用外部中断方式，来实现本次任务。

1．单片机中断系统。

2．单片机中断处理 C 语言程序编程。

3．单片机外部中断设置及应用。

练习题

一、填空题

1. 在 Keil C51 中定义中断函数时必须使用关键字__________________。

2. 51 系列单片机中断优先级寄存器_____，可以实现___级中断嵌套。

3. 外部中断为_______方式时，CPU 响应中断后，硬件会自动清除中断请求标志 IE0 或 IEl。

4. 外部中断有______和_______触发方式。

5. 在 51 系统中，要允许外部中断 0 和串行口中断，则 IE=______，若要求串口中断优先级高于外部中断 0，则 IP=_________。

二、选择题

1. 定时器 T0 的溢出标志为 TF0，采用中断方式，当定时器溢出时，若 CPU 响应中断后，该标志（　　）。

A. 由软件清零　　B. 由硬件清零　　C. 随机状态　　D. A，B 都可以

2. 要允许定时器 T0 中断，则需要（　　）。

A. ET0=1　　B. ET0=0　　C. ET1=1　　D. ET1=0

3. 外部中断 1 由单片机的（　　）引脚触发。

A. P3. 0　　B. P3. 1　　C. P3. 2　　D. P3. 3

4. Keil C51 中把 51 单片机定时器 T1 的中断序号定义为（　　）。

A. 0　　B. 1　　C. 2　　D. 3

5. 对于外部中断，若采用边沿触发方式，则需要（　　）。

A. IE0=1　　B. IT1=1　　C. IE0=0　　D. IT0=0

三、简答题

1. 试写出 AT89S51 单片机的 5 个中断源及对应的 Keil C 中断编号。

2. 在 51 系统中，哪些中断在 CPU 响应中断后，中断请求标志会自动清除？

3. 简述中断服务函数和子函数的区别。

任务三　制作按键可调电子时钟

明确任务

在工业控制中，除了数码管显示外，还有很多仪表显示采用的是 LCD 液晶模块。LCD 具有体积小、功耗低、显示内容丰富、超薄轻巧等优点，在单片机应用设计中常用来作为显示器件。本次任务采用 LCD1602 来制作 4 个按键可调电子时钟，显示时分秒功能。

一、单片机定时/计数器定时功能

可参见本项目任务二。

二、LCD 显示技术简介

液晶显示器简称 LCD（Liquid Crystal Display）是一种低压微功耗的平板型显示器件，属于被动显示器件。它本身不发光，是靠调制外界光来实现显示的。液晶显示器具有寿命长、重量轻、功耗低、抗干扰能力强、显示内容丰富等特点，因而在单片机系统中得到了广泛的应用。

1. LCD 液晶显示器结构

LCD 液晶显示器内部结构如图 4.9 所示，液晶材料封装在上、下导电玻璃电极之间，当其在电场的作用下发生位置的变化时，会通过遮挡或通透外界光线而产生显示效果。将电极做成各种文字、图字或图形等，当电极的电平状态发生变化时，就会出现不同的显示内容。

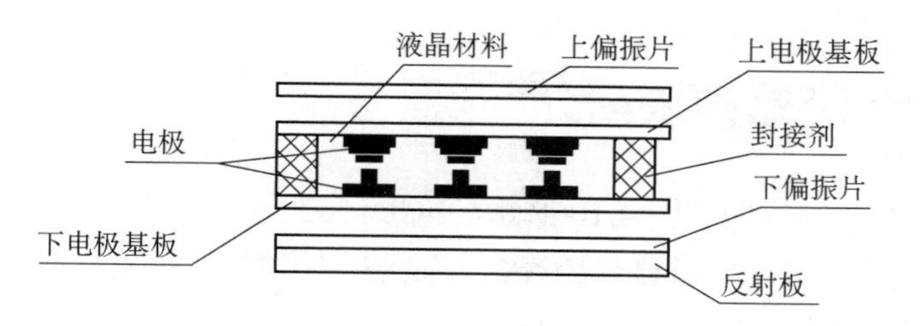

图 4.9　LCD 液晶显示器内部结构

2. LCD 液晶显示器分类

LCD 液晶显示器的应用范围十分广泛，在现实生活中的作用也越来越大，按其功能可分为笔段式和点阵式两种类型。

（1）笔段式 LCD 液晶显示器

笔段式 LCD 液晶显示器通常有六段、七段、八段、九段、十四段和十六段等，其中以七段最为常用，它类似于 LED 数码管显示器，每个显示器包括段电极 a、b、c、d、e、f、g 七个笔画段和一个背电极 bp，可以显示数字和简单的字符，广泛用于电子表、数字仪表等。

在笔段式 LCD 液晶显示器的背电极上加恒定的交变方波信号，通过控制段电极的电压变化，在 LCD 两极间产生显示所需的零电压或两倍幅值的交变电压，实现对 LCD 亮、灭的控制。

（2）点阵式 LCD 液晶显示器

点阵式 LCD 液晶显示器可分为字符型和图像型，段电极与背电极构成 *n* 行 *n* 列矩阵，液晶位于行列相交的带状电极之间，其大小由显示清晰度来决定。通过控制每个点的亮、灭来实现字符和图像的显示，点阵式 LED 的控制一般采用扫描方式。

对于上述的两种类型的 LCD 液晶显示器，要实现正常工作，需要设计控制/驱动装置。控制主要负责与单片机通信、管理内/外显示 RAM、控制驱动器和分配显示数据，驱动主要根据控制器要求驱动 LCD 进行显示。常用的笔段式 LCD 液晶显示器的控制/驱动器是 HOLTEK 生产的 HOLTEK 系列驱动器，如 HT1621（控/驱）采用 128 段显示、4 线 SPI 接口；常用的字符型 LCD 液晶显示器的控制/驱动器是 HITACHI 生产的 HD44780（控/驱），其采用 2 行 8 字符显示、4/8 位 PPI 接口。

3．LCD 显示模块 LCM

在实际应用中，为了使用方便，简化结构，一般使用 LCD 显示模块 LCM。LCM 是把 LCD 显示器、背光光源、驱动器、控制器等部件通过印刷电路板构造成一个整体，作为一个独立部件使用，其特点是功能强、易于控制、接口简单，在单片机系统中应用较多。这种液晶显示模块可直接与单片机进行相连，通过单片机的控制引脚实现对 LCM 的显示控制，大大简化了硬件电路。LCM 可分为 3 类，即段式 LCM、字符型 LCM 和图像型 LCM。

三、LCD1602 液晶模块简介

字符型 LCD1602 实物图如图 4.10 所示。LCD1602 是一种专门用来显示字母、数字、符号等的点阵型液晶模块，可以显示两行，每行 16 个字符，有 8 位数据总线 D0～D7 和 RS、R/W、EN 三个控制端口，工作电压为 5V，可显示 192 种字符，5×7 或 5×10 点阵字形，可自编 8（5×7）或 4（5×10）种字符，对比度可调。

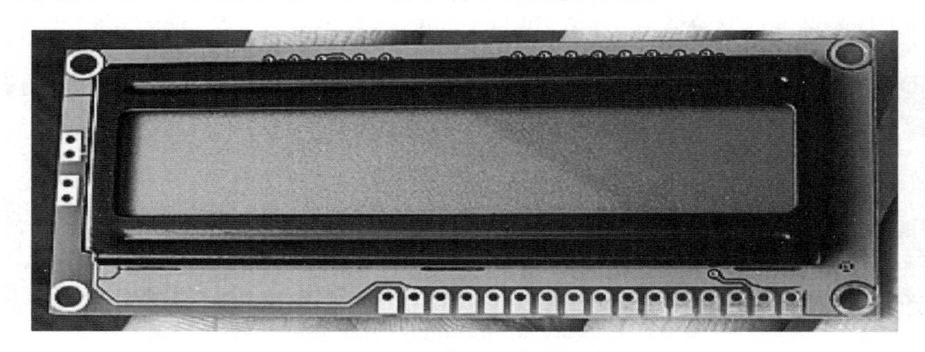

图 4.10　字符型 LCD1602 实物图

1．LCD1602 基本参数及引脚

（1）LCD 主要技术参数

显示容量：16×2 字符。

工作电压：4.5～5.5V。

工作电流：2.0mA（5.0V）。

（2）LCD1602 引脚

LCD1602 采用标准的 14 脚（无背光）或 16 脚（带背光）接口，控制原理完全兼容。引脚图如图 4.11 所示，引脚功能见表 4.3。

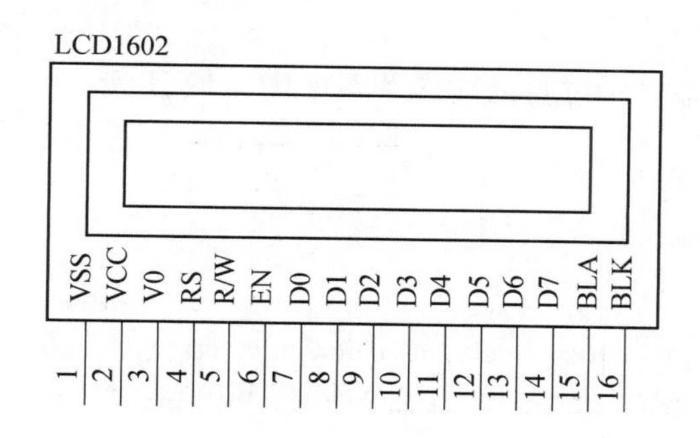

图 4.11　LCD1602 引脚图

表 4.3　LCD1602 引脚功能

编号	符号	引脚说明	编号	符号	引脚说明
1	VSS	电源地	9	D2	Data I/O
2	VDD	电源正极（5V）	10	D3	Data I/O
3	V0	液晶显示器对比度调整端	11	D4	Data I/O
4	RS	寄存器选择端（H/L）	12	D5	Data I/O
5	R/W	读/写信号线（H/L）	13	D6	Data I/O
6	EN	使能端	14	D7	Data I/O
7	D0	Data I/O	15	BLA	背光源正极
8	D1	Data I/O	16	BLK	背光源负极

引脚说明如下。

- V0：液晶显示器对比度调整端，接正电源时，对比度最低，接地时，对比度最高，对比度过高时，会产生“鬼影”，使用时，可以通过一个 10kΩ 的电位器调整对比度。
- RS：寄存器选择端，高电平时，选择数据寄存器；低电平时，选择指令寄存器。
- R/W：读写信号线，高电平时进行读操作，低电平时进行写操作。当 RS 和 R/W 共同为低电平时，可以写入指令或者显示地址；当 RS 为低电平、R/W 为高电平时，可以读忙信号；当 RS 为高电平、R/W 为低电平时，可以写入数据。

- EN：使能端，当EN端由高电平跳变成低电平时，液晶模块执行指令。
- D0～D7：8位双向数据线。
- BLA：背光源正极。LED需要背光时，串接一个限流电阻接VDD。
- BLK：背光源负极。

2．LCD模块存储器结构

LCD1602液晶模块内部的HD44780内置了DDRAM、CGROM和CGRAM。

DDRAM数据显示存储器（Data Display RAM），用来寄存待显示的字符代码，共80个字节，可以显示16字×1列、20字×1列、16字×2列、20字×2列、40字×2列等模式。1602的地址和屏幕显示位置的对应关系如图4.12所示。

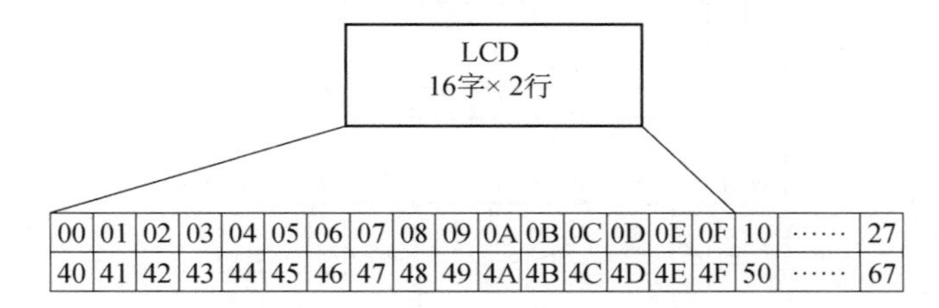

图4.12　LCD1602的地址和屏幕显示位置的对应关系

CGROM字形产生器（Character Generate ROM），是LCD1602内部的字符发生存储器，已经存储了192个不同的点阵字符图形，包括阿拉伯数字、英文字母大小写、常用符号和日文假名等，每个字符都有固定的代码。

CGRAM自建字形产生器（Character Generate RAM），用于存储自定义的字符点阵，共64B，能存储8组自定义字符的点阵数组。

3．LCD控制指令

LCD控制器HD44780（KS0066）是用低功耗CMOS技术制造的大规模点阵LCD控制器（兼具驱动器）和4位/8位微处理器相连构成的，它能使点阵式LCD显示大、小写英文字母，以及数字和符号。LCD1602液晶模块内部的控制器共有11条控制指令。LCD1602液晶模块的读/写操作、屏幕和光标的操作都是通过指令编程来实现的。LCD1602指令表如表4.4所示。

表4.4　LCD1602指令表

序号	指令	RS	RW	D7	D6	D5	D4	D3	D2	D1	D0	耗时
1	清显示	0	0	0	0	0	0	0	0	0	1	1.64ms
2	光标复位	0	0	0	0	0	0	0	0	1	*	1.64ms
3	光标和显示模式设置	0	0	0	0	0	0	0	1	I/D	S	40μs
4	显示开关控制	0	0	0	0	0	0	1	D	C	B	40μs

（续表）

序号	指令	RS	RW	D7	D6	D5	D4	D3	D2	D1	D0	耗时
5	光标或显示移位	0	0	0	0	0	1	S/C	R/L	*	*	40μs
6	功能设置	0	0	0	0	1	DL	N	F	*	*	40μs
7	字符发生器 RAM 地址设置	0	0	0	1	字符发生存储器地址						40μs
8	数据存储器 DDRAM 地址设置	0	0	1	显示数据存储器地址							40μs
9	读忙信号和光标地址	0	1	BF	计数器地址							0
10	写数据到指令 7、8 所设地址	1	0	要写的数据								40μs
11	从指令 7、8 所设地址读数据	1	1	读出的数据								40μs

指令 1：清显示，指令码 01H，光标复位到地址 00H 位置。

指令 2：光标复位，光标返回到地址 00H。

指令 3：光标和显示模式设置。设定每次写入数据后光标的移位方向，并设定每次写入字符后是否移动。

- I/D：光标移动方向，高电平右移，低电平左移。
- S：屏幕上所有文字是否左移或者右移。高电平表示有效，低电平则无效。

指令 4：显示开关控制。

- D：控制整体显示的开与关，高电平表示开显示，低电平表示关显示。
- C：控制光标的开与关，高电平表示有光标，低电平表示无光标。
- B：控制光标是否闪烁，高电平表示闪烁，低电平表示不闪烁。

指令 5：光标或显示移位。

- S/C：高电平时移动显示的文字，低电平时移动光标。
- R/L：高电平右移 1 格，AC 值加 1，低电平左移 1 格，AC 值减 1。

指令 6：功能设置。

- DL：高电平时为 8 位总线，低电平时为 4 位总线。
- N：低电平时为单行显示，高电平时为双行显示。
- F：低电平时显示 5×7 的点阵字符，高电平时显示 5×10 的点阵字符。

指令 7：字符发生器 RAM 地址设置。

指令 8：数据存储器 DDRAM 地址设置。

指令 9：读忙信号和光标地址。

- BF：为忙标志位，高电平表示忙，此时模块不能接收命令或者数据，如果为低电平则表示不忙。

指令 10：写数据到指令 7、8 所设地址。

指令 11：从指令 7、8 所设地址读数据。

4. 基本操作时序图

读操作和写操作的时序图分别如图 4.13 和图 4.14 所示。

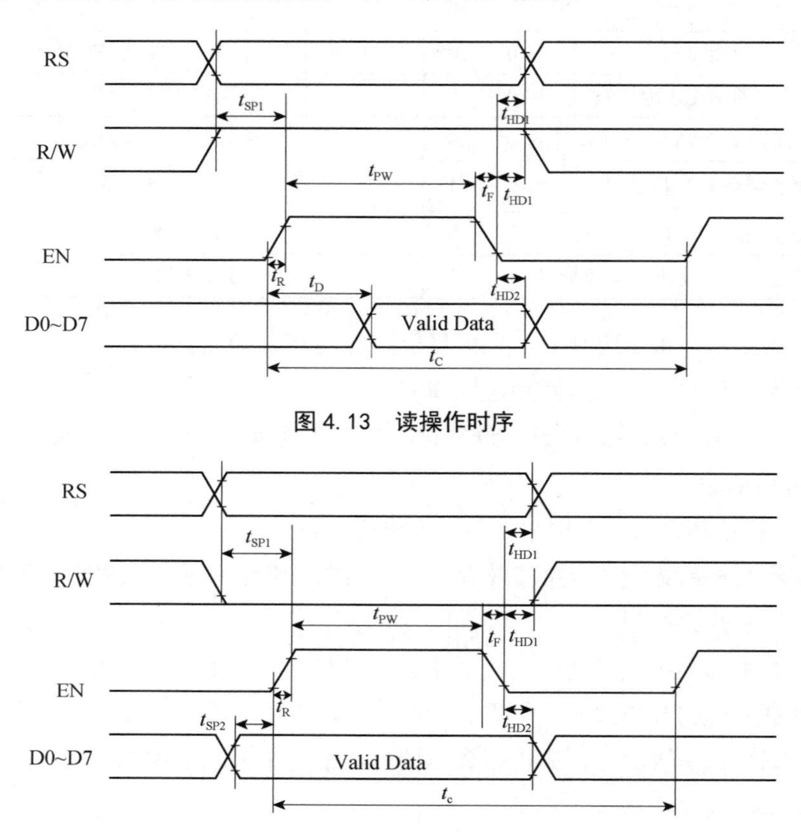

图 4.13　读操作时序

图 4.14　写操作时序

对 LCD1602 寄存器操作主要有 4 种，读状态、写指令、读数据、写数据，如表 4.5 所示。

表 4.5　LCD1602 寄存器操作

操作	输入	输出
读状态	RS=L，R/W=H，EN=H	D0～D7=状态字
写指令	RS=L，R/W=L，D0～D7=指令码，EN=高脉冲	无
读数据	RS=H，R/W=H，EN=H	D0～D7=数据
写数据	RS=H，R/W=L，D0～D7=数据，EN=高脉冲	无

5. 初始化应用

编写显示程序时，必须先进行初始化操作，否则 LCD1602 无法显示。初始化信息包括显示格式、光标开关、显示开关等。另外，因液晶显示模块是一种慢显示器件，执行指令前一定要进行忙检测。LCM 的数据模式有 8 位和 4 位（通过 DL 来设定）两种，它们的初始化过程略有差别，因一般 8 位数据模式应用比较普遍，这里仅介绍 8 位模式的初始化设定。8 位数据模式初始化步骤如图 4.15 所示。

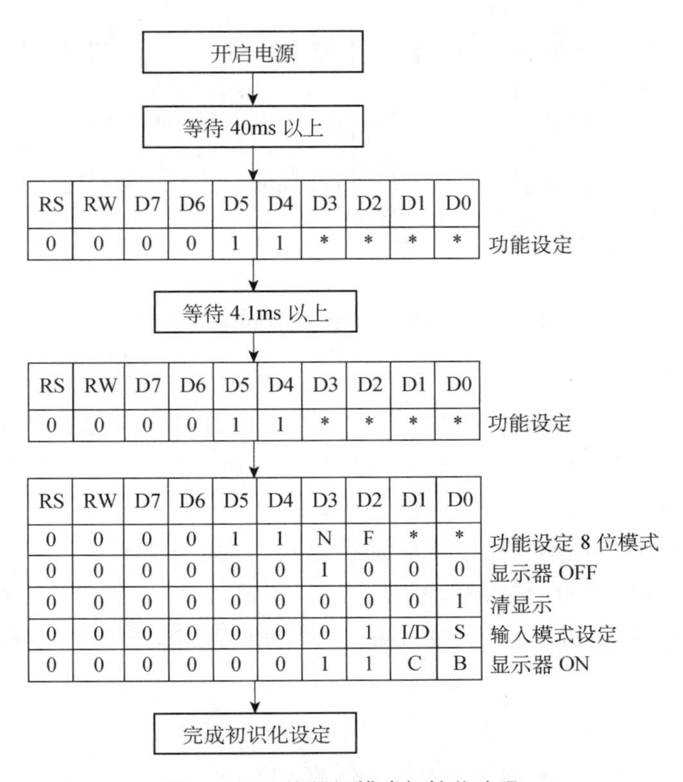

RS	RW	D7	D6	D5	D4	D3	D2	D1	D0	
0	0	0	0	1	1	*	*	*	*	功能设定

RS	RW	D7	D6	D5	D4	D3	D2	D1	D0	
0	0	0	0	1	1	*	*	*	*	功能设定

RS	RW	D7	D6	D5	D4	D3	D2	D1	D0	
0	0	0	0	1	1	N	F	*	*	功能设定 8 位模式
0	0	0	0	0	0	1	0	0	0	显示器 OFF
0	0	0	0	0	0	0	0	0	1	清显示
0	0	0	0	0	0	0	1	I/D	S	输入模式设定
0	0	0	0	0	0	1	1	C	B	显示器 ON

图 4.15　8 位数据模式初始化步骤

初始化编程示例如下：

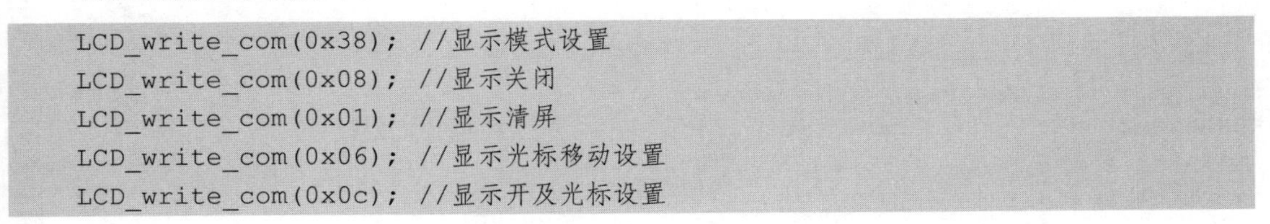

```
LCD_write_com(0x38); //显示模式设置
LCD_write_com(0x08); //显示关闭
LCD_write_com(0x01); //显示清屏
LCD_write_com(0x06); //显示光标移动设置
LCD_write_com(0x0c); //显示开及光标设置
```

1．设计搭建硬件电路

按照任务要求设计并搭建硬件电路（见图 4.16）及仿真环境。输出口可以任意选择。

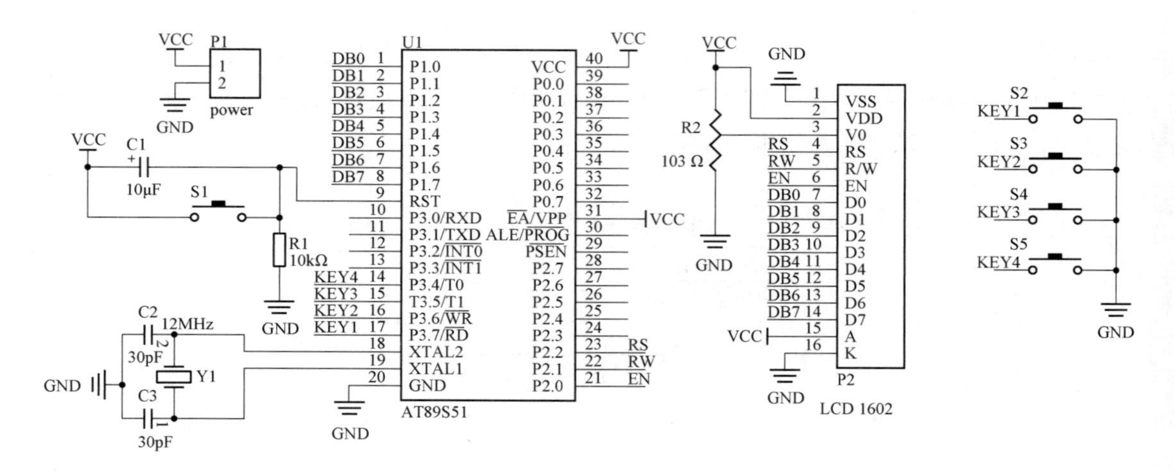

图 4.16　按键可调电子时钟电路原理图

2．搭建软件编程环境

先建立工程文件，并保存在桌面组号命名的文件夹内，再配置工程参数，包括设置晶振频率 12MHz、配置 HEX 输出文件。新建文件并添加文件，然后准备编程。

3．软件设计与编程实现

（1）利用 LCD1602 及单片机定时器实现 24 小时制电子时钟

要求掌握常见 LCD1602 液晶模块使用方法及中断处理 C 程序方法和技巧。LCD1602 应用程序主要包括基本数据、命令输入操作、初始化配置、基本显示程序等。程序示例如下：

```
#include  <at89x51.h>
#include  <string.h>
#define LCD_DAT  P1     //P1 口宏定义
sbit  LCD_EN=P2^0;  //1602 使能端
sbit  LCD_RW=P2^1;  //1602RW 端
sbit  LCD_RS=P2^2;  //1602RS 端
bit   flag_1S; //1 秒标志位
unsigned char sec,min,hour,number;
unsigned char code data0[ ]="0123456789"; //字符显示数组
/***********延时函数*******/
void delay(unsigned int z)
{
    unsigned int x,y;
    for(x=z;x>0;x--)
         for(y=120;y>0;y--);
}
/*********** LCD 写指令*****************/
void LCD_write_com(unsigned char com)
{
    LCD_RS=0;//RS、RW 为低电平，LCD_EN 由低电平跳变为高电平时，液晶写指令
    LCD_RW=0;
    LCD_EN=0;
    LCD_DAT=com;
    LCD_EN=1;
```

```
    delay(10);//延时，等待数据传输完成
    LCD_EN=0;
}
/********** LCD写数据*******/
void LCD_write_data(unsigned char dat)
{
    LCD_RS=1;//RS为高电平，RW为低电平，LCD_EN由低电平跳变为高电平时时，液晶写数据
    LCD_RW=0;
    LCD_EN=0;
    LCD_DAT=dat;
    LCD_EN=1;
    delay(5); //通过延时，等待数据传输完成
    LCD_EN=0;
}
/*********液晶初始化*****************/
void init_1602()
{
    LCD_EN=0; //初始化，RS、RW、LCD_EN为低电平
    LCD_RW=0;
    LCD_RS=0;
    LCD_write_com(0x38); //显示模式设置
    LCD_write_com(0x08); //显示关闭
    LCD_write_com(0x01); //显示清屏
    LCD_write_com(0x06); //显示光标移动设置
    LCD_write_com(0x0c); //显示开及光标设置
}
/********* LCD显示****************/
void disp_string(unsigned char addr, char *string)//显示指定位置、指定数据
{
    unsigned char len, i, k;
    len=strlen(string);     //读取字符串长度
    if(addr<0x10) //地址小于0x10时，在液晶第一行显示
    {
        LCD_write_com(0x80+addr);
        for(i=0;i<len;i++)
        {
            k=addr+i;
            if(k==0x10)
                LCD_write_com(0x80+0x40);
            LCD_write_data(*(string+i));
        }
        k=0;
    }
    else //否则在第二行显示
    {
        LCD_write_com(addr-0x10+0xC0);
        for(i=0;i<len;i++)
              LCD_write_data(*(string+i));
    }
}
/********** T0初始化***********/
void init_t0( )
{   TMOD=0X01;//定时器0，模式1
    TH0=0x3c; //定时50ms
```

```
    TL0=0xb0;
    TF0=0;  //T0 中断标志位清零
    ET0=1;
    EA=1;   //打开中断
    TR0=1;   //打开定时器 0
}
void time_chuli(void)//时间函数
{
    if(flag_1S==1) //每到一秒，执行一次
    {   flag_1S=0;
        sec++;    //秒数+1
    }
    if(sec>59)    //当秒数大于 59 时，秒数清零，分钟加 1
    {   sec=0;
        min++;
    }
    if(min>59)   //当分钟数大于 59 时，分钟数清零，小时加 1
    {   min=0;
        hour++;
    }
    if(hour>23)   //当小时数大于 23 时，小时数清零
        hour=0;
}
void timedisplay(unsigned char add, unsigned char dat)//指定位置显示时间
{
    LCD_write_com(0x80+add); //指定显示位置
   LCD_write_data(data0[dat/10]);//显示时间，十位上数据
   LCD_write_data(data0[dat%10]); //显示个位上数据
}
void display ( )//总显示
{
    timedisplay(11,sec);//显示秒
    timedisplay(8,min); //显示分
    timedisplay(5,hour);//显示小时
}
/******主函数体*******************/
void main( )
{
    init_t0( );//定时器 T0 ，初始化
    init_1602( ); //LCD_1602 初始化
    disp_string(0,"Time:00:00:00");//系统初始化显示
    while(1)
    {
        time_chuli( );//时间函数
        display();//时间数据显示
    }
}
void time_T0() interrupt 1 //T0 中断
{
    TH0=0x3c;   //定时时间到，重新为定时器赋初始值
    TL0=0xb0;
    number++;   //时间计数器
```

```
    if(number>=20)//每执行 20 中断，表示定时 1 秒到，导通 1 秒标志位
    {   number=0;
        flag_1S=1;
    }
}
```

（2）添加按键，实现时钟调整功能

按键分别为功能键，用来切换调整位置，即调整时、分、秒的选择；加键和减键，对应调整对象数据的加或减；确认键，按下表示确认，不论当前处于什么状态都保存数据，并退出开始正常工作。

单体按键只表示一层含义的时候，不需要考虑有效次数。当用来进行相关事件计数的时候就应该考虑有效性的问题了，即按下一次按键仅能有效一次。解决的办法就是利用按键有效下降沿进行处理。实现方法有两种：一是利用外部中断来实现，二是利用软件编程来实现下降沿采集。因外部中断仅两个接口，所以这里主要采用软件编程来实现。采集并保存按键连续不同时的电平，通过电平来进行是否下降沿到来的判别。为了能更好地把按键去抖动也融合在里面，一般采集保存 4 次以上的按键状态，以体现程序的实用性。这种处理方式在实际工程中应用非常广泛。

例如，定义三个临时缓存用来存放键盘的前 3 个时刻状态，当最早两个状态 temp1、temp2 为 1，且只有上一个状态 temp3 和当前状态为 0 时，才认为按键真正有效。程序示例如下：

```
    if(temp1&temp2&(~temp3)&(~key))
    {
        ---//按键有效后，执行的程序
    }
```

每采集一次按键信息，都需要更新已有状态，把最新的信息保存起来，最早一次的信息则丢弃。程序示例如下：

```
    temp1=temp2; //最早信息被次早的信息更新
    temp2=temp3;
    temp3=key2; // 保存现在的信息
```

工程应用中处理按键除了需要考虑软件去抖动和有效性问题，有时候还需要长短按键功能，这时仅仅靠按键下降沿方式就不能实现了。综合考虑上述情况，工程中还有一种常用的按键处理方法，即采用按键有效计数法实现软件去抖动和长短键功能。当检测到有按键被按下时，进行按键有效计数，计数到一定数值即为按键有效一次，如果按键继续有效，则启动短按键功能计数，每到一个固定计数值即按键有效一次。计数过程中若检测到按键无效，则所有计数值清零。按键有效计数法实现软件去抖动程序示例如下：

```
    if(key == 0)
    {
       key_count++;
       if(key_count>2000)  //去抖动，具体数值根据程序量确定
           {
               ---//按键有效后，执行的程序
```

```
            }
    }
    else
        key_count=0;//按键无效，计数值清零
```

本次可调时钟参照程序清单：

```
#include <at89x51.h>
#include <string.h>
/****LCD相关接口定义****/
#define LCD_DAT P1  //P1口宏定义
sbit LCD_EN=P2^0;  //1602使能端
sbit LCD_RW=P2^1;   //1602RW端
sbit LCD_RS=P2^2;   //1602RS端
/****按键接口定义****/
sbit KEY1=P0^0;//选项键
sbit KEY2=P0^1;//加按键
sbit KEY3=P0^2;//减按键
sbit KEY4=P0^3;//退出键
/****标志位****/
bit  flag_1S; //1秒标志位
bit flag2;    //按键修改标志位
/***去抖缓冲变量*****/
bit KEY1_temp1,KEY1_temp2,KEY1_temp3;
bit KEY2_temp1,KEY2_temp2,KEY2_temp3;
bit KEY3_temp1,KEY3_temp2,KEY3_temp3;
bit KEY4_temp1,KEY4_temp2,KEY4_temp3;

unsigned char sec,min,hour,number,fun;   //fun值为1：调小时；2：调分；3：调秒；4：退出
unsigned char code cursor_place[]={0,5,8,11};//光标闪烁位置
unsigned char code data0[]="0123456789";
/******* 延时函数*****/
void delay(unsigned int z)
{
    unsigned int x,y;
    for(x=z;x>0;x--)
        for(y=120;y>0;y--);
}
/*******LCD写指令**********/
void LCD_write_com(unsigned char com)
{
    LCD_RS=0;
    LCD_RW=0;
    LCD_EN=0;
    LCD_DAT=com;
    LCD_EN=1;
    delay(5);
    LCD_EN=0;
}
/*******LCD写数据**********/
void LCD_write_data(unsigned char dat)
{
    LCD_RS=1;
    LCD_RW=0;
```

```
    LCD_EN=0;
    LCD_DAT=dat;
    LCD_EN=1;
    delay(5);
    LCD_EN=0;
}
/********液晶初始化********/
void init_1602( )
{
    LCD_EN=0;
    LCD_RW=0;
    LCD_RS=0;
    LCD_write_com(0x38); //显示模式设置
    LCD_write_com(0x08); //显示关闭
    LCD_write_com(0x01); //显示清屏
    LCD_write_com(0x06); //显示光标移动设置
    LCD_write_com(0x0c); //显示开及光标设置
}
/******* LCD显示字符串***********/
void disp_string(unsigned char addr,char *string)
{
    unsigned char len,i,k;
    len=strlen(string);     //计算字符串大小
    if(addr<0x10)
    {
        LCD_write_com(0x80+addr);
        for(i=0;i<len;i++)
        {
            k=addr+i;
            if(k==0x10)
                LCD_write_com(0x80+0x40);
            LCD_write_data(*(string+i));
        }
        k=0;
    }
    else
    {
        LCD_write_com(addr-0x10+0xC0);
        for(i=0;i<len;i++)
              LCD_write_data(*(string+i));
    }
}

/**********T0初始化**********/
void init_t0( )
{   TMOD=0X01;
    TH0=0x3C;
    TL0=0xB0;
    TF0=0;
    ET0=1;
    EA=1;
    TR0=1;
}
/**********时间函数**********/
void time_chuli(void)
{
```

```
    if(flag_1S==1)        //秒
    {   flag_1S=0;
        sec++;
    }
    if(sec>59)            //分
    {   sec=0;
        min++;
    }
    if(min>59)            //小时
    {   min=0;
        hour++;
    }
    if(hour>23)
        hour=0;
}
/**********时间显示**********/
void timedisplay(unsigned char add,unsigned char dat)
{

    LCD_write_com(0x80+add);
   LCD_write_data(data0[dat/10]);
   LCD_write_data(data0[dat%10]);
}

void display()//总显示
{
    timedisplay(5,hour);
    timedisplay(8,min);
    timedisplay(11,sec);
}
/*********按键处理*********/
void key_scan()
{
    if (KEY1_temp1&KEY1_temp2&(~KEY1_temp3)&(~KEY1)) //光标显示位置
    {
        fun++;//通过数值确定光标位置
        if((fun>0)&(fun<4))
        {   flag2=1;
            LCD_write_com(0x80+cursor_place[fun]+1);
            LCD_write_com(0x0f);
        }
        if(fun>=4)
        {   LCD_write_com(0x0c);
            fun=0;
            flag2=0;
        }
    }
    KEY1_temp1=KEY1_temp2;  //去抖动
    KEY1_temp2=KEY1_temp3;
    KEY1_temp3=KEY1;
    if(KEY2_temp1&KEY2_temp2&(~KEY2_temp3)&(~KEY2)) //加按键
    {
        switch(fun) //通过 fun 值，确定修改某时间变量
        {   case 1 :hour++;
                    if(hour>23) hour=0;
```

```
                        timedisplay(5,hour);
                        LCD_write_com(0x80+6);
                        break;
            case 2 :min++;
                        if(min>59) min=0;
                        timedisplay(8,min);
                        LCD_write_com(0x80+9);
                        break;
            case 3 :sec++;
                        if(sec>59) sec=0;
                        timedisplay(11,sec);
                        LCD_write_com(0x80+12);
                        break;
        }
    }
    KEY2_temp1=KEY2_temp2;
    KEY2_temp2=KEY2_temp3;
    KEY2_temp3=KEY2;

    if(KEY3_temp1&KEY3_temp2&(~KEY3_temp3)&(~KEY3)) //减按键
    {
        switch(fun)
        {   case 1 :hour--;
                        if(hour>23) hour=23;
                        timedisplay(5,hour);
                        LCD_write_com(0x80+6);
                        break;
            case 2 :min--;
                        if(min>59) min=59;
                        timedisplay(8,min);
                        LCD_write_com(0x80+9);
                        break;
            case 3 :sec--;
                        if(sec>59) sec=59;
                        timedisplay(11,sec);
                        LCD_write_com(0x80+12);
                        break;
        }
    }
    KEY3_temp1=KEY3_temp2;
    KEY3_temp2=KEY3_temp3;
    KEY3_temp3=KEY3;
    if(KEY4_temp1&KEY4_temp2&(~KEY4_temp3)&(~KEY4))    //退出调时
    {
        flag2=0;
        fun=0;
        LCD_write_com(0x0c);
    }
    KEY4_temp1=KEY4_temp2;
    KEY4_temp2=KEY4_temp3;
    KEY4_temp3=KEY4;
}
/***********总初始化********/
void init( )
{
    init_t0( );
    init_1602( );
```

```
    disp_string(0,"Time:00:00:00");
}
/**********主函数体****/
void main( )
{
    init( );
    while(1)
    {   key_scan( );
        if(flag2==0)     //没有进行时间调整
        {
            time_chuli( );//时间函数
            display( );//显示
        }
    }
}
void time_T0( ) interrupt 1 //定时器 T0 中断
{
    TH0=0x3C;
    TL0=0xB0;
    number++;
    if(number>=20)
    {   number=0;
        flag_1S=1;
    }
}
```

4．对上述程序编译下载

利用仿真软件 Proteus 先进行调试，成功后，再插接下载器。打开下载软件，选择对应芯片型号，调入 HEX 文件。自动化下载即可。观察上述程序效果。

按键可调电子时钟仿真视频

5．填写任务实施评价单（附表 1）

6．拓展任务

（1）在单片机控制系统中，若用按键调整参数时每次仅有效一次，这往往会给数据配置带来一些不便。试编程实现键盘长按键功能来实现对参数的快速调整。

（2）利用 LCD1602 液晶自定义字符功能显示汉字。

1．液晶显示技术、LCD1602 指令及编程应用。

2．按键去抖动及按键有效性问题。

3．单片机中断设置及应用。

练习题

一、填空题

1. LCD1602 是一种专门用来显示字母、数字、符号等的______型液晶模块，可以显示____行，每行______个字符。

2. 为了能正确判断按键被按下及按键被按下的次数，通常采用检测按键有效______进行处理，同时融合按键去抖动功能。

二、选择题

1. LCD1602 第 2 行第一个字符对应 DDRAM 数据显示存储器的地址为（　　）。

A. 0x10　　B. 0x20　　C. 0x30　　D. 0x40

2. CGRAM 自建字形产生器，用于存储自定义的字符点阵，能存储______字节自定义字符的点阵数组。

A. 2　　B. 8　　C. 16　　D. 64

三、简答题

利用 AT89S51 单片机驱动 LCD1602，闪烁显示“Hi，LCD1602”字样。

任务四　制作上位机可调电子时钟

在很多远程监控系统中，可以通过 PC 实现对外部设备进行远程监控，不需要去现场即可了解现场信息，控制现场。这在工业控制中应用很普遍。实现远程控制就需要通信技术。通过在任务三的基础上，增加与 PC 串口的通信功能，通过 PC 实现对时钟的时间显示监视与时间调整功能。

一、串行通信技术

在计算机系统中，CPU 与外部通信的基本方式（见图 4.17）有以下两种：

- 并行通信——数据的各位同时传送。
- 串行通信——数据一位一位地按顺序传送。

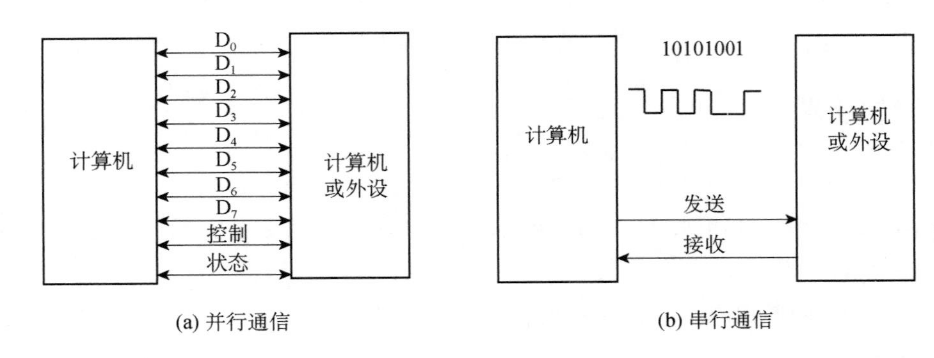

(a) 并行通信　　(b) 串行通信

图 4.17　基本通信方式

并行通信的特点为：各数据位同时传送，传送速度快、效率高。但有多少数据位就需要有多少根数据线，因此传送成本高。在集成电路芯片的内部、同一插件板上各部件之间、同一机箱内各插件板之间等的数据传送都是并行的。并行数据传送的距离通常小于30米。

串行通信的特点为：数据传送按位顺序进行，最少只需一根传输线即可完成，成本低，但速度慢。计算机与远程终端或终端与终端之间的数据传送通常都是串行的。串行数据传送的距离可以从几米到数千千米。

（一）串行通信方式

串行通信有同步通信和异步通信两种基本方式。

1. 异步通信方式（Asynchronous Communication）

在异步通信中，数据通常是以字符（或字节）为单位组成字符帧进行传送的。字符帧由发送端一帧一帧地发送，通过传输线被接收设备一帧一帧地接收。发送端和接收端可以有各自的时钟来控制数据的发送和接收，这两个时钟源彼此独立，互不同步。

在异步通信中，接收端是依靠字符帧格式来判断发送端是何时开始发送及何时结束发送的。平时，发送线为高电平（逻辑“1”），每当接收端检测到传输线上发送过来的低电平逻辑“0”（字符帧中起始位）时，就知道发送端已开始发送，每当接收端接收到字符帧中的停止位时，就知道一帧字符信息已发送完毕。

（1）字符帧（Character Frame）

字符帧也叫数据帧，由起始位、数据位、奇偶校验位和停止位四部分组成。各部分结构和功能分述如下。

①起始位：位于字符帧的开头，只占一位，始终为逻辑“0”（低电平），用于向接收设备表示发送端开始发送一帧信息。

②数据位：紧跟起始位之后，用户根据情况可取5位、6位、7位或8位，低位在前高位在后。若所传数据为ASCII字符，则常取7位。

③奇偶校验位：位于数据位后，仅占一位，用来表征串行通信中采用的是奇校验，还

是偶校验，由用户根据需要决定。

④停止位：位于字符帧的末尾，为逻辑“1”（高电平），通常可取 1 位、1.5 位或 2 位，用于向接收端表示一帧字符信息已发送完毕，也为发送下一帧字符做准备。

在串行通信中，发送端一帧一帧地发送信息，接收端一帧一帧地接收信息。两相邻字符帧之间可以无空闲位，也可以有若干空闲位，这由用户根据需要决定。异步通信字符帧如图 4.18 所示。

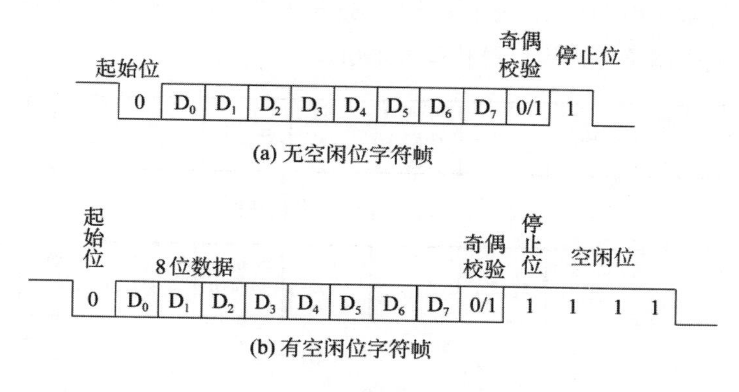

图 4.18　异步通信字符帧

（2）波特率（Daud Rate）

波特率的定义为每秒钟传送二进制数码的位数（也称比特数），单位是 bit/s，即位/秒。波特率是串行通信的重要指标，用于表征数据传输的速度。波特率越高，数据传输速度越快，但它和字符的实际传输速率不同。字符的实际传输速率是指每秒内所传字符帧的帧数，和字符帧格式有关。

例如，波特率为 1200 bit/s 的通信系统，若采用图 4.18（a）所示的字符帧，则字符的实际传输速率为

1200/11=109.09 帧/秒

若改用图 4.18（b）所示的字符帧，则字符的实际传输速率为

1200/14=85.71 帧/秒

每位的传输时间定义为波特率的倒数。例如，波特率为 1200 bit/s 的通信系统，其每位的传输时间应为 0.833 ms。波特率还和信道的频带有关。波特率越高，信道频带越宽。因此，波特率也是衡量通道频宽的重要指标，通常，工业控制中异步通信的波特率设置为 9600 bit/s。波特率不同于发送时钟和接收时钟，它通常是时钟频率的 1/16 或 1/64。

2．同步通信（Synchronous Communication）

同步通信是一种连续串行传送数据的通信方式，一次通信只传送一帧信息。这里的信息帧和异步通信中的字符帧不同，通常有若干个数据字符，如图 4.19 所示。

同步字符帧由同步字符、数据字符和校验字符三部分组成。其中，同步字符位于帧结

构的开头，用于确认数据字符的开始（接收端不断对传输线采样，并把采到的字符和双方约定的同步字符比较，只有比较成功后才会把后面接收到的字符加以存储）；数据字符在同步字符之后，个数不受限制，由所需传输的数据块长度决定；校验字符有 1～2 个，位于帧结构的末尾，用于接收端对接收到的数据字符的正确性的校验。

在同步通信中，同步字符可以采用统一标准符式，也可由用户约定。在单同步字符帧结构中，同步字符常采用 ASCII 码中规定的 SYN（即 16H）代码；在双同步字符帧结构中，同步字符一般采用国际通用标准代码 EB90H。

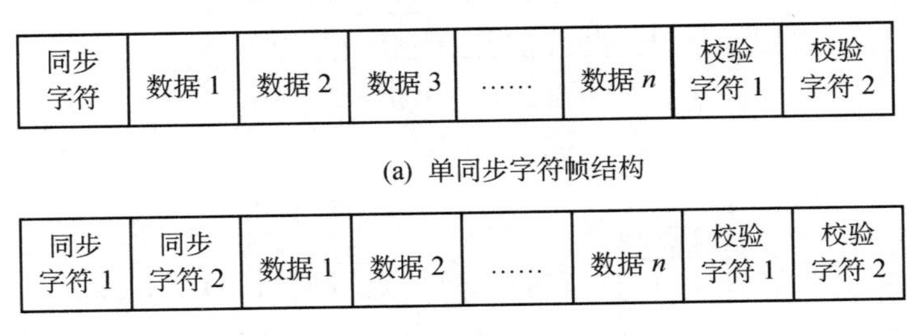

图 4.19　同步通信字符帧

3．异步通信与同步通信的特点

异步通信的优点是不需要传送同步脉冲，字符帧长度也不受限制，故所需设备简单。异步通信的缺点是字符帧中因包含起始位和停止位而降低了有效数据的传输速率。

同步通信的优点是传输速率较高，通常可达 56000bit/s 或更高。同步通信的缺点是要求发送时钟和接收时钟保持严格同步，故发送时钟除应与发送波特率保持一致外，还要求把它同时传送到接收端去。

（二）串行通信传输方式

在串行通信中，数据是在两个站之间传送的。按照数据传送方向，串行通信可分为单工、半双工和全双工三种传送方式，如图 4.20 所示。

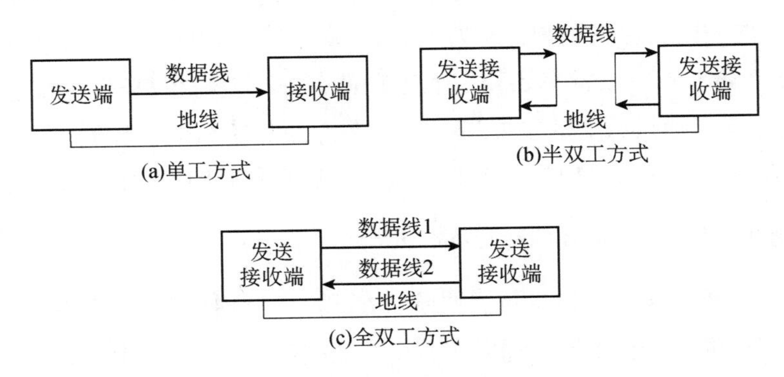

图 4.20　串行通信传输方式

1．单工方式

数据线的一端接发送端，另一端接接收端，它们形成单向连接，只允许数据按照一个固定的方向传送，即数据只能单方向传送。

2．半双工方式

系统中的每个通信设备都由一个发送器和一个接收器组成，通过收发开关接到数据线上。数据能够实现双向传送，但任何时刻只能由其中的一方发送数据，另一方接收数据。其收发开关并不是实际的物理开关，而是由软件控制的电子开关，数据线两端通过半双工协议进行功能切换。

3．全双工方式

系统的每端都含有发送器和接收器，数据可以同时在两个方向上传送。

尽管许多串行通信接口电路具有全双工功能，但在实际应用中，大多数情况下只工作于半双工方式，即两个工作站通常并不同时收发。这种用法并无害处，虽然没有充分发挥效率，但简单、实用。

二、RS-232 串行通信

RS-232C 是由美国电子工业协会（EIA）正式公布的，在异步串行通信中应用最广泛的标准总线。它对电气特性、逻辑电平和各种信号线功能都做了明确规定。

在 TXD 和 RXD 引脚上电平定义：逻辑 1（MARK）＝-15～-3V；逻辑 0（SPACE）＝＋3～＋15V。

在 RTS、CTS、DSR、DTR 和 DCD 等控制线上电平定义：信号有效（接通，ON 状态，正电压）为+3～+15V；信号无效（断开，OFF 状态，负电压）为-15～-3V。

RS-232C 通信接口有 DB9 连接器和 DB25 连接器，大多采用 DB9 连接器。DB9 连接器物理接口如图 4.21 所示。RS-232 接口引脚定义如表 4.6 所示。

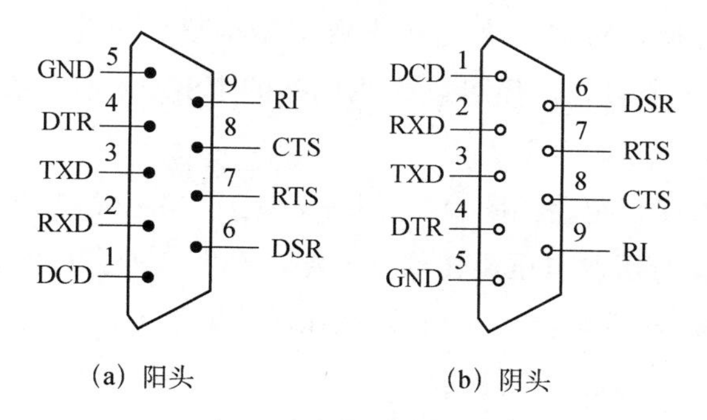

图 4.21　DB9 连接器物理接口

表 4.6　RS-232 接口引脚定义

9 针 RS-232 串口（DB9）			25 针 RS-232 串口（DB25）		
引脚	简写	功能说明	引脚	简写	功能说明
1	DCD	载波侦测（Carrier Detect）	8	DCD	载波侦测（Carrier Detect）
2	RXD	接收数据（Receive）	3	RXD	接收数据（Receive）
3	TXD	发送数据（Transmit）	2	TXD	发送数据（Transmit）
4	DTR	数据终端准备（Data Terminal Ready）	20	DTR	数据终端准备（Data Terminal Ready）
5	GND	地线（Ground）	7	GND	地线（Ground）
6	DSR	数据准备好（Data Set Ready）	6	DSR	数据准备好（Data Set Ready）
7	RTS	请求发送（Request To Send）	4	RTS	请求发送（Request To Send）
8	CTS	清除发送（Clear To Send）	5	CTS	清除发送（Clear To Send）
9	RI	振铃指示（Ring Indicator）	22	RI	振铃指示（Ring Indicator）

在不使用调制解调器（MODEM）时，RS-232 能够可靠地进行数据传输的最大通信距离为 15m，对于 RS-232 远程通信，必须通过调制解调器进行远程通信连接。串行端口的传输速率一般都可以达到 115 200bit/s 甚至更高，标准串口能够提供的传输速率主要有以下波特率：1 200、2 400、4 800、9 600、19 200、38 400、57 600、115 200bit/s 等，在仪器仪表或工业控制场合，9 600bit/s 是最常见的传输速率，在传输距离较近时，使用最高传输速率也是可以的。传输距离与传输速率的关系成反比，适当地降低传输速率可以延长 RS-232 的传输距离，提高通信的稳定性。

RS-232C 规定的逻辑电平与 TTL 电平是不同的，因此，单片机系统要和 PC 的 RS-232 接口进行通信，就必须使 TTL 电平和 RS-232C 电平相互转换。目前较为广泛地使用专用电平转换芯片，如 MC1488、MC1489、MAX232 等电平转换芯片来实现 EIA 到 TTL 电平的转换。MAX232 是单电源双 RS-232 发送/接收芯片，采用单一+5V 电源供电，只需外接 4 个电容，便可以构成标准的 RS-232 通信接口，硬件接口简单，所以被广泛采用。

单片机和 RS-232 接口电路如图 4.22 所示，采用 MAX232CPE 芯片，图中的 C1、C2、C3、C4 是电荷泵升压及电压反转部分电路，产生 V+、V−电源供 EIA 电平转换使用，C5 是 VCC 对地去耦电容，其值为 0.1μF，电容 C1～C5 安装时必须尽量靠近 MAX232 芯片引脚，以提高抗干扰能力。

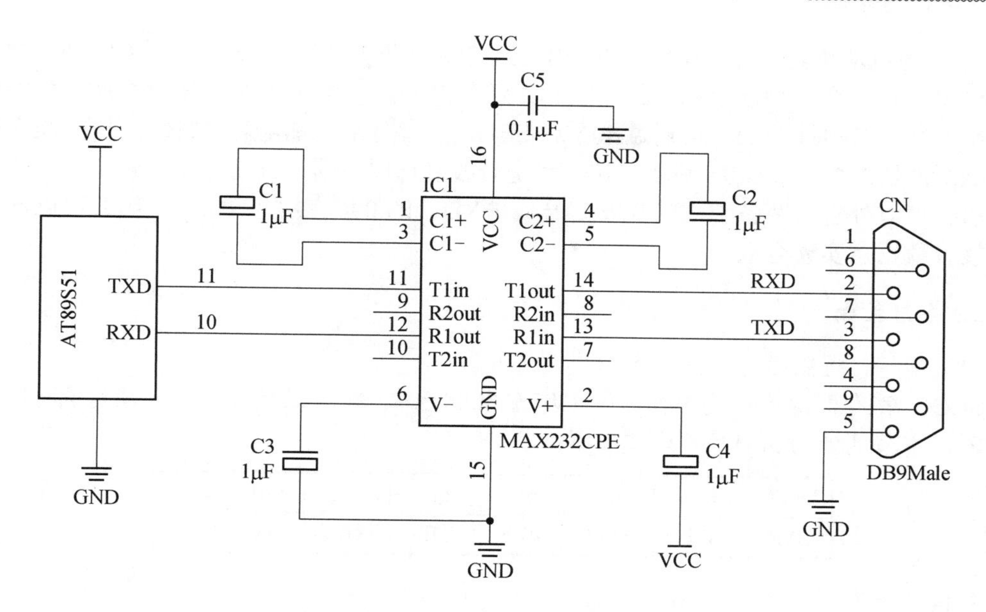

图 4.22　单片机和 RS-232 接口电路

三、AT89S51 单片机串行口

1. AT89S51 单片机串口结构

AT89S51 单片机有两个独立的接收、发送缓冲器 SBUF（属于特殊功能寄存器），一个用作发送，一个用作接收。发送缓冲器只能写入不能读出；接收缓冲器只能读出不能写入，两者共用一个字节地址（99H）。51 单片机串行接口结构如图 4.23 所示。

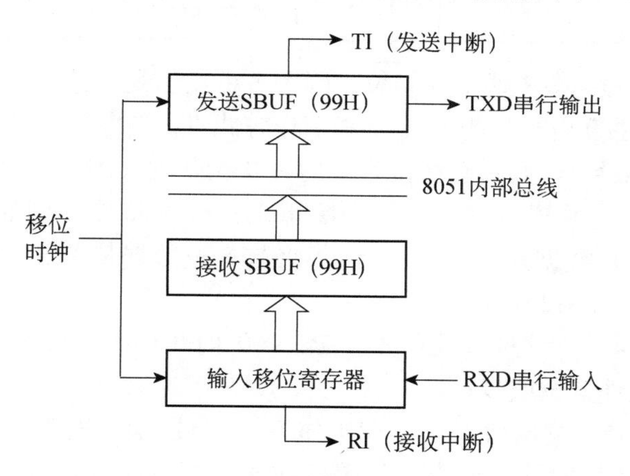

图 4.23　51 单片机串行接口结构

在发送时，CPU 由一条写发送缓冲器的指令把数据（字符）写入串行口的发送缓冲器 SBUF（发）中，然后从 TXD 端一位一位地向外发送。与此同时，接收端 RXD 也可一位一位地接收数据，直到收到一个完整的字符数据后通知 CPU，再用一条指令把接收缓冲器 SBUF（收）的内容读入累加器。可见，在整个串行收发过程中，CPU 的操作时间很短，使得 CPU 还可以从事其他各种操作（指工作在中断方式下），从而大大提高了 CPU 的效率。

SBUF 是两个在物理上独立的接收、发送缓冲器，可同时发送、接收数据。两个缓冲器只用一个字节地址 99H，可通过指令对 SBUF 的读写来区别是对接收缓冲器的操作还是对发送缓冲器的操作。CPU 写 SBUF，就是修改发送缓冲器；读 SBUF，就是读接收缓冲器。串行口对外也有两条独立的收发信号线 RXD（P3.0）、TXD（P3.1），因此可以同时发送、接收数据，实现全双工。

2．串行控制

（1）串行口控制寄存器 SCON

SCON 寄存器用来控制串行口的工作方式和状态，它可以是位寻址。在复位时所有位被清零，字节地址为 98H。其格式如下：

bit7	bit6	bit5	bit4	bit3	bit2	bit1	bit0
SM0	SM1	SM2	REN	TB8	RB8	TI	RI

各位功能说明如下。

- SM0、SM1（SCON.7、SCON.6）：控制串行口方式，串行工作方式配置如表 4.7 所示。

表 4.7　串行工作方式配置

SM0	SM1	工作方式	功能简述	波特率
0	0	工作方式 0	8 位同步移位寄存器	$f_{osc}/12$
0	1	工作方式 1	10 位 UART	可变
1	0	工作方式 2	11 位 UART	$f_{osc}/32$ 或 $f_{osc}/64$
1	1	工作方式 3	11 位 UART	可变

- SM2（SCON.5）：多机通信控制位。因为多机通信是在工作方式 2 和工作方式 3 下进行的，因此 SM2 主要用于工作方式 2 和工作方式 3。当串行口以工作方式 2 和工作方式 3 接收数据时，SM2=1，则只有在接收到的第 9 位数据（RB8）为 1 时才将接收到的前 8 位数据送入 SBUF，并置位 RI 产生中断请求；否则将接收到的前 8 位数据丢弃。SM2=0，则不论第 9 位数据是 0，还是 1，都将前 8 位数据装入 SBUF 中，并产生中断请求。在工作方式 0 时，SM2 必须为 0。
- REN（SCON.4）：允许接收控制位。REN=0 时禁止串行口接收；REN=1 时允许串行口接收，该位由软件置位或复位。
- TB8（SCON.3）：发送数据位。在工作方式 2 或工作方式 3 时，TB8 是发送数据的第 9 位，根据发送数据的需要由软件置位或复位，可作为奇偶校验位（单机通信），也可在多机通信中作为发送地址帧或数据帧的标志位。多机通信时，一般约定：发送地址帧时，设置 TB8=1；发送数据帧时，设置 TB8=0。在工作方式 0 和工作方式 1 中，该位未用。
- RB8（SCON.2）：接收数据位。在工作方式 2 和工作方式 3 时，存放接收数据的第 9 位，可以是约定的奇偶校验位，也可以是约定的地址/数据标志位。可根据 RB8 被置位的情况对接收到的数据进行某种判断。在多机通信时，若 RB8=1，说明收到的数据为地址帧；RB8=0，说明收到的数据为数据帧。在工作方式 1 下，若 SM2=0，则 RB8 用于存放接收到的停止位方式。工作方式 0 下，该位未用。

● TI（SCON.1）：发送中断标志位，用于指示一帧数据发送完否。在工作方式 0 下，发送电路发送完第 8 位数据时，TI 由硬件置位。在其他方式下，TI 在发送电路开始发送停止位时置位，这就是说，TI 在发送前必须由软件复位，发送完一帧后由硬件置位。因此，CPU 查询 TI 状态便可知一帧信息是否已发送完毕。

● RI（SCON.0）：接收中断标志位，用于指示一帧信息是否接收完。在工作方式 1 下，RI 在接收电路接收到第 8 位数据时由硬件置位。在其他方式下，RI 是在接收电路接收到停止位的中间位置时置位的，RI 也可供 CPU 查询，以决定 CPU 是否需要从“SBUF（接收）”中提取接收到的字符或数据。RI 也可由软件复位。

（2）电源控制寄存器 PCON

PCON 寄存器主要是为 CHMOS 型单片机的电源控制设置的专用寄存器，单元地址为 87H，不能位寻址。其格式如下：

bit7	bit6	bit5	bit4	bit3	bit2	bit1	bit0
SMOD	/	/	/	GF1	GF0	PD	IDL

各位定义如下。

● SMOD：串行口波特率的倍增位。工作在工作方式 1、工作方式 2 和工作方式 3 时，SMOD=1，串行口波特率提高一倍；SMOD=0，则波特率不加倍。系统复位时，SMOD=0。

● GF1、GF0：做一般用途标记。

● PD：掉电模式（Power Down Mode）。PD=1，CHMOS 版本单片机进入掉电模式。除了内部 RAM 的内容保持不变外，所有功能都停止工作。唤醒的唯一方法就是复位重启，重置特殊功能寄存器内容，同时 PD 清 0。

● IDL：空闲模式（Idle Mode）。IDL=1，CHMOS 版本单片机进入空闲模式。CPU 停止工作，串口、定时/计数器、中断系统仍正常工作，CPU、内部 RAM、特殊功能寄存器内容保持不变，输出口状态保持不变。有两种方式可以脱离空闲模式：一是中断产生中断请求时，会清除 IDL，使 CPU 恢复正常工作，去执行中断程序；二是复位重启，清 IDL。

3．AT89S51 串行工作方式

（1）工作方式 0

串行接口工作方式 0 为同步移位寄存器方式，其波特率是固定的，为 f_{osc}（振荡频率）的 1/12。工作方式 0 工作时序如图 4.24 所示。

● 工作方式 0 发送。数据从 RXD 引脚串行输出，TXD 引脚输出同步脉冲。当一个数据写入串行口发送缓冲器时，串行口将 8 位数据以 $f_{osc}/12$ 的固定波特率从 RXD 引脚输出，从低位到高位。发送后置中断标志 TI 为 1，请求中断，在再次发送数据之前，必须用软件将 TI 清零。

● 工作方式 0 接收。在满足 REN=1 和 RI=0 的条件下，串行口处于工作方式 0 输入。此时，RXD 为数据输入端，TXD 为同步信号输出端，接收器也以 $f_{osc}/12$ 的波特率对

RXD 引脚输入的数据信息进行采样。当接收器接收完 8 位数据后，置中断标志 RI=1 为请求中断，在再次接收之前，必须用软件将 RI 清零。

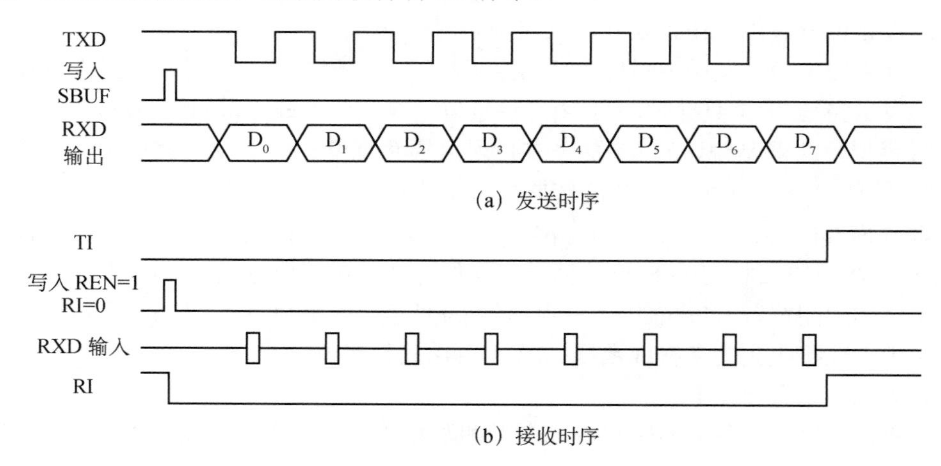

图 4.24　工作方式 0 工作时序

在工作方式 0 工作时，必须使 SCON 寄存器中的 SM2 位为“0”，这并不影响 TB8 位和 RB8 位。工作方式 0 发送或接收完数据后由硬件置位 TI 或 RI，CPU 在响应中断后要用软件清除 TI 或 RI 标志。

（2）工作方式 1

工作方式 1 时，串行口被设置为波特率可变的 8 位异步通信接口。工作方式 1 工作时序图如图 4.25 所示。

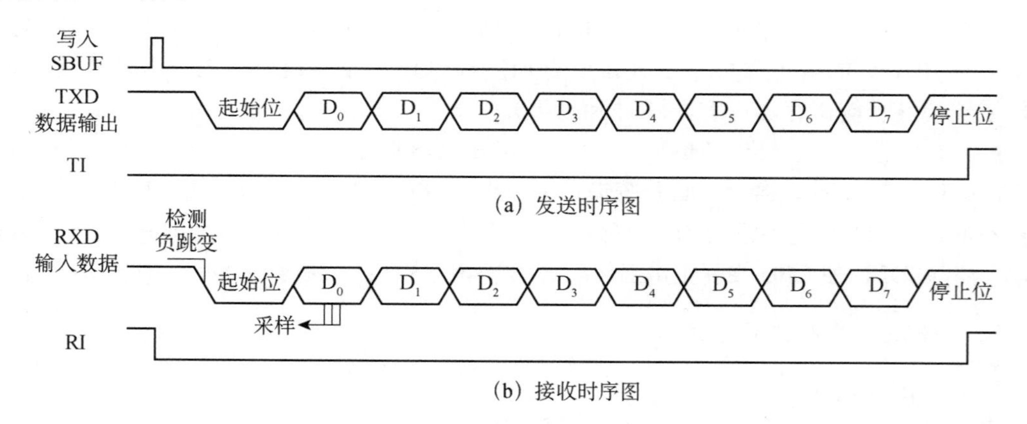

图 4.25　工作方式 1 工作时序图

● 工作方式 1 发送。串行口以工作方式 1 发送数据时，数据位由 TXD 端输出，1 帧信息包含 10 位，即 1 位起始位、8 位数据位（先低位后高位）和 1 个停止位“1”。CPU 执行一条数据写入发送缓冲器 SBUF 的指令，就启动发送器发送数据。发送完数据后，就置中断标志 TI 为 1。工作方式 1 所传送的波特率取决于定时器 T1 的溢出率和特殊功能寄存器 PCON 中 SMOD 的值。

● 工作方式 1 接收。当串行口工作在工作方式 1 下，且 REN=1 时，串行口处于工作方式 1 的输入状态。它以所选波特率的 16 倍的速率对 RXD 引脚状态进行采样。当采样到由 1 到 0 的负跳变时，启动接收器，接收的值是 3 次采样中至少两次相同的值，以保证可靠无误。当检测到起始位有效时，开始接收一帧的其余信息。一帧信息包含 10 位，即一位起始位、8 位数据位（先低位后高位）和一个停止位“1”。使用工作方式 1 接收时，必须同时满足以下两个条件，即 RI=0 和停止位为 1 或 SM2=0。若满足条件则接收数据进入 SBUF，停止位进入 RB8，并置中断请求标志 RI 为 1。若上述两个条件不满足，则接收数据丢失，不再恢复。这时将重新检测 RXD 上 1 到 0 的负跳变，以接收下一帧数据。中断标志也必须由用户在中断服务程序中清零。

（3）工作方式 2

串行口工作在工作方式 2 下时，被定义为 9 位异步通信接口。工作方式 2 工作时序图如图 4.26 所示。

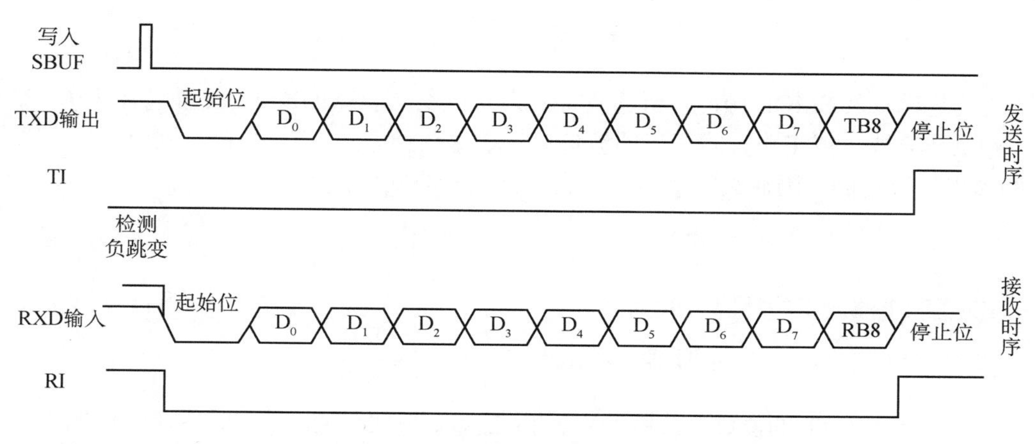

图 4.26　工作方式 2 工作时序图

● 工作方式 2 发送。发送数据由 TXD 端输出，一帧信息包含 11 位，即一位起始位（0）、8 位数据位（先低位后高位）、一位附加可控位（1 或 0）和一位停止位“1”。附加的第 9 位数据为 SCON 中的 TB8，它由软件置位或清零，可作为多机通信中地址 / 数据信息的标志位，也可作为数据的奇偶校验位。以 TB8 作为奇偶校验位，处理方法为数据写入 SBUF 之前，先将数据的奇偶位写入 TB8。CPU 执行一条写 SBUF 的命令后，便立即启动发送器发送，送完一帧信息后，TI 被置 1，再次向 CPU 申请中断。因此在进入中断服务程序后，在发送完一帧数据之前，必须将 TI 清零。

● 工作方式 2 接收。当串行口置为工作方式 2，且 REN=1 时，串行口以工作方式 2 接收数据。工作方式 2 的接收与工作方式 1 基本相似。数据由 RXD 端输入，接收 11 位信息，其中，一位起始位（0）、8 位数据位（先低位后高位）、一位附加可控位（1 或 0）和一位停止位“1”。当采样到 RXD 端由 1 到 0 的负跳变，并判断起始位有效后，便开始接收一帧信息。当接收器接收到第 9 位数据后，当 RI=0 且 SM2=0 或接收到的第 9 位数据为 1 时，将收到的数据送入 SBUF（接收数据缓冲器），第 9 位数据送入 RB8，并将 RI 置 1。若附加的第 9 位为奇偶校验位，在接收中断服务程序中应做检验。

（4）工作方式 3

工作方式 3 为波特率可变的 9 位异步通信方式，除了波特率有所区别之外，其余都与工作方式 2 相同。

4．串行口初始化步骤

（1）串口控制寄存器 SCON 的确定

根据工作方式确定 SM0，SM1 位，对于工作方式 2 和工作方式 3 则还要确定 SM2 位；如果是接收端，则置位允许接收端 REN；工作方式 2 和工作方式 3 发送数据，则将发送数据的第 9 位写入 TB8 中。

（2）设置波特率

- 在工作方式 0 下，串行口通信的波特率是固定的，其值为 $f_{osc}/12$（f_{osc} 为主机频率）。
- 在工作方式 2 下，通信波特率为 $f_{osc}/32$ 或 $f_{osc}/64$。用户可以根据 PCON 中 SMOD 位的状态来驱使串行口在哪个波特率下工作，选定公式为：

$$波特率=\frac{2^{SMOD}}{64}f_{osc}$$

这就是说，若 SMOD=0，则所选波特率为 $f_{osc}/64$；若 SMOD=1，则波特率为 $f_{osc}/32$。

- 工作方式 1 或工作方式 3 下的波特率。在这两种方式下，串行口波特率是由定时器 T1 的溢出率决定的，因而波特率也是可变的，相应公式为：

$$波特率=\frac{2^{SMOD}}{32}\cdot 定时器T1溢出率$$

定时器 T1 溢出率的计算公式为：

$$定时器T1溢出率=\frac{f_{osc}}{12}\left(\frac{1}{2^{K}-初值}\right)$$

式中，K 为定时器 T1 的位数，它和定时器 T1 的设定方式有关。若定时器 T1 工作在工作方式 0，则 K=13；若定时器 T1 工作在工作方式 1，则 K=16；若定时器 T1 工作在工作方式 2 或 3，则 K=8。

常用波特率计算表如表 4.8 所示。

表 4.8　常用波特率计算表

串行口		晶振频率/MHz	SMOD	定时器 T1		
工作方式	波特率/bps			C/T	工作模式	初始值
工作方式 0	1000000	12	×	×	×	×
工作方式 2	375000	12	1	×	×	×
工作方式 1 和 工作方式 3	62500	12	1	0	2	0FFH
	9600	12	1	0	2	0F9H
	2400	12	0	0	2	0F3H
	1200	12	0	0	2	0E6H
	19200	11.0592	1	0	2	0FDH
	9600	11.0592	0	0	2	0FDH
	2400	11.0592	0	0	2	0F4H
	1200	11.0592	0	0	2	0E8H

1．设计搭建硬件电路

按照任务要求设计并搭建硬件电路（见图 4.27）及仿真环境。输出口可以任意选择。

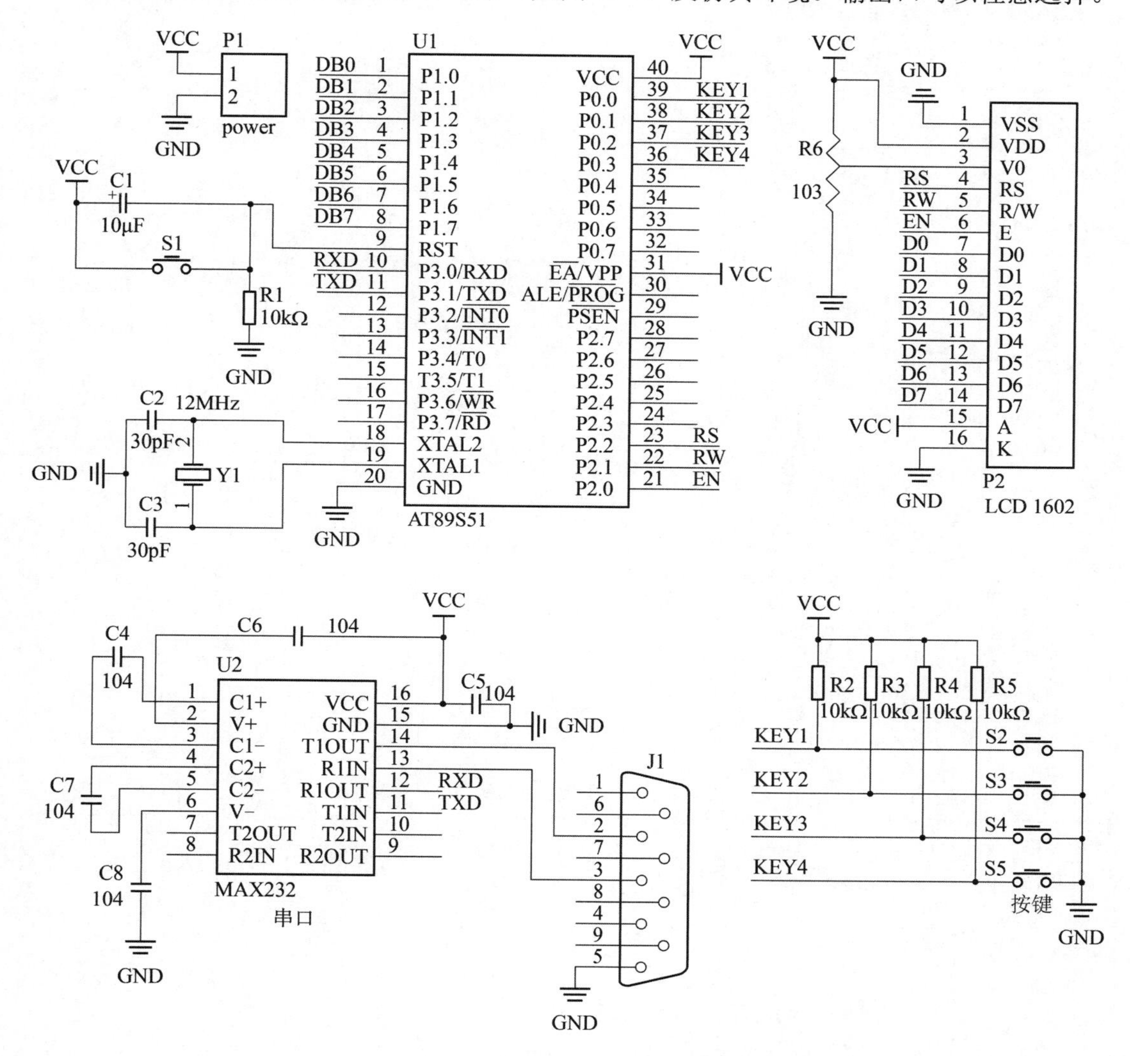

图 4.27 上位机可调电子时钟电路原理图

2．搭建软件编程环境

先建立工程文件，并保存在桌面组号命名的文件夹内，再配置工程参数，包括设置晶振频率 12MHz、配置 HEX 输出文件。新建文件并添加文件，然后准备编程。

3．软件设计与编程实现

（1）在上位机利用串口调试助手发送信息到单片机。单片机接收后用 LCD1602 将信息显示出来，同时把接收到的信息发回上位机。程序示例如下：

```
#include <at89x52.h>
#define LCD_DAT P1  //P1 口宏定义
sbit LCD_EN=P2^0;  //1602 使能端
sbit LCD_RW=P2^1;   //1602RW 端
sbit LCD_RS=P2^2;   //1602RS 端
unsigned char code data0[]="0123456789";
unsigned char rxdata;
/*******延时函数*********/
void delay(unsigned int z)
{
    unsigned int x,y;
    for(x=z;x>0;x--)
        for(y=120;y>0;y--);
}
/******LCD 写指令******/
void LCD_write_com(unsigned char com)
{
    LCD_RS=0;
    LCD_RW=0;
    LCD_EN=0;
    LCD_DAT=com;
    LCD_EN=1;
    delay(5);
    LCD_EN=0;
}
/*************************************
     LCD 写数据*/
void LCD_write_data(unsigned char dat)
{
    LCD_RS=1;
    LCD_RW=0;
    LCD_EN=0;
    LCD_DAT=dat;
    LCD_EN=1;
    delay(5);
    LCD_EN=0;
}
/********液晶初始化********/
void init_1602( )
{
    LCD_EN=0;
    LCD_RW=0;
    LCD_RS=0;
    LCD_write_com(0x38); //显示模式设置
    LCD_write_com(0x08); //显示关闭
    LCD_write_com(0x01); //显示清屏
    LCD_write_com(0x06); //显示光标移动设置
    LCD_write_com(0x0c); //显示光标设置
}
/************数据显示 ************/
void display(unsigned char add,unsigned char dat)
{

    LCD_write_com(0x80+add);
```

```
    LCD_write_data(data0[dat/10]);
    LCD_write_data(data0[dat%10]);
}
/*******T1 初始化*******/
void init_t1()
{   SCON=0x50;//串口通信模式 1
    TMOD=0x21;//定时器 1, 模式 2, 自动装载模式
    PCON=0x00;//电源控制寄存器
    TH1=0Xf3; //波特率 2400
    TL1=0XF3;
    ES=1;     //串口中断打开
    EA=1;
    TR1=1;
}
/*******主函数体****/
void main()
{
    init_t1( ); //T1 初始化
    init_1602( );//1602 初始化
    while(1)
    {
        display(0,rxdata);//显示
    }
}
void ZD1() interrupt 4 //串口中断函数
{
    ES=0; //中断关闭
    if(TI) //数据发送
        TI=0;//发送中断标志位清 0
    if(RI)//接收数据
    {
        RI=0; //接收中断标志位清 0
        rxdata=SBUF; //串行口接收数据
        SBUF=rxdata;
    }
    ES=1;//中断打开
}
```

（2）利用上机控制调整本项目任务三中的 24 小时制电子时钟。程序示例如下：

```
#include  <at89x51.h>
#include <string.h>
#define LCD_DAT P1  //P1 口宏定义
sbit LCD_EN=P2^0;  //1602 使能端
sbit LCD_RW=P2^1;   //1602RW 端
sbit LCD_RS=P2^2;   //1602RS 端
sbit KEY1=P0^0;//选项键
sbit KEY2=P0^1;//加按键
sbit KEY3=P0^2;//减按键
sbit KEY4=P0^3;//退出键
bit  flag_1S; //1 秒标志位
bit  flag2;    //按键修改标志位
```

```
bit KEY1_TEMP1,KEY1_TEMP2,KEY1_TEMP3;//去抖缓冲变量
bit KEY2_TEMP1,KEY2_TEMP2,KEY2_TEMP3;
bit KEY3_TEMP1,KEY3_TEMP2,KEY3_TEMP3;
bit KEY4_TEMP1,KEY4_TEMP2,KEY4_TEMP3;
unsigned char sec,min,hour,number,fun;      //fun 值：1 小时；2 调分；3 调秒；4 退出
unsigned char code cursor_place[]={0,5,8,11};//光标闪烁位置
unsigned char code data0[]="0123456789";
unsigned char RX_Data[]={0,0,0,0,0};
unsigned char num=0;//串行接收数据存储，数据顺序标志（0×55）、时、分、秒
/******延时函数***********/
void delay(unsigned int z)
{
    unsigned int x,y;
    for(x=z;x>0;x--)
         for(y=120;y>0;y--);
}
/******LCD 写指令********/
void LCD_write_com(unsigned char com)
{
    LCD_RS=0;
    LCD_RW=0;
    LCD_EN=0;
    LCD_DAT=com;
    LCD_EN=1;
    delay(5);
    LCD_EN=0;
}
/******LCD 写数据*******/
void LCD_write_data(unsigned char dat)
{
    LCD_RS=1;
    LCD_RW=0;
    LCD_EN=0;
    LCD_DAT=dat;
    LCD_EN=1;
    delay(5);
    LCD_EN=0;
}
/******LCD 显示********/
void disp_string(unsigned char addr,char *string)
{
    unsigned char len,i,k;
    len=strlen(string);     //计算字符串大小
    if(addr<0x10)
    {
        LCD_write_com(0x80+addr);
        for(i=0;i<len;i++)
        {
            k=addr+i;
            if(k==0x10)
                LCD_write_com(0x80+0x40);
            LCD_write_data(*(string+i));
        }
        k=0;
    }
    else
    {
```

```
        LCD_write_com(addr-0x10+0xC0);
        for(i=0;i<len;i++)
            LCD_write_data(*(string+i));
    }
}
/*******液晶初始化*******/
void init_1602( )
{
    LCD_EN=0;
    LCD_RW=0;
    LCD_RS=0;
    LCD_write_com(0x38); //显示模式设置
    LCD_write_com(0x08); //显示关闭
    LCD_write_com(0x01); //显示清屏
    LCD_write_com(0x06); //显示光标移动设置
    LCD_write_com(0x0c); //显示光标设置
}
/*******T0、T1 初始化*******/
void init_t1()
{   SCON=0X50;//串口通信模式 1
    TMOD=0X21;//定时器 1，模式 2，自动装载定时器 0，模式 1
    PCON=0X00;//电源控制寄存器
    TH0=0x3c;
    TL0=0xb0;
    TH1=0Xf3; //波特率 2400 F3
    TL1=0XF3;
    TF0=0;
    ET0=1;
    ES=1;      //串口中断打开
    EA=1;
    TR0=1;
    TR1=1;     //定时器打开
}
void time_chuli(void)//时间函数
{
    if(flag_1S==1)        //秒
    {   flag_1S=0;
        sec++;
    }
    if(sec>59)            //分
    {   sec=0;
        min++;
    }
    if(min>59)            //小时
    {   min=0;
        hour++;
    }
    if(hour>23)
        hour=0;
}
void timedisplay(unsigned char add,unsigned char dat)//时间显示
{
    LCD_write_com(0x80+add);
    LCD_write_data(data0[dat/10]);
```

```
    LCD_write_data(data0[dat%10]);
}

void display()//总显示
{
    timedisplay(5,hour);
    timedisplay(8,min);
    timedisplay(11,sec);
}
/*******按键处理*********/
void key_scan()
{

    if (KEY1_TEMP1&KEY1_TEMP2&(~KEY1_TEMP3)&(~KEY1)) //光标显示位置
    {
        fun++;//通过数值确定光标位置
        if((fun>0)&(fun<4))
        {   flag2=1;
            LCD_write_com(0x80+cursor_place[fun]+1);
            LCD_write_com(0x0f);
        }
        if(fun>=4)
        {   LCD_write_com(0x0c);
            fun=0;
            flag2=0;
        }

    }
    KEY1_TEMP1=KEY1_TEMP2;  //去抖动
    KEY1_TEMP2=KEY1_TEMP3;
    KEY1_TEMP3=KEY1;
    if(KEY2_TEMP1&KEY2_TEMP2&(~KEY2_TEMP3)&(~KEY2)) //加按键
    {
        switch(fun) //通过 fun 值，确定修改某时间变量
        {

            case 1 :hour++;
                    if(hour>23) hour=0;
                    timedisplay(5,hour);
                    LCD_write_com(0x80+6);
                    break;
            case 2 :min++;
                    if(min>59) min=0;
                    timedisplay(8,min);
                    LCD_write_com(0x80+9);
                    break;
            case 3 :sec++;
                    if(sec>59) sec=0;
                    timedisplay(11,sec);
                    LCD_write_com(0x80+12);
                    break;
        }
    }
    KEY2_TEMP1=KEY2_TEMP2;
    KEY2_TEMP2=KEY2_TEMP3;
```

```
    KEY2_TEMP3=KEY2;

    if(KEY3_TEMP1&KEY3_TEMP2&(~KEY3_TEMP3)&(~KEY3))  //减按键
    {
        switch(fun)
        {

            case 1 :hour--;
                    if(hour>23) hour=23;
                    timedisplay(5,hour);
                    LCD_write_com(0x80+6);
                    break;
            case 2 :min--;
                    if(min>59) min=59;
                    timedisplay(8,min);
                    LCD_write_com(0x80+9);
                    break;
            case 3 :sec--;
                    if(sec>59) sec=59;
                    timedisplay(11,sec);
                    LCD_write_com(0x80+12);
                    break;
        }
    }
    KEY3_TEMP1=KEY3_TEMP2;
    KEY3_TEMP2=KEY3_TEMP3;
    KEY3_TEMP3=KEY3;
    if(KEY4_TEMP1&KEY4_TEMP2&(~KEY4_TEMP3)&(~KEY4))     //退出调时
    {
        flag2=0;
        fun=0;
        LCD_write_com(0x0c);
    }
    KEY4_TEMP1=KEY4_TEMP2;
    KEY4_TEMP2=KEY4_TEMP3;
    KEY4_TEMP3=KEY4;
}

/********总初始化*******/
void init()
{
    init_t1();
    init_1602();
    disp_string(0,"TiMe:00:00:00");
}
/********主函数体******/
void main()
{
    init();
    while(1)
    {   key_scan();
        if(flag2==0)
        {
            time_chuli();//时间函数
            if(RX_Data[0]==0x55)//串口数据有效判断，开始标志
            {  RX_Data[0]=0x00; //数据取出后，数据清标志
```

```
            if((RX_Data[1]<24)&&(RX_Data[2]<60)&&(RX_Data[3]<60))//时间有效
                {   hour=RX_Data[1];
                    min=RX_Data[2];
                    sec=RX_Data[3];
                }
}
            display();//显示
        }
    }
}
void time_T0() interrupt 1 //定时器 T0 中断
{
    TH0=0x3C;
    TL0=0xB0;
    number++;
    if(number>=20)
    {   number=0;
        flag_1S=1;
    }
}
void ZD1() interrupt 4 //串口中断函数
{
    ES=0;  //中断关闭
    if(TI) //数据发送
    {
        TI=0;//发送中断标志位清 0
    }
    if(RI)//接收数据
    {
        RI=0; //接收中断标志位清 0
        RX_Data[num]=SBUF; //串行口数据寄存器（SBUF）将数据传送到变量 rxdata
        SBUF=RX_Data[num];
        num++;
        if(num>=4)
            num=0;
    }
    ES=1;//中断打开
}
```

思考：如果发送的数据非标准编码，应该怎么去防止错误发生?

4．对上述程序编译下载

利用仿真软件 Proteus 先进行调试，成功后，再插接下载器。打开下载软件，选择对应芯片型号，调入 HEX 文件。自动化下载即可。观察上述程序效果。

上位机可调电子时钟仿真视频

5．填写任务实施评价单（附表 1）

6．拓展任务

制造业智能化离不开物物互联，利用串行通信组网，控制两个可调电子时钟。

1．串行通信技术、串行通信方式。
2．串行通信协议 RS-232 及电平转换。
3．AT89S51 单片机串口控制、工作方式及应用。

练习题

一、填空题

1. 按照数据传送方向，串行通信可分为__________、_________和_______三种传送方式。

2. 字符帧也叫数据帧，由________、__________、_________和_________四部分组成。

3. __________是串行通信的重要指标，用于表征数据传输的速度，其单位为________。

4. RS-232C 总线中 TXD 是_________，RXD 是_________。引脚上电平定义：逻辑 1 为 _________V；逻辑 0 为_________V。

5. AT89S51 单片机接收、发送缓冲器是__________，是_______字节特殊功能寄存器。

二、选择题

1. 串行接口工作方式 0 为同步移位寄存器方式，其波特率是固定的，为f_{osc}（振荡频率）的（　　）。

A. 1/24　　B. 1/12　　C. 1/6　　D. 1/2

2. AT89S51 单片机串行通信方式中，帧格式为 1 位起始位、8 位数据位和 1 位停止位的异步通信方式是（　　）。

A. 方式 0　　B. 方式 1　　C. 方式 2　　D. 方式 3

3. 控制串口工作方式的寄存器是（　　）。

A. TCON　　B. PCON　　C. SCON　　D. TMOD

4. 在 51 系列单片机中，接收一帧数据后（　　）标志位置 1，发送一帧数据后（　　）标志位置 1。

A. IT　　B. IE　　C. TI　　D. RI

5. 若波特率为 9600bps，工作在方式 1，晶振频率 12MHz，SMOD=1，定时器 1 初始值为（　　）。

A. 0xF9　　B. 0xF3　　C. 0xFD　　D. 0Xf4

6. 用 51 系列单片机串行口进行并行 I/O 扩展时，串行口的工作方式应选择（　　）。

A. 方式 0　　B. 方式 1　　C. 方式 2　　D. 方式 3

三、简答题

1. 若 AT89S51 单片机控制系统晶振频率为 11. 0592MHz，要求串行口发送的数据为 8 位，波特率为 2400bps，编写串口初始化程序。

2. 概述 51 系列单片机串行口各工作方式的功能特点。

项目五　设计测控仪表

工业智能化、生活数字化需要智能终端的支撑。在日常生活和工业自动化控制中智能化仪表被越来越广泛地使用，用来实现对外界信息的采集与控制。但是测量的对象往往是连续变化的模拟量，比如温度、压力、流量等物理量。单片机要能采集控制这些物理量一般需要相应传感器将其转换成数字信号后再进行处理。本项目通过设计最基本简单的测量仪表，要求掌握单片机在测控仪表中的应用；进一步培养学生单片机综合应用开发能力和项目管理能力，塑造严谨务实、精益求精的工匠精神。

任务一　设计简易数字电压表

在测量仪表中经常会用到把传感器转换后的电压或电流等模拟量信号转换成单片机能识别的数字信号。需要用到模数转换技术（A/D），那怎么实现 A/D 转换呢？单片机怎么去处理转换后的数字信息呢？

本次任务利用常见 ADC0809 模数转换芯片，设计完成一个简易数字电压表，实时采集 0～5V 连续变化的电压，并利用 LCD1602 显示出来。

一、A/D 转换技术

1．A/D 转换概述

A/D 转换器用于实现模拟量到数字量的转换，按转换原理可分为 4 种：计数式 A/D

转换器、双积分式 A/D 转换器、逐次逼近式 A/D 转换器和并行式 A/D 转换器。

目前最常用的是双积分式 A/D 转换器和逐次逼近式 A/D 转换器。

双积分式 A/D 转换器的主要优点是转换精度高，抗干扰性能好，价格便宜，但转换速度较慢。因此这种转换器主要用于转换速度要求不高的场合。双积分式 A/D 转换电路如图 5.1 所示。

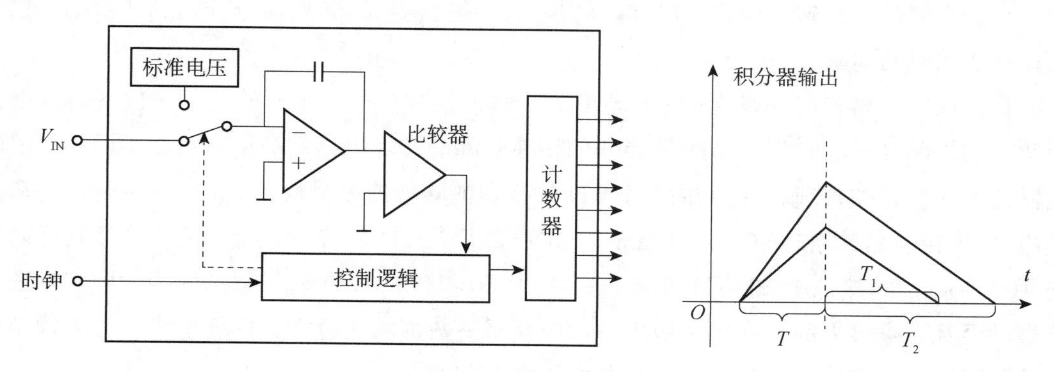

图 5.1 双积分式 A/D 转换

逐次逼近式 A/D 转换器是一种转换速度较快、精度较高的转换器。其转换时间大约在几微秒到几百微秒之间。逐次逼近式 A/D 转换如图 5.2 所示。

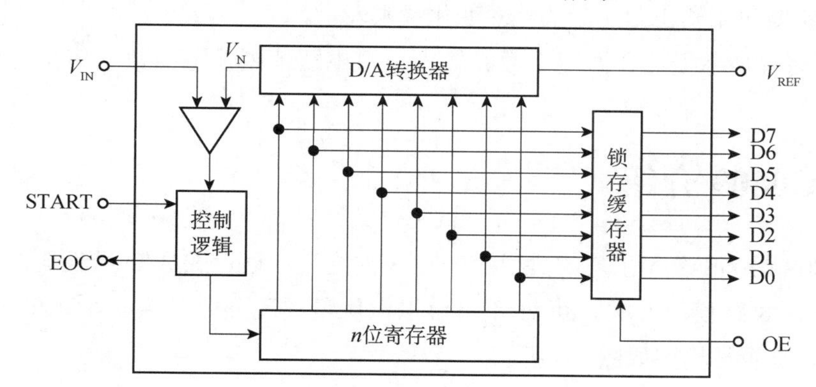

图 5.2 逐次逼近式 A/D 转换

2. A/D 转换器的主要技术指标

（1）分辨率

以输出二进制的位数表示分辨率，位数越多，误差越小，转换精度越高。它说明 A/D 转换器对输入信号的分辨能力。从理论上讲，n 位输出的 A/D 转换器能区分 2^n 个不同等级的输入模拟电压，能区分输入电压的最小值为满量程输入的 $1/2^n$。在最大输入电压一定时，输出位数越多，分辨率越高。

例如，A/D 转换器输出为 8 位二进制数，输入信号最大值为 5V，那么这个转换器应能区分出输入信号的最小电压为 $5V/2^8 \approx 19.53mV$。

（2）转换误差

转换误差通常是以输出误差的最大值形式给出的。它表示 A/D 转换器实际输出的数字量和理论上的输出数字量之间的差别，常用最低有效位的倍数表示。

例如，给出相对误差≤±LSB/2，这就表明实际输出的数字量和理论上应得到的输出数字量之间的误差应小于最低位的半个字。

（3）转换速度

它是指完成一次转换所需的时间。转换时间是指由启动转换命令开始到转换结束信号为止有效的时间间隔。

具体而言，转换时间是指 A/D 转换器从转换控制信号到来开始，到输出端得到稳定的数字信号所经过的时间。A/D 转换器的转换时间与转换电路的类型有关。不同类型的转换器转换速度相差甚远。其中并行式 A/D 转换器的转换速度最快，8 位二进制输出的单片集成 A/D 转换器转换时间可达到 50ns，逐次逼近式 A/D 转换器次之，它们多数转换时间在 10～50μs，间接 A/D 转换器的速度最慢，如双积分式 A/D 转换器的转换时间大都在几十毫秒至几百毫秒之间。在实际应用中，应从系统数据总的位数、精度要求、输入模拟信号的范围及输入信号极性等方面综合考虑 A/D 转换器的选用。

（4）电源抑制

在输入电压不变的前提下，当转换电路的供电电源电压发生变化时，对输出也会产生影响。这种影响可用输出数字量的绝对变化量来表示。

此外，尚有功率损耗、温度系数、输入模拟电压范围及输出数字信号的逻辑电平等指标。

二、ADC0809 介绍

ADC0809 是 NS 公司生产的典型的 8 位 8 通道逐次逼近式 A/D 转换器，采用 CMOS 工艺，片内有 8 路模拟开关，可对 8 路模拟电压量实现分时转换。ADC0809 的引脚如图 5.3 所示，逻辑结构图如图 5.4 所示。

1. ADC0809 其引脚定义

- IN7～IN0：8 条模拟量输入通道。
- D7～D0：输出数据端。其中 D7 是最高位 MSB，D0 为最低位 LSB。
- START：启动转换命令输入端。高电平有效。
- EOC：转换结束指示脚。平时它为高电平，在转换开始后及转换过程中为低电平，转换结束，它又变回高电平。
- OE：输出使能端。此脚为高电平，即打开输出缓冲器三态门，读出数据。
- C、B 和 A：通道号选择输入端。其中 A 是 LSB 位，这三个引脚上所加电平的编码为 000～111 时，分别对应于选通通道 IN0～IN7。模拟输入通道配置表如表 5.1 所示。

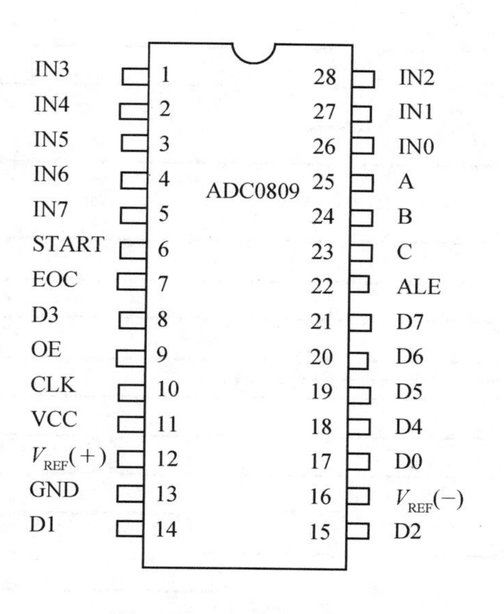

图 5.3　ADC0809 引脚图

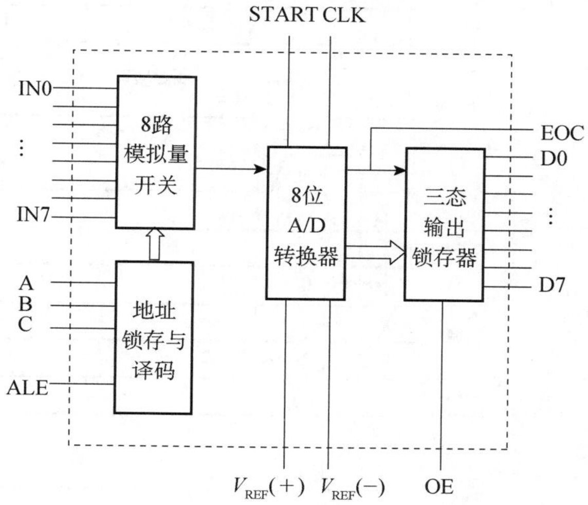

图 5.4　ADC0809 内部结构图

表 5.1　模拟输入通道配置表

C	B	A	选择通道	C	B	A	选择通道
0	0	0	IN0	1	0	0	IN4
0	0	1	IN1	1	0	1	IN5
0	1	0	IN2	1	1	0	IN6
0	1	1	IN3	1	1	1	IN7

- ALE：通道号锁存控制端。当它为高电平时，将 C、B 和 A 三个输入引脚上的通道号选择码锁存，也就是使相应通道的模拟开关处于闭合状态。实际使用时，常把 ALE 和 START 连在一起，在 START 端加上高电平启动信号的同时，将通道号锁存起来。
- CLK：外部时钟输入。ADC0809 典型的时钟频率为 640kHz，转换时间为 100μs。时钟信号一般由单片机 ALE 经分频得到。
- V_{REF}（+）、V_{REF}（−）：两个参考电压输入端。

2．ADC0809 工作时序

ADC0809 的工作时序如图 5.5 所示。首先输入 3 位地址，并使 ALE=1，将地址存入地址锁存器中。此地址经译码器 8 路模拟输入通道之一到达比较器。START 上升沿将逐次逼近寄存器复位，START 输出至少 100ns 宽的正脉冲信号。下降沿启动 A/D 转换，之后 EOC 输出信号为低电平，指示转换正在进行。直到 A/D 转换完成，EOC 变为高电平，指示 A/D 转换结束，结果数据存入锁存器，这个信号可用作中断申请信号。当 OE 输入高电平时，输出三态门打开，转换结果输出在数据总线上。

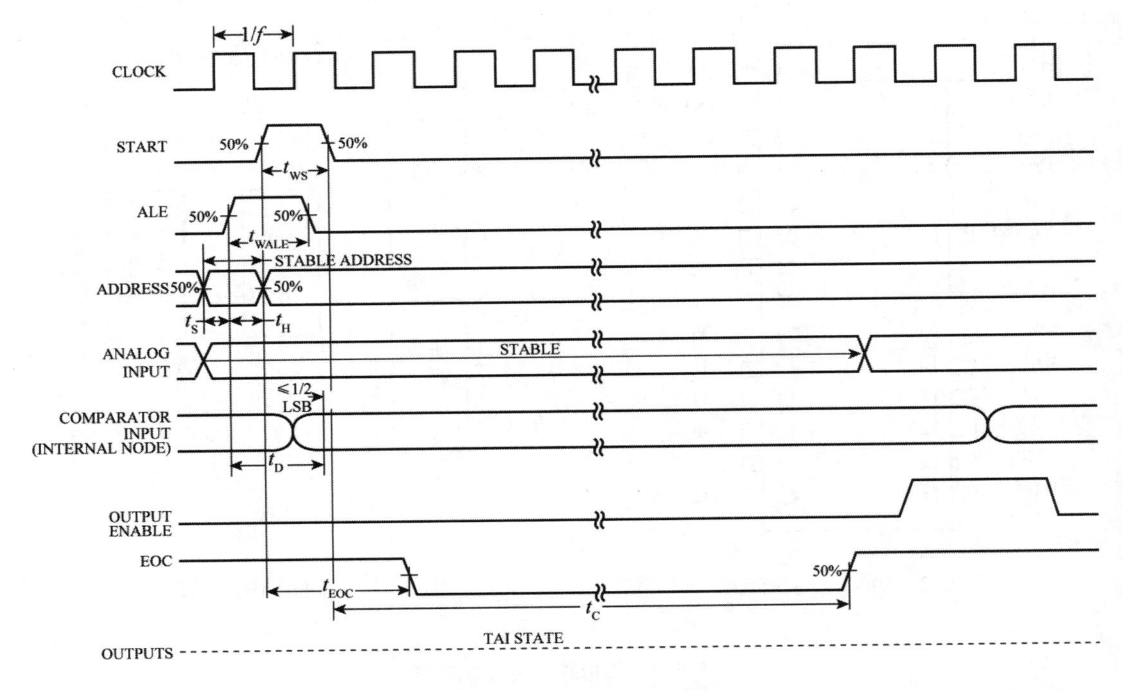

图 5.5　ADC0809 的工作时序

这里有一点很关键，即转换完成的确认和数据的传送，A/D 转换后得到的是数字量的数据，这些数据应传送给单片机进行处理。数据传送的关键问题是如何确认 A/D 转换完成，因为只有确认数据转换完成后，才能进行传送。为此可采用下述三种方式。

①定时传送方式。对于一种 A/D 转换器来说，转换时间作为一项技术指标是已知的和固定的。例如，若 ADC0809 转换时间为 128μs，相当于 6MHz 的 MCS-51 单片机的 64 个机器周期。可据此设计一个延时子程序，A/D 转换启动后即调用这个延时子程序，延迟时间一到，转换肯定已经完成了，接着就可进行数据传送。

②查询方式。A/D 转换芯片有表明转换完成的状态信号，ADC0809 的 EOC 端就是转换结束指示脚。因此可以用查询方式，软件测试 EOC 的状态，即可确知转换是否完成，然后进行数据传送。

③中断方式。把转换完成的状态信号（EOC）作为中断请求信号，以中断方式进行数据传送。

1．设计搭建硬件电路

按照任务要求设计并搭建硬件电路（见图 5.6）及仿真环境。输出口可以任意选择。

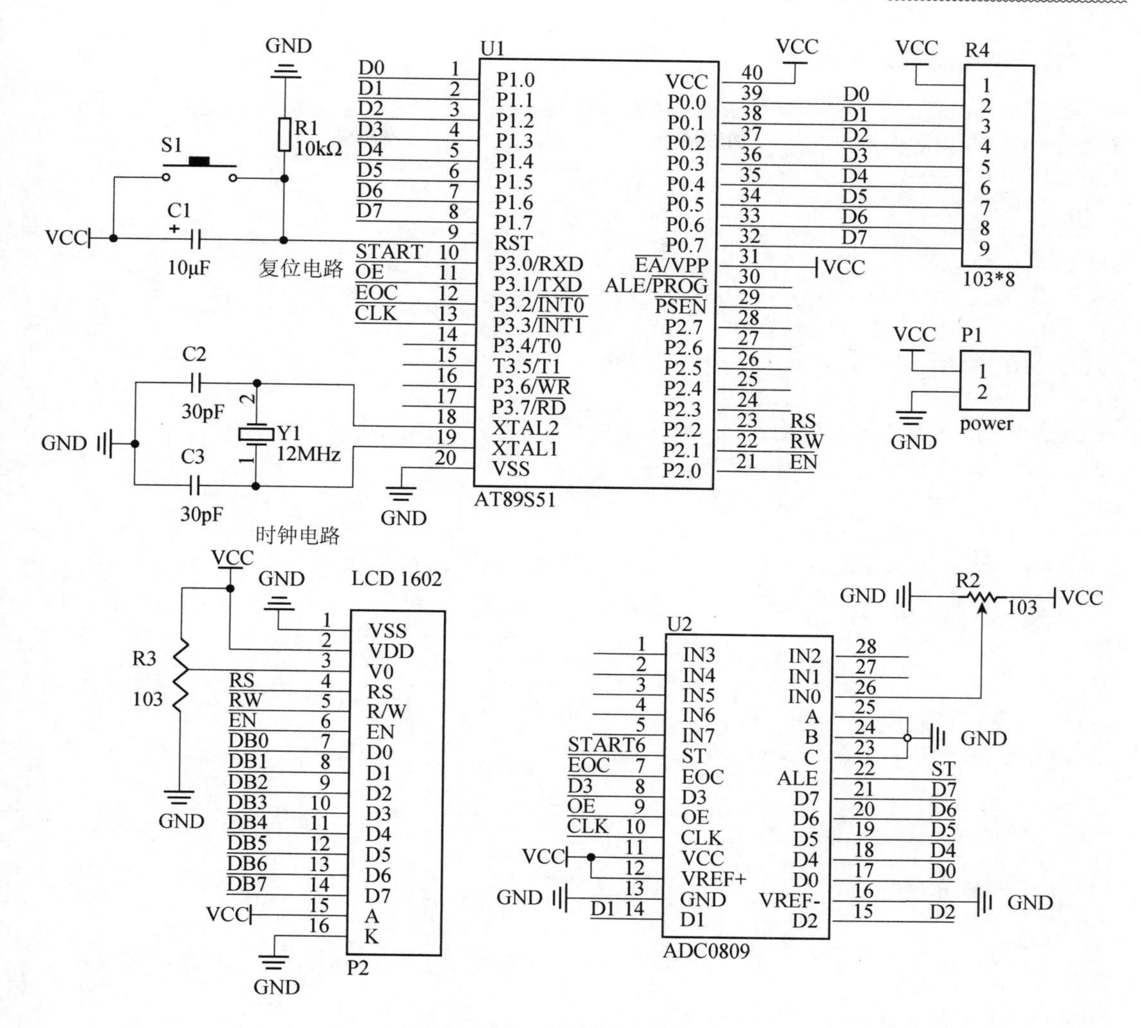

图 5.6 简易电压表原理图

2．搭建软件编程环境

先建立工程文件，并保存在桌面组号命名的文件夹内，再配置工程参数，包括设置晶振频率 12MHz、配置 HEX 输出文件。新建文件并添加文件，然后准备编程。

3．软件设计与编程实现

（1）LCD1602 显示驱动设计，参照项目四。

（2）ADC0809 驱动按照时序图要求（主要是时间要求）进行设计。

首先确定转换通道地址，因 A、B、C 引脚都直接接地，所以地址为 000，选择通道 0。初始化 START、ALE 和 OE 全部为低电平。保证 START、ALE 信号输出一定宽度。START 下降沿启动 A/D 转换，采用一定方式检测 EOC 信号，如果 EOC 信号变为高电平，则转换完成，使能 OE 信号，读取转换数据。

参考电压为 5V，计算电压 V=采样值×5/256。为了使单片机数据处理方便，先使电压值放大 100 倍，在显示时，再让小数点前移 2 位。

参照程序清单如下：

```
#include <at89x51.h>    // 包含头文件
#include <string.h>
#define LCD_DAT P1      //P1 口宏定义
unsigned char code data0[]="0123456789";
//LCD1602 端口
sbit LCD_EN=P2^0;  //1602 使能端
sbit LCD_RW=P2^1;   //1602RW 端
sbit LCD_RS=P2^2;   //1602RS 端
//adc0809 端口
sbit CLK=P3^3;       //ADC0809 端
sbit ST=P3^0;        //ADC0809 端
sbit EOC=P3^2;       //ADC0809 端
sbit OE=P3^1;        //ADC0809 端
/**********延时函数*************/
void delay(unsigned int z)
{
    unsigned int x,y;
    for(x=z;x>0;x--)
        for(y=120;y>0;y--);
}
/********LCD 写指令***********/
void LCD_write_com(unsigned char com)
{
    LCD_RS=0;
    LCD_RW=0;
    LCD_EN=0;
    LCD_DAT=com;
    LCD_EN=1;
    delay(5);
    LCD_EN=0;
}
/*******LCD 写数据************/
void LCD_write_data(unsigned char dat)
{
    LCD_RS=1;
    LCD_RW=0;
    LCD_EN=0;
    LCD_DAT=dat;
    LCD_EN=1;
    delay(5);
    LCD_EN=0;
}
/*******LCD 显示*************/
void disp_string(unsigned char addr,char *string)
{
    unsigned char len,i,k;
    len=strlen(string);
    if(addr<0x10)
    {
        LCD_write_com(0x80+addr);
        for(i=0;i<len;i++)
        {
            k=addr+i;
```

```
            if(k==0x10)
                LCD_write_com(0x80+0x40);
            LCD_write_data(*(string+i));
        }
        k=0;
    }
    else
    {
        LCD_write_com(addr-0x10+0xC0);
        for(i=0;i<len;i++)
            LCD_write_data(*(string+i));
    }
}
/*******液晶初始化********/
void init_1602()
{
    LCD_EN=0;
    LCD_RW=0;
    LCD_RS=0;
    LCD_write_com(0x38); //显示模式设置
    LCD_write_com(0x08); //显示关闭
    LCD_write_com(0x01); //显示清屏
    LCD_write_com(0x06); //显示光标移动设置
    LCD_write_com(0x0c); //显示光标设置
}
/*******电压值采集**********/
unsigned char adc_0809()
{
    unsigned char dat;
    ST=0;
    ST=1;            //启动 A/D 转换
    ST=0;
    while(EOC==0);   //等待转换完成
    OE=1;            //输出使能
    dat=P0;          //读取数据
    OE=0;
    return dat;
}
/********电压值显示********/
void dianya_display(unsigned char add, unsigned int dat)
{

    LCD_write_com(0x80+add);
    LCD_write_data(data0[dat/100]);
    LCD_write_data('.');
    LCD_write_data(data0[dat%100/10]);
    LCD_write_data(data0[dat%10]);
}
/**********初始化**********/
void init()
{
    init_1602();
    disp_string(0,"Voltage:     V");

    TMOD=0x02; //定时器 0 模式 2
```

```
    TH0=0xCE;
    TL0=0xCE;
    EA=1;
    ET0=1;
    TR0=1;
}
/*********主程序***********/
void main()
{
    unsigned char temp1,temp2,temp3;
    unsigned int vol_dat;           //存放电压平均值变量
    init();//初始化
    while(1)
    {
        temp1=adc_0809();
        temp2=adc_0809();
        temp3=adc_0809();
        vol_dat=((temp1+temp2+temp3)/3)*500/256;
        dianya_display(9,vol_dat); //显示
    }
}
void Timer0_INT() interrupt 1  //T0 中断
{
    CLK=~CLK;
}
```

思考：如果采集的数据显示闪动得很厉害，请问是什么原因引起的？又该如何处理？

4．对上述程序编译下载

利用仿真软件 Proteus 先进行调试，成功后，再插接下载器。打开下载软件，选择对应芯片型号，调入 HEX 文件。自动下载即可。观察上述程序效果。

简易电压表仿真视频

5．填写任务实施评价单（附表1）

6．拓展任务

建设数字社会需要大量的数字信息作为基础，利用ADC0809同时采集3路0～5V电压信号，并显示在LCD1602上。

1．常用A/D转换技术。

2．ADC0809工作原理及驱动电路。

3．C51编程技巧。

练习题

一、填空题

1. A/D转换器用于实现________量到________量的转换。

2. 按转换原理可分为4种：计数式A/D转换器、_________、_______和并行式A/D转换器。

3. 以输出二进制的位数表示分辨率，位数越多，误差越____，转换精度越____。从理论上讲，n 位输出的A/D转换器能区分____个不同等级的输入模拟量。

4. ADC0809是NS公司生产的典型的_____位______通道逐次逼近式A/D转换器。

5. D7～D0 为输出数据端，其中______是最高位MSB，______为最低位LSB。

6. 若ADC0809参考电压为5V，计算采集电压 V=_________。

二、选择题

1. 下列不是双积分式A/D转换器的主要优点是（　　）。

A. 转换精度高　　B. 抗干扰性能好　　C. 价格便宜　　D. 转换速度较快

2. A/D转换器输出为8位二进制数，输入信号最大值为5V，那么这个转换器应能区分出输入信号的最小电压为（　　）。

A. 5V　　B. 2. 5V　　C. 0. 625V　　D. 19. 53mV

3. 通道号选择输入端A、B、C分别为二进制数100，则选择通道（　　）。

A. IN0　　B. IN1　　C. IN2　　D. IN4

4. START（　　）时启动A/D转换。

A. 低电平　　B. 上升沿　　C. 高电平　　D. 下降沿

5. 启动A/D转换之后，直到EOC变为（　　）电平，指示A/D转换结束，结果数据存入锁存器。

A. 低电平　　B. 上升沿　　C. 高电平　　D. 下降沿

三、简答题

试分析三种确认ADC0809数据转换完成方式的优缺点。

任务二　制作数字温度计

在工业控制、智能家居、农林业等领域的测量系统中，环境温度的测量和控制是非常普遍和重要的。为了能对温度进行检测，需要温度传感器，把温度转换成相应的电信号。常用的模拟量传感器主要是PT100等，但是需要设计人员进行微弱电信号处理，然后再进行A/D转换，将数字信息传给单片机进行处理，非常复杂。目前温度传感器正从模拟向数字方法转变，体积小，使用方便，在很多场合已经代替了模拟式传感器。

本任务利用数字式温度传感器DS18B20制作一个数字温度计，并利用LCD1602进行显示，要求精度达1℃。

一、DS18B20 简介

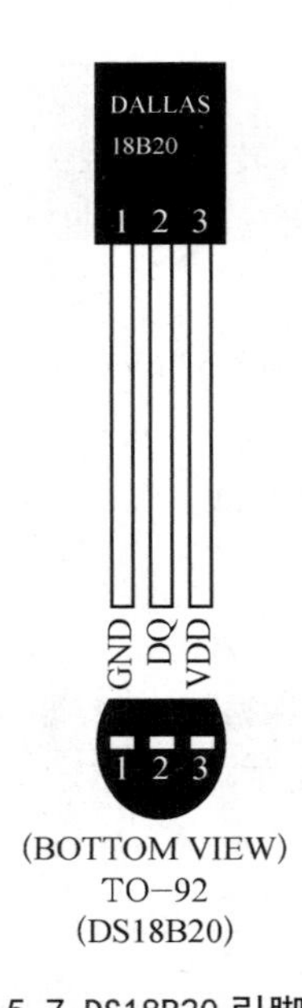

图 5.7 DS18B20 引脚图

用 DS18B20 来组成一个测温系统，具有线路简单、体积小的特点。其全部传感元件及转换电路集成在形如一只三极管的集成电路内。另外它还支持 1-Wire 总线协议，节省且经济，可以挂接多个传感器，组建网络。

DS18B20 引脚图如图 5.7 所示，引脚定义如下。

- DQ 为数字信号输入/输出端。
- GND 为电源地。
- VDD 为外接供电电源输入端（在寄生电源接线方式时接地）。

DS18B20 的特点介绍如下。

（1）适应电压范围更宽，电压范围：3.0～5.5V，在寄生电源方式下可由数据线供电。

（2）独特的单线接口方式，DS18B20 在与微处理器连接时仅需要一条接口线即可实现微处理器与 DS18B20 的双向通信。

（3）DS18B20 支持多点组网功能，多个 DS18B20 可以并联在唯一的三线上，实现组网多点测温。

（4）DS18B20 在使用中不需要任何外围元件，全部传感元件及转换电路集成在集成电路内。

（5）测温范围为-55℃～＋125℃，在-10℃～+85℃时精度为±0.5℃。

（6）可编程的分辨率为 9～12 位，对应的可分辨温度分别为 0.5℃、0.25℃、0.125℃和 0.0625℃，可实现高精度测温。

（7）在 9 位分辨率时最多在 93.75ms 时间内把温度值转换为数字，12 位分辨率时最多在 750ms 时间内把温度值转换为数字，速度更快。

（8）测量结果：直接输出数字温度信号，以“一线总线”串行传送给 CPU，同时可传送 CRC 校验码，具有极强的抗干扰纠错能力。

（9）负压特性：电源极性接反时，芯片不会因发热而烧毁，但不能正常工作。

二、DS18B20 内部结构

DS18B20 内部结构如图 5.8 所示，主要由 4 部分组成：64 位光刻 ROM、温度传感器、温度触发器 TH 和 TL、配置寄存器。

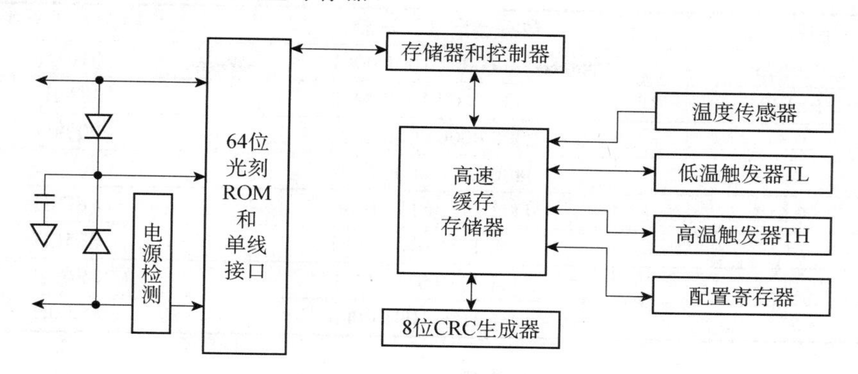

图 5.8 DS18B20 内部结构图

1．64 位光刻 ROM

光刻 ROM 中的 64 位序列号是出厂前被光刻好的，它可以看作是该 DS18B20 的地址序列码。64 位光刻 ROM 的排列是：开始 8 位（28H）是产品类型标号，接着的 48 位是该 DS18B20 自身的序列号，最后 8 位是前面 56 位的循环冗余校验码（CRC=X8+X5+X4+1）。光刻 ROM 的作用是使每一个 DS18B20 都各不相同，这样就可以实现一根总线上挂接多个 DS18B20 的目的。

2．温度传感器

DS18B20 中的温度传感器可完成对温度的测量。以 12 位转化为例来介绍，用 16 位符号扩展的二进制补码读数形式提供，以 0.0625℃/LSB 形式表达，其中 S 为符号位。如图 5.9 所示为温度寄存器格式。

	bit7	bit6	bit 5	bit 4	bit 3	bit 2	bit 1	bit 0
LS Byte	2^3	2^2	2^1	2^0	2^{-1}	2^{-2}	2^{-3}	2^{-4}
	bit 15	bit 14	bit 13	bit 12	bit 11	bit 10	bit 9	bit 8
MS Byte	S	S	S	S	S	2^6	2^5	2^4

图 5.9 温度寄存器格式

这是转化后得到的 12 位数据，存储在 DS18B20 的两个 8 比特的 RAM 中，二进制中的前面 5 位是符号位，如果测得的温度大于 0，这 5 位为 0，只要将测到的数值乘以 0.0625 即可得到实际温度；如果温度值小于 0，这 5 位为 1，测到的数值需要取反加 1 再乘以 0.0625 即可得到实际温度。

例如，+125℃的数字输出为 07D0H，+25.0625℃的数字输出为 0191H，−25.0625℃的数字输出为 FE6EH，−55℃的数字输出为 FC90H。常用温度表如表 5.2 所示。

表 5.2 常用温度表

温度/℃	数据输出（二进制）	数据输出（十六进制）
+125	0000 0111 1101 0000	07D0H
+85	0000 0101 0101 0000	0550H

（续表）

温度/℃	数据输出（二进制）	数据输出（十六进制）
+25.0625	0000 0001 1001 0001	0191H
+10.125	0000 0000 1010 0010	00A2H
+0.5	0000 0000 0000 1000	0008H
0	0000 0000 0000 0000	0000H
−0.5	1111 1111 1111 1000	FFF8H
−10.125	1111 1111 0101 1110	FF5EH
−25.0625	1111 1110 0110 1111	FE6EH
−55	1111 1100 1001 0000	FC90H

3．DS18B20 温度传感器的内部存储器

DS18B20 温度传感器的内部存储器包括一个高速暂存 RAM 和一个非易失性的可电擦除的 EEPRAM，后者存放高温和低温触发器 TH、TL 及配置寄存器。

高速暂存存储器由 9 个字节组成，其分配如图 5.10 所示。当温度转换命令发布后，经转换所得的温度值以二字节补码形式存放在高速暂存器的第 0 和第 1 个字节。单片机可通过单线接口读到该数据，读取时低位在前，高位在后。数据格式如图 5.10 所示。

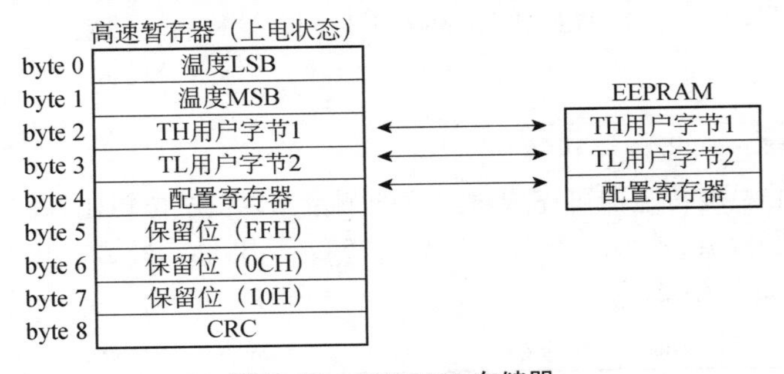

图 5.10　DS18B20 存储器

4．配置寄存器

配置寄存器结构各位的意义如下：

bit7	bit6	bit5	bit4	bit3	bit2	bit1	bit0
TM	R1	R0	1	1	1	1	1

低 5 位一直都是“1”，TM 是测试模式位，用于设置 DS18B20 在工作模式还是在测试模式，在 DS18B20 出厂时该位被设置为 0，用户不要去改动。R1 和 R0 用来设置分辨率，如表 5.3 所示（DS18B20 出厂时被设置为 12 位）。

表 5.3　DS18B20 的温度分辨率设置表

R1	R0	精度	最大转换时间	
0	0	9bit	93.75ms	$t_{CONV}/8$
0	1	10bit	187.5ms	$t_{CONV}/4$
1	0	11bit	375ms	$t_{CONV}/2$
1	1	12bit	750ms	t_{CONV}

5．温度触发器 TH 和 TL

DS18B20 完成一次温度转换后，就拿温度值与存储在 TH 和 TL 中一个字节的用户自定义的报警预置值进行比较。标志位 S 指出温度值的正负：正数 S=0，负数 S=1。TH 和 TL 寄存器是非易失性的，所以它们在掉电时仍然保存数据。

TH 和 TL 寄存器格式如图 5.11 所示。

bit7	bit6	bit5	bit4	bit3	bit2	bit1	bit0
S	2^6	2^5	2^4	2^3	2^2	2^1	2^0

图 5.11　TH 和 TL 寄存器格式

当 TH 和 TL 为 8 位寄存器时，温度寄存器中的 11 个位用来和 TH、TL 进行比较。如果测得的温度高于 TH 或低于 TL，报警条件成立，DS18B20 内部就会置位一个报警标志。每进行一次测温就对这个标识进行一次更新；因此，如果报警条件不成立了，在下一次温度转换后报警标志将被移去。

总线控制器通过发出报警搜索命令（Ech）检测总线上所有的 DS18B20 报警标志。任何置位报警标志的 DS18B20 将响应这条命令，所以总线控制器能精确定位每一个满足报警条件的 DS18B20。如果报警条件成立，而 TH 或 TL 的设置已经改变，另一个温度转换将重新确认报警条件。

三、DS18B20 通信指令

根据 DS18B20 的通信协议，单片机控制 DS18B20 完成温度转换必须经过三个步骤：每一次读写之前都要对 DS18B20 进行复位操作，复位成功后发送一条 ROM 指令，最后发送 RAM 指令，这样才能对 DS18B20 进行预定的操作。

复位要求主 CPU 将数据线下拉 500μs，然后释放。当 DS18B20 收到信号后等待 16～60μs，然后发出 60～240μs 的存在低脉冲，主 CPU 收到此信号表示复位成功。DS18B20 的 ROM 指令和 RAM 指令如表 5.4 和表 5.5 所示。

表 5.4　DS18B20 的 ROM 指令

指令	约定代码	功能
读 ROM	33H	读 DS18B20 温度传感器 ROM 的编码（64 位地址）
符合 ROM	55H	发出命令之后，接着发出 64 位 ROM 编码，访问单总线上与编码相对应的 DS18B20 使之做出响应，为下一步对该 DS18B20 的读写做准备
搜索 ROM	0F0H	用于确定挂接在同一总线上 DS18B20 的个数和识别 64 位 ROM 地址，为操作各器件做好准备
跳过 ROM	0CCH	忽略 64 位 ROM 地址，直接向 DS18B20 发温度转换命令，适用于单片工作
告警搜索命令	0ECH	执行后只有温度超过设定上限或下限的片子才做出响应

表 5.5　DS18B20 的 RAM 指令

指令	约定代码	功能
温度转换	44H	启动 DS18B20 进行温度转换，12 位转换时最长时间为 750ms，结果存入内部 9 字节 RAM 中
读暂存器	0BEH	读内部 RAM 中 9 字节的内容
写暂存器	4EH	发出向内部 RAM 的 3、4 字节写上、下限温度数据命令，紧跟该命令之后的是传送的两字节的数据
复制暂存器	48H	将 RAM 中第 3、4 节的内容复制到 EEPROM 中
重调 EEPROM	0B8H	将 EEPROM 中内容恢复到 RAM 中的第 3、4 节
读供电方式	0B4H	读 DS18B20 的供电模式。寄生供电时 DS18B20 发送“0”，外接电源供电 DS18B20 发送“1”

四、DS18B20 时序

DS18B20 需要严格的单总线协议以确保数据的完整性。单总线协议定义了如下几种类型有：复位脉冲、存在脉冲、写 0、写 1、读 0 和读 1。所有这些信号，除存在脉冲外，都是由总线控制器发出的。

1．初始化时序

与 DS18B20 间的任何通信都需要以初始化序列开始，初始化序列如图 5.12 所示。一个复位脉冲跟着一个存在脉冲表明 DS18B20 已经准备好发送和接收数据了。

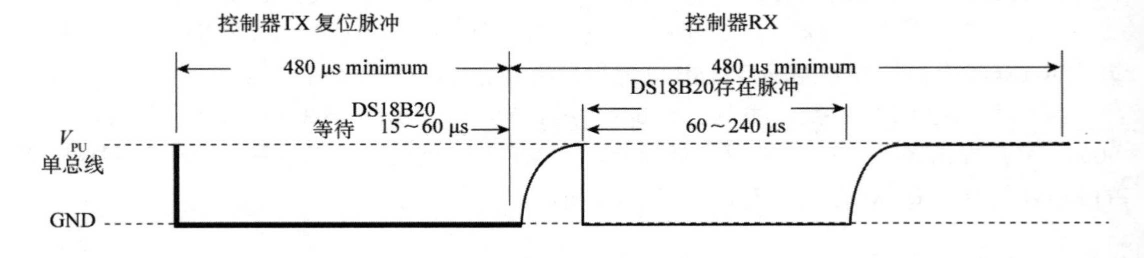

图 5.12　初始化序列

在初始化序列期间，总线控制器拉低总线并保持 480μs 以发出 TX 一个复位脉冲，然后释放总线，进入接收状态 RX。单总线由 5kΩ 上拉电阻拉到高电平。当 DS18B20 探测到 I/O 引脚上的上升沿后，等待 15～60μs，然后发出一个由 60～240μs 低电平信号构成的存在脉冲。

2．写时序

DS18B20 中有两种写时序：写 1 时序和写 0 时序。总线控制器通过写 1 时序写逻辑 1 到 DS18B20，写 0 时序写逻辑 0 到 DS18B20。所有写时序必须最少持续 60μs，包括两个写周期之间至少 1μs 的恢复时间。当总线控制器把数据线从逻辑高电平拉到低电平的时候，写时序开始，如图 5.13 所示。

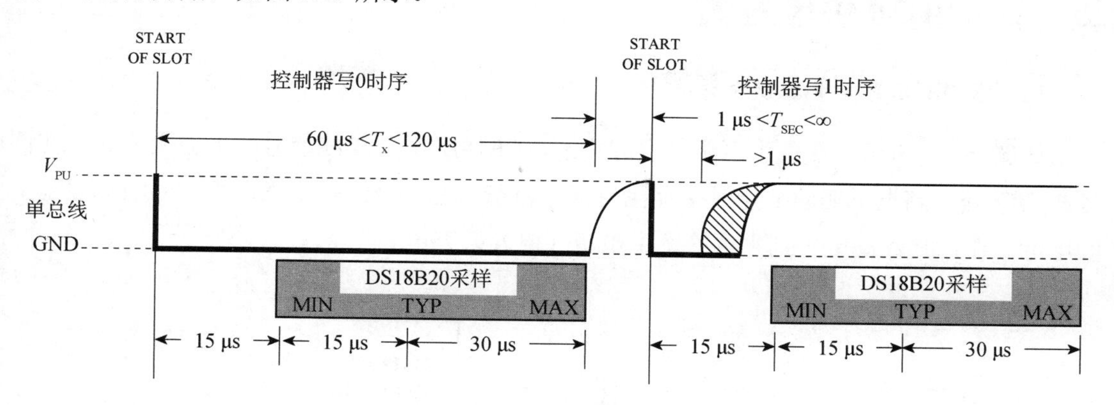

图 5.13　写时序

总线控制器要生产一个写时序，必须把数据线拉到低电平然后释放，在写时序开始后的 15μs 释放总线。当总线被释放的时候，5kΩ 的上拉电阻将拉高总线。总控制器要生成一个写 0 时序，必须把数据线拉到低电平并持续保持（至少 60μs）。总线控制器初始化写时序后，DS18B20 在一个 15μs 到 60μs 的窗口内对 I/O 线采样。如果线上为高电平，就是写 1。如果线上为低电平，就是写 0。

3．读时序

总线控制器发起读时序时，DS18B20 仅被用来传输数据给控制器。因此，总线控制器在发出读暂存器指令（BEH）或读电源模式指令（B4H）后必须立刻开始读时序，DS18B20 可以提供请求信息。除此之外，总线控制器在发出发送温度转换指令（44H）或召回 EEPROM 指令（B8H）之后读时序。

如图 5.14 所示，所有读时序必须保持最少 60μs，包括两个读周期间至少 1μs 的恢复时间。当总线控制器把数据线从高电平拉到低电平时，读时序开始，数据线必须至少保持 1μs，然后总线被释放。在总线控制器发出读时序后，DS18B20 通过拉高或拉低总线上来传输 1 或 0。当传输逻辑 0 结束后，总线将被释放，通过上拉电阻回到上升沿状态。从 DS18B20 输出的数据在读时序的下降沿出现后 15μs 内有效。因此，总线控制器在读时序开始后必须停止把 I/O 脚驱动为低电平 15μs，以读取 I/O 脚状态。

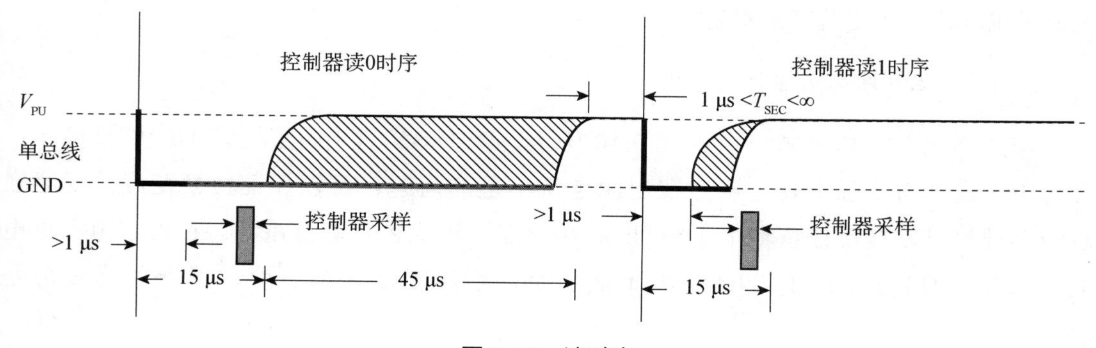

图 5.14　读时序

五、DS18B20供电方式

1．DS18B20寄生电源供电方式

如图 5.15 所示，在寄生电源供电方式下，DS18B20 从单线信号线上汲取能量，在信号线 DQ 处于高电平期间把能量储存在内部电容里，在信号线处于低电平期间消耗电容上的电能工作，直到高电平到来再给寄生电源（电容）充电。

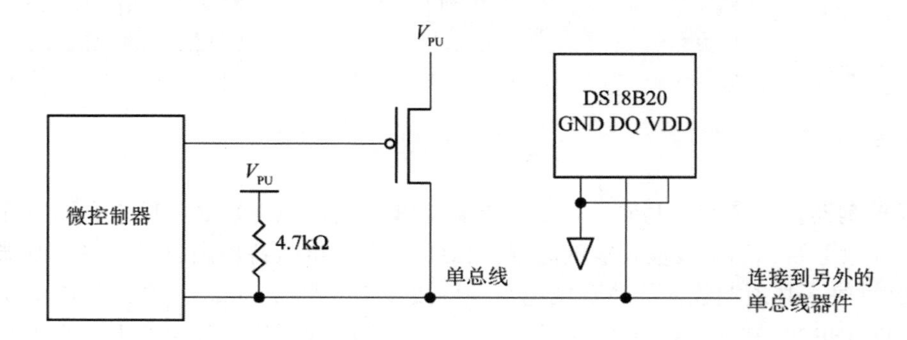

图 5.15　DS18B20 寄生电源供电方式

独特的寄生电源供电方式有以下 3 个好处：

①进行远距离测温时，无须本地电源。

②可以在没有常规电源的条件下读取 ROM。

③电路更加简洁，仅用一根 I/O 口实现测温。

要想使 DS18B20 进行精确的温度转换，I/O 线必须保证在温度转换期间提供足够的能量，由于每个 DS18B20 在温度转换期间工作电流达到 1mA，当几个温度传感器挂在同一根 I/O 线上进行多点测温时，只靠 4.7kΩ 上拉电阻就无法提供足够的能量，会造成无法转换温度或温度误差极大。

因此，图 5.15 所示电路只适应于单一温度传感器测温情况下使用，不适宜采用电池供电系统中。并且工作电源 VCC 必须保证在 5V，当电源电压下降时，寄生电源能够汲取的能量也降低，会使温度误差变大。

2．DS18B20外部电源供电方式

在外部电源供电方式下，如图 5.16 所示，DS18B20 工作电源由 VDD 引脚接入，此时 I/O 线不需要强上拉，不存在电源电流不足的问题，可以保证转换精度。同时在总线上理论可以挂接任意多个 DS18B20 传感器，组成多点测温系统。在外部电源供电的方式下，DS18B20 的 GND 引脚不能悬空，否则不能转换温度，读取的温度总是 85℃。

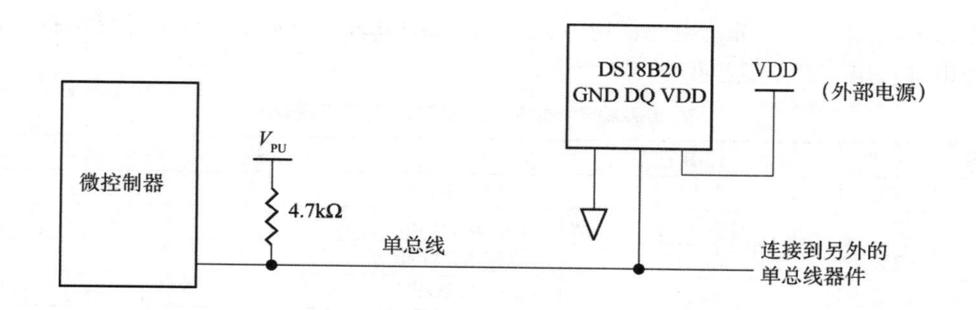

图 5.16　DS18B20 外部电源供电方式

外部电源供电方式是 DS18B20 最佳的工作方式，工作稳定可靠，抗干扰能力强，而且电路也比较简单，可以开发出稳定可靠的多点温度监控系统。DS18B20 多点测温如图 5.17 所示。

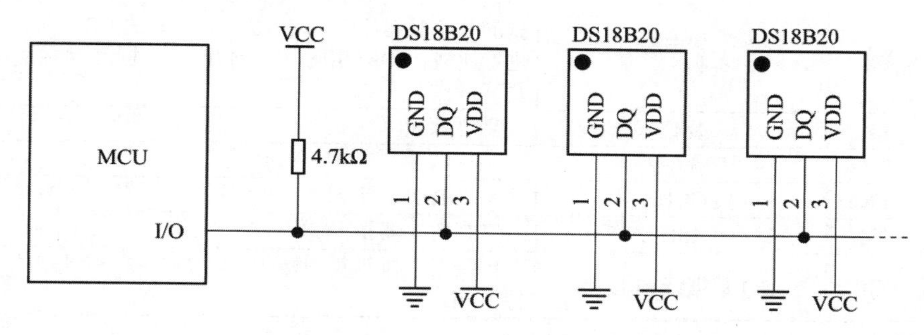

图 5.17　DS18B20 多点测温

六、DS18B20 应用

● 单个采用外部电源供电方式的 DS18B20 发出温度转换命令，并读取温度值。单电源供电编程如表 5.6 所示。

表 5.6　单电源供电编程

序号	主机	数据（LSB 在前）	说明
1	TX	复位	复位脉冲
2	RX	存在应答	应答信号
3	TX	CCH	发出跳过 ROM 指令
4	TX	44H	发出温度转换指令
5	RX	1 个字节的数据	读“忙”标志 3 次，直至数据为 FFH
6	TX	复位	复位脉冲
7	RX	存在应答	应答脉冲
8	TX	CCH	发出跳过 ROM 指令
9	TX	BEH	读暂存存储器命令
10	RX	9 个字节的数据	读暂存存储器及 CRC，并把计算得出的 CRC 和读出的 CRC 相比较。如果两者相符，数据有效，主机保存温度值
11	TX	复位	复位脉冲
12	RX	存在应答	应答脉冲，操作完成

● 总线上仅由一个寄生电源供电方式下的 DS18B20，控制器执行写存储器操作。一个寄生电源供电方式下编程如表 5.7 所示。

表 5.7　一个寄生电源供电方式下编程

序号	主机	数据（LSB 在前）	说明
1	TX	复位	复位脉冲
2	RX	存在应答	存在脉冲
3	TX	CCH	忽略 ROM 指令
4	TX	4EH	写暂存器指令
5	TX	3 个数据字节	写 3 个数据到 TH、TL 和配置寄存器
6	TX	复位	复位脉冲
7	RX	存在应答	存在脉冲
8	TX	CCH	忽略 ROM 指令
9	TX	BEH	读暂存器指令
10	RX	9 个字节数据	读整个暂存器加上 CRC：控制器重新计算从暂存器读到的 8 个数据字节的 CRC，把计算的 CRC 和读取的 CRC 进行比较，如果相同，控制器向下进行，如果不同，就重复读操作
11	TX	复位	复位脉冲
12	RX	存在应答	存在脉冲
13	TX	CCH	忽略 ROM 指令
14	TX	48H	复制暂存器指令
15	TX	DQ 数据线强上拉	控制器在执行复制操作时给 DQ 线一个强上拉并至少保持 10ms

● 总线上挂有多只寄生电源供电方式下的 DS18B20，控制器对其中的一只启动温度转换，然后读取它的高速暂存器并重新计算 CRC 以确认数据。多个寄生电源供电方式编程如表 5.8 所示。

表 5.8　多个寄生电源供电方式编程

序号	主机	数据（LSB 在前）	说明
1	TX	复位	复位脉冲
2	RX	存在应答	存在脉冲
3	TX	55H	发出匹配 ROM 指令
4	TX	64 位 ROM 编码	发 DS18B20 地址
5	TX	44H	发温度转换指令
6	TX	DQ 引脚高电平	DQ 引脚保持至少 500ms 高电平，以完成温度转换
7	TX	复位	复位脉冲
8	RX	存在	存在脉冲
9	TX	55H	发出匹配 ROM 指令
10	TX	64 位 ROM 编码	发 DS18B20 地址
11	TX	BEH	读暂存器指令
12	RX	9 个字节数据	读整个暂存器加上 CRC：控制器重新计算从暂存器读到的 8 个数据字节的 CRC，把计算的 CRC 和读取的 CRC 进行比较，如果相同，控制器向下进行，如果不同，就重复读操作

1．设计搭建硬件电路

按照任务要求设计并搭建硬件电路（见图 5.18）及仿真环境。输出口可以任意选择。

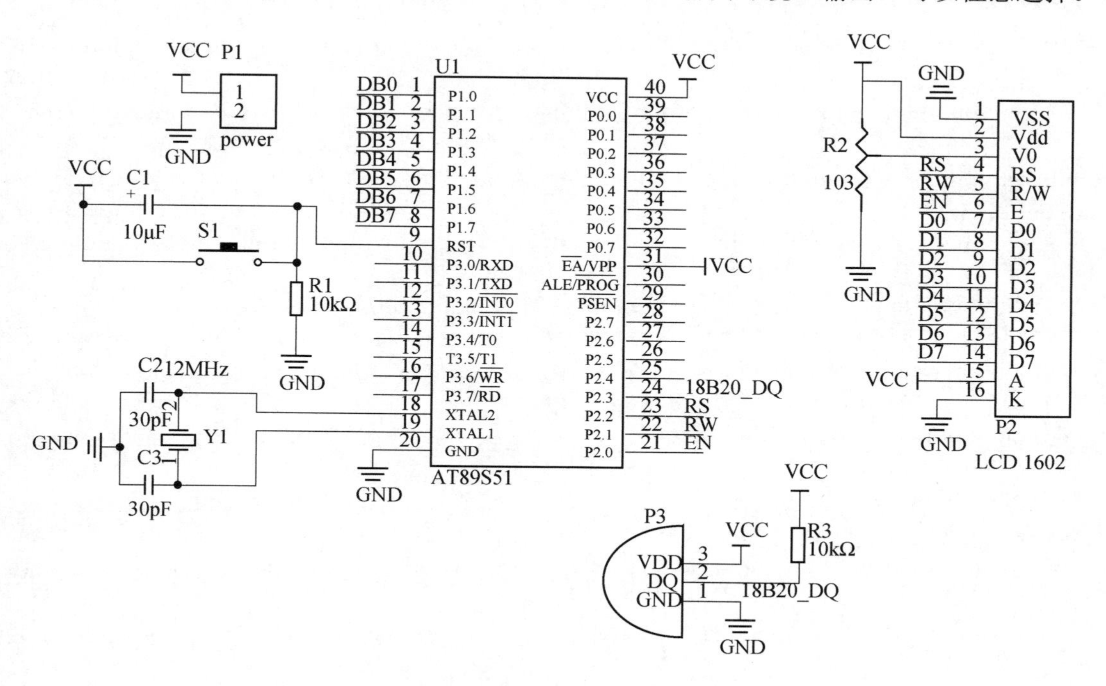

图 5.18　数字温度计电路原理图

2．搭建软件编程环境

先建立工程文件，并保存在桌面组号命名的文件夹内，再配置工程参数，包括晶振频率 12MHz、HEX 文件输出配置。新建文件并添加文件，然后准备编程。

3．软件设计与编程实现

（1）LCD1602 显示驱动设计，参见项目四。

（2）根据 DS18B20 的指令要求及时序图设计其基本的驱动程序，完成任务要求。程序示例如下：

```
#include <at89x51.h>       // 包含头文件
#include <string.h>

sbit DQ=P2^3;    //温度传感器
sbit LCD_RS=P2^2;    //1602RS 端
sbit LCD_RW=P2^1;    //1602RW 端
sbit LCD_EN=P2^0;  //1602 使能端
unsigned char code data0[ ]="0123456789";
/********延时函数*******/
void delay1(unsigned int x)
{
```

```
    while(x--);
}
void delay(unsigned int z)
{
    unsigned int x,y;
    for(x=z;x>0;x--)
        for(y=120;y>0;y--);
}
/*********LCD 写指令******/
void LCD_write_com(unsigned char com)
{
    LCD_RS=0;
    LCD_RW=0;
    LCD_EN=0;
    P1=com;
    LCD_EN=1;
    delay(5);
    LCD_EN=0;
}
/**********LCD 写数据*****/
void LCD_write_data(unsigned char dat)
{
    LCD_RS=1;
    LCD_RW=0;
    LCD_EN=0;
    P1=dat;
    LCD_EN=1;
    delay(5);
    LCD_EN=0;
}

/*********液晶初始化*******/
void init_1602( )
{
    LCD_RS=0;
    LCD_RW=0;
    LCD_EN=0;
    LCD_write_com(0x38);
    LCD_write_com(0x0c);
    LCD_write_com(0x06);
    LCD_write_com(0x01);
    LCD_write_com(0x80);
}
/*******LCD 显示*******/
void disp_string(unsigned char addr,char *string)
{
    unsigned char len,i,k;
    len=strlen(string);
    if(addr<0x10)
    {
        LCD_write_com(0x80+addr);
        for(i=0;i<len;i++)
        {
            k=addr+i;
            if(k==0x10)
                LCD_write_com(0x80+0x40);
            LCD_write_data(*(string+i));
        }
```

```
        k=0;
    }
    else
    {
        LCD_write_com(addr-0x10+0xC0);
        for(i=0;i<len;i++)
            LCD_write_data(*(string+i));
    }
}
/******* 18B20初始化*******/
void init_DS18B20( )
{
    unsigned char x=0;
    DQ=1;        //DQ复位
    delay1(8);
    DQ=0;         //将DQ拉高
    delay1(80);
    DQ=1;         //拉高总线
    delay1(15);
    x=DQ;          //稍做延时后 如果x=0则初始化成功，x=1则初始化失败
    delay1(20);
}
/********ds18b20读一个字节*******/
unsigned char DS18B20_read_byte( )
{
    unsigned char i,dat;
    for(i=0;i<8;i++)
    {
        DQ=0;
        dat>>=1;
        DQ=1;
        if(DQ)
            dat=dat|0x80;
        delay1(4);
    }
    return dat;
}
/********ds18b20写一个字节*******/
void DS18B20_write_byte(unsigned char dat)
{
    unsigned char i;
    for(i=0;i<8;i++)
    {
        DQ=0;
        DQ=dat&0x01;
        delay1(5);
        DQ=1;
        dat>>=1;
    }
}
/********读取温度********/
unsigned char DS18B20_read_C( )
{
    unsigned char di,gao,dat;
    init_DS18B20();
    DS18B20_write_byte(0xcc);        // 跳过读序号列号的操作
    DS18B20_write_byte(0x44);        // 启动温度转换
```

```
    delay1(300);
    init_DS18B20();
    DS18B20_write_byte(0xcc);
    DS18B20_write_byte(0xbe);        //读取温度寄存器等（共可读 9 个寄存器），前两个就是温度
    delay1(300);
    di=DS18B20_read_byte();          //读取温度值低位
    gao=DS18B20_read_byte();         //读取温度值高位
    gao<<=4;
    dat=gao+(di>>4);
    return dat;
}
/********DS18B20LCD 显示*********/
void dsip_lcd(unsigned char add,unsigned char dat)
{
    LCD_write_com(0x80+add);
    LCD_write_data(data0[dat/10]);
    LCD_write_data(data0[dat%10]);
    LCD_write_data(0xdf);
    LCD_write_data('C');
    LCD_write_com(0x0c);
}
/*******总初始化***********/
void init( )
{
    init_1602 ( );
    init_DS18B20( );
    disp_string(0,"T:");
}
/********主函数体**********/
void main( )
{
    init( );
    while(1)
        dsip_lcd(2,DS18B20_read_C( ) );
}
```

4．对上述程序编译下载

利用仿真软件 Proteus 先进行调试，成功后，再插接下载器。打开下载软件，选择对应芯片型号，调入 HEX。自动下载即可。观察上述程序效果。

数字温度计仿真视频

5．填写任务实施评价单（附表 1）

6．拓展任务

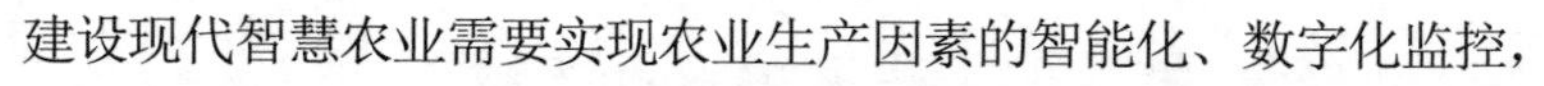

建设现代智慧农业需要实现农业生产因素的智能化、数字化监控，试利用 3 个 DS18B20 级联同时采集智慧大棚中不同的 3 个地点温度，显示在 LCD1602 上。

1．DS18B20 的工作原理。

2．单总线驱动技术编程。

练习题

一、填空题

1. DS18B20 可编程的分辨率最高为________位，可分辨温度为_______℃，可实现高精度测温。

2. DS18B20 中的温度传感器可完成对温度的测量，以 12 位转化为例，转化后得到的数据，用 16 位符号扩展的二进制________形式，存储在 DS18B20 的_______个字节的 RAM 中，高字节的前面_______位是符号位，如果测得的温度大于 0，这______位为 0，只要将测到的数值乘以 0.0625 即可得到实际温度；如果温度小于 0，这______位为 1，测到的数值需要取反加 1 再乘以 0.0625 即可得到实际温度。

3. DS18B20 供电方式有____________和____________。其中____________方式工作稳定可靠，抗干扰能力强，适合多点温度监控系统。

4. DS18B20 温度经转换所得的温度值以___________形式存放在高速暂存存储器的第____和第 1 个字节。

二、选择题

1. 若 DS18B20 以 12 位分辨率进行测温，读出的二进制数据为 1111 1111 0101 1110，则实际温度值为（　　）℃。

A. +10. 125　　　B. −10. 125　　　C. −117. 875　　　D. +117. 875

2. 如果设置 DS18B20 配置寄存器 R1、R0 为 1 1，则分辨率为（　　）位。

A. 9　　　B. 10　　　C. 11　　　D. 12

3. DS18B20 的报警值寄存器 TH 和 TL 分别为（　）位寄存器。

A. 8　　　B. 9　　　C. 11　　　D. 12

三、简答题

根据 12 位分辨率测温数值结构推出+10℃、+1℃、−1℃、−10℃对应的二进制数值。

任务三　制作波形发生器

在电子产品开发测试过程中经常会用到不同的信号对电路板进行测试以达到检验电路设计是否合理的目的。在工业控制、汽车电子等应用中也经常用到不同的波形实现对产品质量的检测、距离检测报警等。波形发生器应用非常广泛。单片机处理的是数字电路信号，而波形通常为模拟信号，要利用单片机实现波形的产生与控制就需要实现数字信号转换成模拟信号，这时就要用到数模转换技术。

本次任务要求利用 DAC0832 制作一个数字波形发生器，实现三角波、正弦波、方波的输出，并用 LCD1602 显示波形类型、幅值、频率周期等信息。

一、D/A 转换技术

数模转换（D/A 转换）主要用于将单片机的数字量输出转化为实际的模拟量以控制外接设备。D/A 转换器的技术指标有以下几个。

- 分辨率。数模转换的分辨率是指最小输出电压（对应的输入二进制数为 1）与最大输出电压（对应的输入二进制数的所有位全为1）之比。例如8位数的分辨率为 1/256≈0.004，10 位数分辨率为 1/1024，约等于 0.001。由此可见数字量位数越多，分辨率也就越高。分辨率通常用数字输入信号的位数表示，有 8 位、10 位、12 位等。
- 建立时间，也称稳定时间，它是指从数字量输入到建立稳定的输出电流的时间，是描述 D/A 转换速率的一个重要参数。
- 转换精度。由于转换器内部的误差等原因，当送一个确定的数字量给 DAC 后，它的实际输出值与该数值应产生的理想输出值之间会有一定的误差，它就是 D/A 转换器的精度。

二、D/A 转换芯片 DAC0832 结构

DAC0832 是一款单双缓冲、通用 8 位 D/A 转换芯片。其内部主要由 8 位输入锁存器、8 位 DAC 寄存器、8 位 D/A 转换电路构成。其采用单电源供电方式，从+5～+15V 均可正常工作。基准电压的范围为-10～+10V；电流建立时间为 1μs；采用 CMOS 工艺，低功耗 20mW。

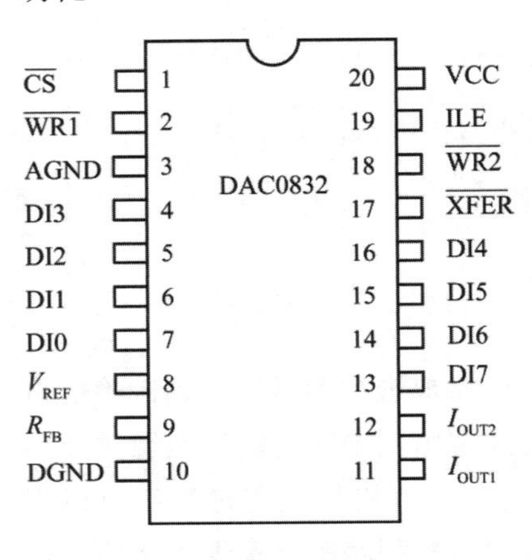

图 5.19 DAC0832 引脚图

常用 DAC0832 转换器芯片有 20 个引脚，双列直插式封装。其引脚排列如图 5.19 所示。

引脚的功能定义如下。

- DI7～DI0：8 位的数据输入端，DI7 为最高位。
- I_{OUT1}：模拟电流输出端 1，当 DAC 寄存器中数据全为 1 时，输出电流最大，当 DAC 寄存器中数据全为 0 时，输出电流为 0。
- I_{OUT2}：模拟电流输出端 2，I_{OUT2} 与 I_{OUT1} 的和为一个常数，即 $I_{OUT2}+I_{OUT1}$=常数。
- R_{FB}：反馈电阻引出端，DAC0832 电流输出

时，为了取得电压输出，需在电压输出端接运算放大器。DAC0832 内部已经有反馈电阻，所以 R_{FB} 端可以直接接到外部运算放大器的输出端，这样相当于将一个反馈电阻接在运算放大器的输出端和输入端之间。

- V_{REF}：参考电压输入端，此端可接一个正电压，也可接一个负电压，它决定 0 至 255 的数字量转化出来的模拟量电压值的幅度，V_{REF} 范围为-10～+10V。V_{REF} 端与 D/A 内部 T 形电阻网络相连。
- $\overline{CS}$：输入寄存器选择信号，即 DAC0832 片选信号。
- $\overline{WR1}$：输入寄存器写选通信号。输入寄存器的锁存信号由 $\overline{CS}$、$\overline{WR1}$ 组合产生，当 $\overline{CS}$ 为低电平、$\overline{WR1}$ 输入负脉冲时，数据线上的信息锁存进输入寄存器。
- $\overline{XFER}$：数据传输允许信号，低电平有效。
- ILE：数据允许输入锁存，高电平有效。
- $\overline{WR2}$：DAC 寄存器的写选通信号。DAC 寄存器的锁存信号由 $\overline{XFER}$、$\overline{WR2}$ 的逻辑组合产生。当 $\overline{XFER}$ 为低电平、$\overline{WR2}$ 为输入负脉冲时，输入寄存器的内容送入 DAC 寄存器。
- VCC：芯片供电电压，范围为+5～15V。
- AGND：模拟量地，即模拟电路接地端。
- DGND：数字量地。

DAC0832 内部结构框图如图 5.20 所示。从图 5.20 中可见，在 DAC0832 中有两个数据缓冲器：输入寄存器和 DAC 寄存器。其控制端分别受 ILE、$\overline{CS}$、$\overline{WR1}$ 和 $\overline{WR2}$、$\overline{XFER}$ 的控制。

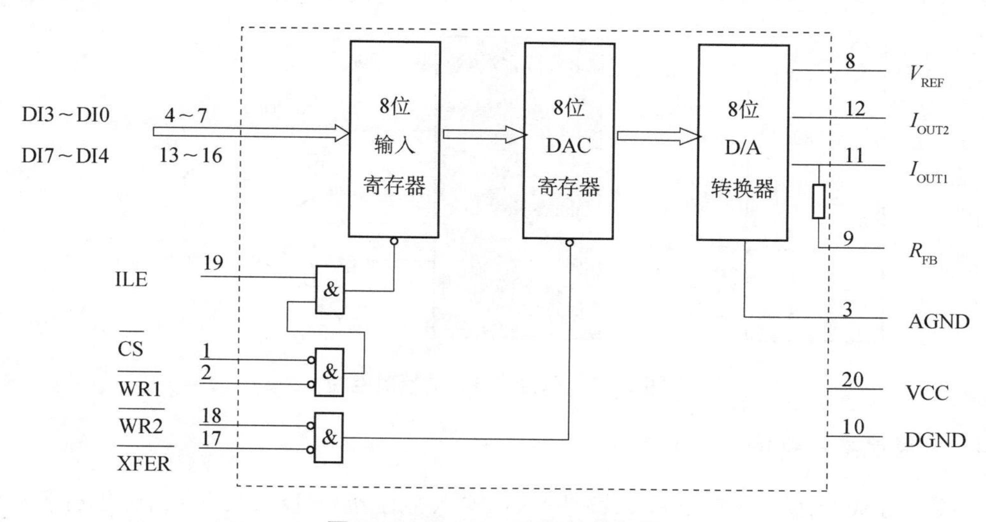

图 5.20　DAC0832 内部结构框图

三、DAC0832 应用

DAC0832 有三种不同的工作方式：直通方式、单缓冲方式、双缓冲方式。

1．直通方式的接口与应用

输入寄存器和 DAC 寄存器共用一个地址，同时选通输出；$\overline{WR1}$ 和 $\overline{WR2}$ 同时进行，并且不与 CPU 的 WR 相接。直通方式接口电路如图 5.21 所示。

其特点为：控制简单，转换速度快。

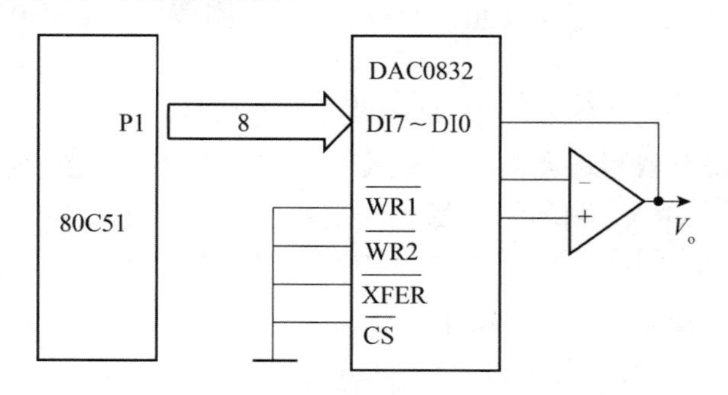

图 5.21　直通方式接口电路

2．单缓冲方式的接口与应用

单缓冲方式的接口电路如图 5.22 所示。输入寄存器和 DAC 寄存器共用一个地址，同时选通输出，输入数据在控制信号的作用下，直接进入 DAC 寄存器中；$\overline{WR1}$ 和 $\overline{WR2}$ 同时进行，并且与 CPU 的 $\overline{WR}$ 相连，CPU 对 DAC0832 执行一次写操作，将数据直接写入 DAC 寄存器中。

其用于：只有一路模拟信号输出或几路模拟信号非同步输出。

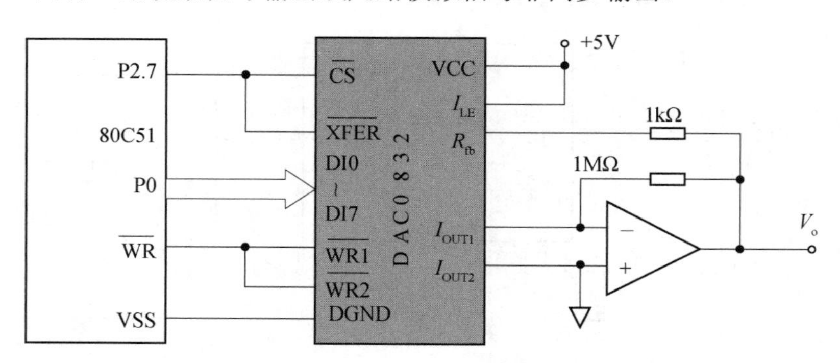

图 5.22　单缓冲方式的接口电路

3．双缓冲方式的接口与应用

双缓冲方式的接口电路如图 5.23 所示。输入寄存器和 DAC 寄存器分配有各自的地址，可分别选通，用于同时输出多路模拟信号。

其用于：同时输出几路模拟信号的场合，可构成多个 DAC0832 同步输出电路。

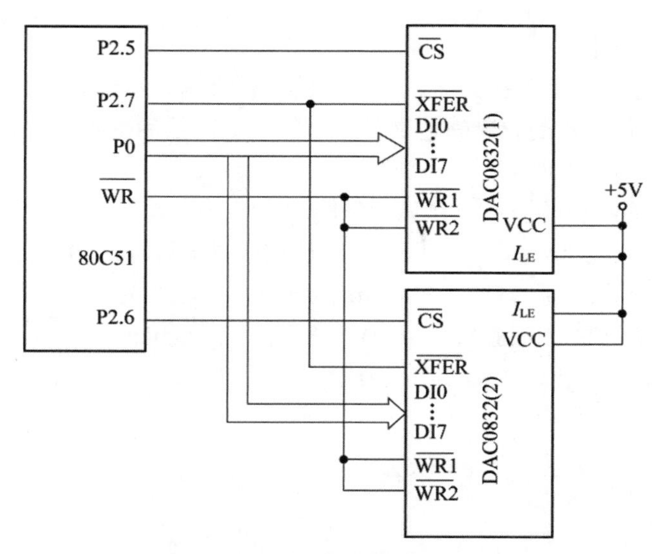

图 5. 23　双缓冲方式的接口电路

1．设计搭建硬件电路

按照任务要求设计并搭建硬件电路（见图 5.24）及仿真环境。输出口可以任意选择。

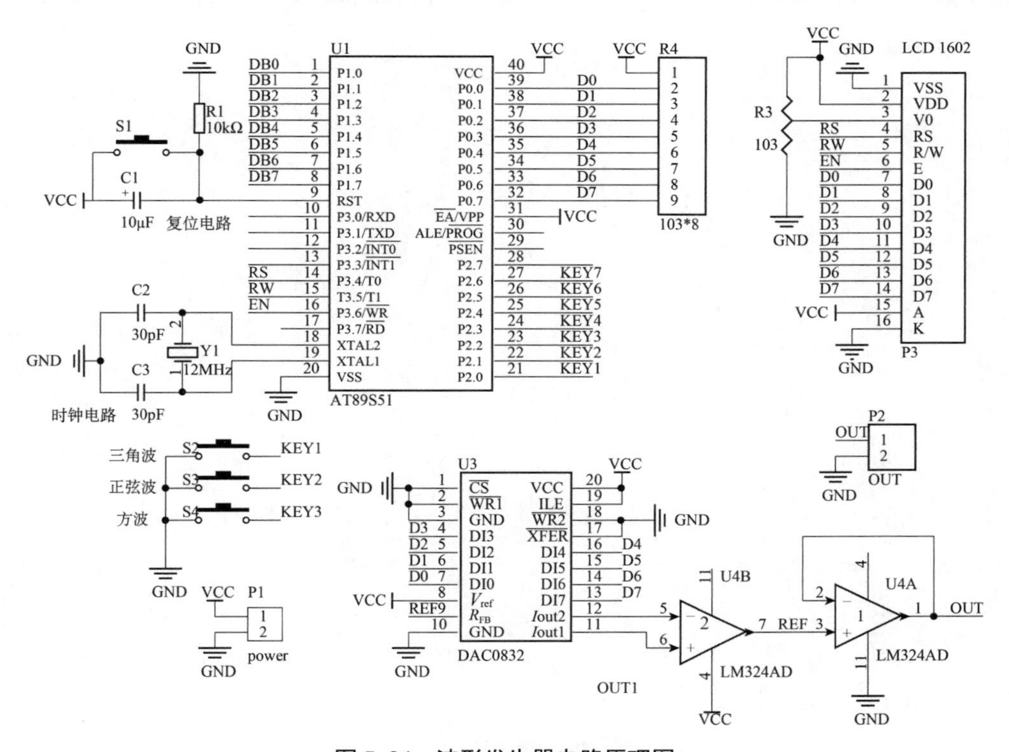

图 5. 24　波形发生器电路原理图

2．搭建软件编程环境

先建立工程文件，并保存在桌面组号命名的文件夹内，再配置工程参数，包括晶振频率 12MHz、HEX 文件输出配置。新建文件并添加文件，然后准备编程。

3．软件设计与编程实现

（1）LCD1602 显示驱动设计，参见项目四。

（2）根据电路特点及单片机工作特性，设计完成以下目标。输出 1kHz 的方波，幅值为 2.5V。LCD1602 第一行显示“Square Wave”，第二行显示“Amplitude：2.50V Frequency：1000Hz”。通过按键 S2 切换成三角波（Triangular Wave），通过按键 S3 切换成正弦波（Sine Wave），通过按键 S4 切换成方波。LCD 第一行显示相应变化。

简易波形产生参考程序清单：

```
#include <at89x51.h>      // 包含头文件
#include <string.h>
#include<reg52.h>
#define uchar unsigned char
#define uint unsigned int
#define DAdata P1
sbit cs=P3^0;
sbit wr=P3^1;
sbit key1=P3^2;
sbit key2=P3^3;
sbit key3=P3^4;
sbit key4=P3^5;
bit flag1,flag2,flag3,flag4;
void delay(uint xms)
{
    uint x,y;
    for(x=110;x--;x>0)
    for(y=xms;y--;y>0);
}
void square() //方波
{
    DAdata=0xff;
    delay(1);
    DAdata=0x00;
    delay(1);
}
void jieti(void)//阶梯波
{
    DAdata=0x00;
    delay(1);
    DAdata=0x3f;
    delay(1);
    DAdata=0x7f;
    delay(1);
    DAdata=0xaf;
    delay(1);
    DAdata=0xff;
    delay(1);
}
void saw(void)//锯齿波
{
   int i;
```

```
    for(i=0;i<255;i++)
    DAdata=i;
}
void sanjiao() //三角波
{
     int i;
     for(i=0;i<255;i++)
          DAdata=i;
     for(i=255;i>0;i--)
          DAdata=i;
}
void main( )
{
     cs=0;
     wr=0;
     while(1)
     {
       if(key1==0)
       {  flag1=1;    flag2=0;    flag3=0;    flag4=0;}
       if(key2==0)
       { flag1=0;      flag2=1;    flag3=0;    flag4=0;}
       if(key3==0)
       { flag1=0;         flag2=0;  flag3=1;     flag4=0;}
       if(key4==0)
       { flag1=0;         flag2=0;  flag3=0;     flag4=1;}
     if(flag1==1)
         square(); //方波
     if(flag2==1)
         jieti();  //阶梯波
     if(flag3==1)
         saw();    //锯齿波
     if(flag4==1)
         sanjiao(); //三角波
     }
}
```

读者根据所学 LCD 显示技术，参照简易波形程序自行编写完成本次任务，此处不再提供详细程序清单。

4．对上述程序编译下载

利用仿真软件 Proteus 先进行调试，成功后，再插接下载器。打开下载软件，选择对应芯片型号，调入 HEX。自动下载即可。观察上述程序效果。

波形发生器仿真视频

5．填写任务实施评价单（附表 1）

6．拓展任务

增加按键，调节频率（按键 S5 表示加，按键 S6 表示减）和幅值（按键 S7 表示加，按键 S8 表示减），频率范围 0～10kHz，幅值范围为 0.00～5.00V，并在 LCD1602 中显示出相应信息。

1．数模转换技术及指标。

2．DAC0832 电路设计及编程处理技巧。

练习题

一、填空题

1. D/A 转换技术是将________量转化成________量的技术。

2. DAC0832 的 DI7～DI0 为 8 位的数据输入端，其中________为最高位。

3. 若 DAC0832 的 V_{REF} 参考电压输入端电压为 2.5V，最小输出电压分辨率为_____V。

二、选择题

1. 8 位数数模转换的分辨率为（　　）。

A. 1/8　　B. 1/16　　C. 1/128　　D. 1/256

2. DAC0832 是一款单双缓冲、通用（　　）位 D/A 转换芯片。

A. 8　　B. 9　　C. 10　　D. 12

3. 若 DAC0832 的 V_{REF} 参考电压输入端电压为 2.5V，则模拟量电压值的幅度为（　　）V。

A. 1　　B. 2. 5　　C. 5　　D. 1. 25

三、简答题

DAC0832 有几种不同的工作方式，各自特点？

任务四　制作数控电压源

一个稳定的电源可为电子产品提供可靠的能源供给，减少电磁干扰等不确定因素，直接影响电子产品的性能，电源的好坏直接决定产品质量。可靠的电源研究一直以来都是业内关注的重点。

本任务利用已有的知识设计制作一个数控稳压电源，综合运用单片机技术、D/A、A/D、键盘、显示、数据存储等技术，要求：

- 输入电压：220V 市电（±10%）。
- 输出电压：0 到 5V 可调。

- 最大输出电流：1A。
- 电压调节分辨力：0.1V。
- 输出电压精度：±1%。
- 由 LED 数码管显示预设电压值和实际输出电压。
- 具有保存最后一次设定电压值的功能，即开机后自动恢复最后一次的工作电压状态。

关于 D/A 转换技术（详细内容参见本项目任务三）、A/D 转换技术（详细内容参见本项目任务一）、矩阵键盘技术（详细内容参见项目四任务一）、显示技术（详细内容参见项目三任务二与任务三），可参见前文所述。

一、存储技术

在单片机系统中，串行存储模块被越来越广泛的应用，主要有 EEPROM 和 FLASH 两大类，通信协议主要为 I^{2}C 和 SPI。这里主要以 I^{2}C 串行通信的 EEPROM 存储器 AT24Cxx 系列来串行存储器的应用，其他串行通信方式读者可查阅相关资料自行学习。

1．器件概述

CAT24WC01/02/04/08/16 是一个 1K/2K/4K/8K/16K 位串行 CMOS EEPROM，内部含有 128/256/512/1024/2048 个 8 位字节，CAT24WC01 有一个 8 字节页写缓冲器，CAT24WC02/04/08/16 有一个 16 字节页写缓冲器，该器件通过 I^{2}C 总线接口进行操作，有一个专门的写保护功能。

CAT24WC01/02/04/08/16 支持 I^{2}C 总线数据传送协议。I^{2}C 总线协议规定，任何将数据传送到总线的器件均为发送器。任何从总线接收数据的器件均为接收器。数据传送是由产生串行时钟和所有起始停止信号的主器件控制的。主器件和从器件都可以作为发送器或接收器，但由主器件控制传送数据（发送或接收）的模式，通过器件地址输入端 A0、A1 和 A2 可以实现将最多 8 个 24WC01 和 24WC02 器件，4 个 242C04 器件，2 个 24WC08 器件和 1 个 24WC16 器件连接到总线上。

CAT24Cxx 引脚图如图 5.25 所示。引脚描述如下。

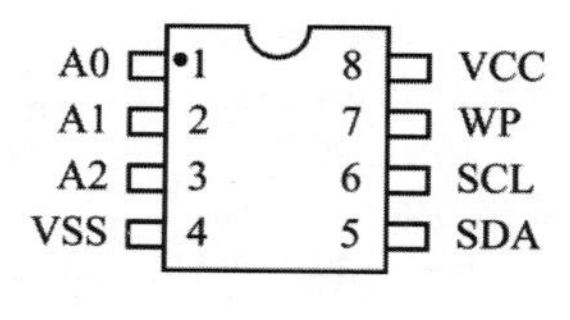

图 5.25　CAT24Cxx 引脚图

- SCL：串行时钟。CAT24WC01/02/04/08/16 串行时钟输入引脚用于产生器件所有数据发送或接收的时钟，这是一个输入引脚。该脉冲的上升沿将数据写入 EEPROM，下降沿将数据从 EEPROM 读出。
- SDA：串行数据/地址。CAT24WC01/02/04/08/16 双向串

行数据/地址引脚用于器件所有数据的发送或接收，SDA 是一个开漏输出引脚可与其他开漏输出或集电极开路输出进行线或 Wire-OR。

● A0、A1、A2：器件地址输入端。这些输入脚用于多个器件级联时设置器件地址，当这些引脚悬空时默认值为 0（24WC01 除外）。

当使用 24WC01 或 24WC02 时最大可级联 8 个器件。如果只有一个 24WC02 被总线寻址，这三个器件地址输入脚（A0、A1、A2）可悬空或连接到 VSS，如果只有一个 24WC01 被总线寻址，这三个器件地址输入脚（A0、A1、A2）必须连接到 VSS。

当使用 24WC04 时最多可连接 4 个器件，该器件仅使用 A1、A2 地址引脚。A0 引脚未用可以连接到 VSS 或悬空。如果只有一个 24WC04 被总线寻址，A1 和 A2 地址引脚可悬空或连接到 VSS。

当使用 24WC08 时最多可连接 2 个器件，且仅使用地址引脚 A2，A0、A1 引脚未用，可以连接到 VSS 或悬空。如果只有一个 24WC08 被总线寻址，A2 引脚可悬空或连接到 VSS。

当使用 24WC16 时只可连接 1 个器件，所有地址引脚 A0、A1、A2 都未用，引脚可以连接到 VSS 或悬空。

● WP：写保护。如果 WP 引脚连接到 VCC，所有的内容都被写保护（只能读）。当 WP 引脚连接到 VSS 或悬空，允许器件进行正常的读/写操作。

● VCC：电源，+1.8～6V 工作电压。

● VSS：地。

2．I²C 总线协议

I²C 总线协议定义如下。

①只有在总线空闲时才允许启动数据传送。

②在数据传送过程中，当时钟线处于高电平时，数据线必须保持稳定状态，不允许有跳变。时钟线处于高电平时，数据线的任何电平变化将被看作总线的起始或停止信号。起始/停止时序如图 5.26 所示。

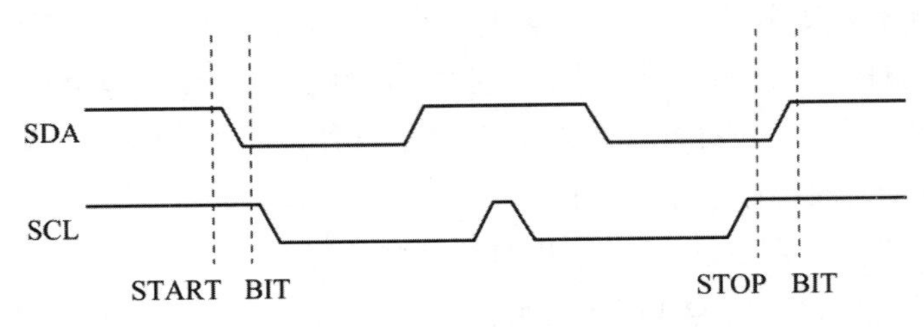

图 5.26 起始/停止时序

● 起始信号：时钟线保持高电平期间，数据线电平从高到低的跳变作为 I²C 总线的起始信号。

● 停止信号：时钟线保持高电平期间，数据线电平从低到高的跳变作为 I²C 总线的停止信号。

3．**器件地址**

主器件通过发送一个起始信号启动发送过程，然后发送它所要寻址的从器件的地址。8 位从器件地址的高 4 位固定为 1010。接下来的 3 位（A2、A1、A0）为器件的地址位，用来定义哪个器件及器件的哪个部分被主器件访问，上述 8 个 CAT24WC01/02，4 个 CAT24WC04、2 个 CAT24WC08、1 个 CAT24WC16 可单独被系统寻址。从器件 8 位地址的最低位，作为读写控制位。“1”表示对从器件进行读操作，“0”表示对从器件进行写操作。在主器件发送起始信号和从器件地址字节后，CAT24WC01/02/04/08/16 监视总线并当其地址与发送的从地址相符时响应一个应答信号（通过 SDA 线）。CAT24WC01/02/04/08/16 再根据读写控制位 R/W 的状态进行读或写操作。器件地址如图 5.27 所示。

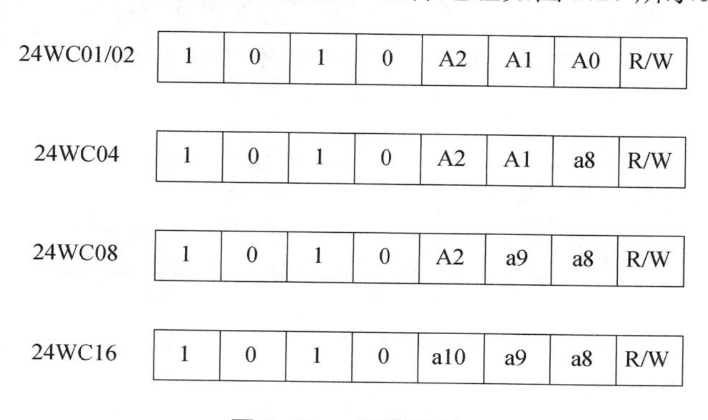

24WC01/02	1	0	1	0	A2	A1	A0	R/W
24WC04	1	0	1	0	A2	A1	a8	R/W
24WC08	1	0	1	0	A2	a9	a8	R/W
24WC16	1	0	1	0	a10	a9	a8	R/W

图 5.27 器件地址

注：a10、a9、a8 对应存储阵列地址字地址。

4．**应答信号**

应答时序如图 5.28 所示。I²C 总线数据传送时，每成功地传送一个字节数据后，接收器都必须产生一个应答信号。应答的器件在第 9 个时钟周期时将 SDA 线拉低，表示其已收到一个 8 位数据。

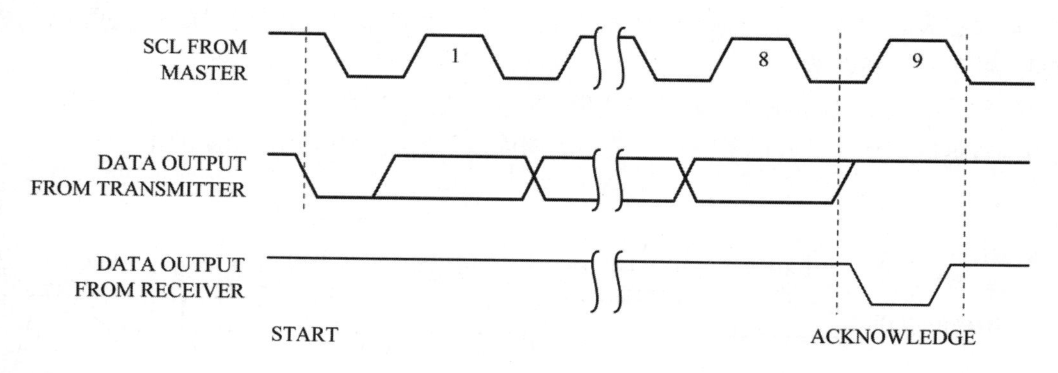

图 5.28 应答时序

CAT24WC01/02/04/08/16 在接收到起始信号和从器件地址之后响应一个应答信号，如果从器件已选择了写操作，则在每接收一个 8 位字节之后响应一个应答信号。

当 CAT24WC01/02/04/08/16 工作于读模式时，在发送一个 8 位数据后释放 SDA 线并监视一个应答信号，一旦接收到应答信号，CAT24WC01/02/04/08/16 将继续发送数据，如主器件没有发送应答信号，主器件停止传送数据且等待一个停止信号。

5．写操作

（1）字节写

字节写时序如图 5.29 所示。在字节写模式下，主器件发送起始命令和从器件地址信息（R/W 位置零）给从器件，在从器件产生应答信号后，主器件发送 CAT24WC01/02/04/08/16 的字节地址，主器件在收到从器件的另一个应答信号后，再发送数据到被寻址的存储单元。CAT24WC01/02/04/08/16 再次应答，并在主器件产生停止信号后开始内部数据的擦写。在内部擦写过程中，CAT24WC01/02/04/08/16 不再应答主器件的任何请求。

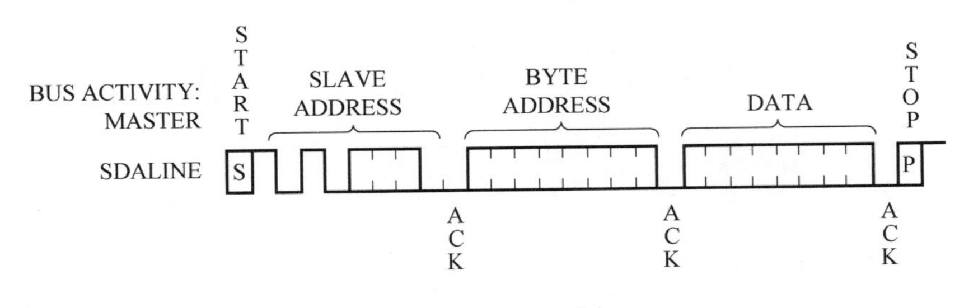

图 5.29 字节写时序

（2）页写

页写时序如图 5.30 所示。用页写 CAT24WC01 可一次写入 8 个字节数据，CAT24WC02/04/08/16 可以一次写入 16 个字节的数据。页写操作的启动和字节写一样，不同在于传送了一字节数据后并不产生停止信号。主器件被允许发送 P（CAT24WC01，P=7；CAT24WC02/04/08/16，P=15）个额外的字节。每发送一个字节数据后，CAT24WC01/02/04/08/16 会产生一个应答位并将字节地址低位加 1，高位保持不变。

如果在发送停止信号之前主器件发送超过 P+1 个字节，地址计数器将自动翻转，先前写入的数据将被覆盖。

接收到 P+1 字节数据和主器件发送的停止信号后，CAT24WCxx 启动内部写周期将数据写到数据区。所有接收的数据在一个写周期内写入 CAT24WC01/02/04/08/16。

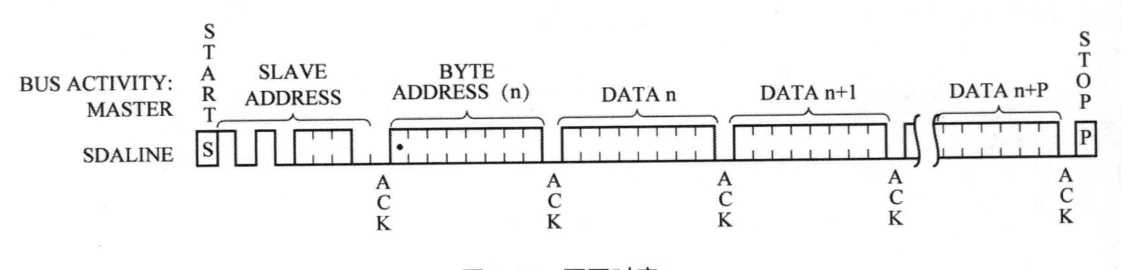

图 5.30 页写时序

6．应答查询

应答查询可以利用内部写周期时禁止数据输入这一特性。一旦主器件发送停止位指示主器件操作结束时，CAT24WC02/04/08/16 启动内部写周期，应答查询立即启动，包括发送一个起始信号和进行写操作的从器件地址。如果 CAT24WC02/04/08/16 正在进行内部写操作，不会发送应答信号。如果 CAT24WC02/04/08/16 已经完成了内部自写周期，则将发送一个应答信号，主器件可以继续进行下一次读写操作。

7．写保护

写保护特性可使用户避免由于不当操作而造成对存储区域内部数据的改写，当 WP 引脚接高电平时，整个寄存器区域全部被保护起来而变为只可读取。CAT24WC01/02/04/08/16 可以接收从器件地址和字节地址，但是装置在接收到第一个数据字节后不发送应答信号从而避免寄存器区域被编程改写。

8．读操作

对 CAT24WC01/02/04/08/16 进行读操作的初始化方式和写操作时一样，仅把 R/W 位置为 1，有三种不同的读操作方式：立即地址读、选择读和连续读。

（1）立即地址读

CAT24WC01/02/04/08/16 的地址计数器内容为最后操作字节的地址加 1，也就是说如果上次读/写的操作地址为 n，则立即读从地址 $n+1$ 开始。如果 $n=E$（这里对 CAT24WC01，$E=127$；对 CAT24WC02，$E=255$；对 CAT24WC04，$E=511$；对 CAT24WC08，$E=1023$；对 CAT24WC16，$E=2047$）则计数器将翻转到 0 且继续输出数据。CAT24WC01/02/04/08/16 接收到从器件地址信号后（R/W 位置 1），它首先发送一个应答信号然后发送一个 8 位字节数据。主器件不需发送一个应答信号，但要产生一个停止信号。立即读时序如图 5.31 所示。

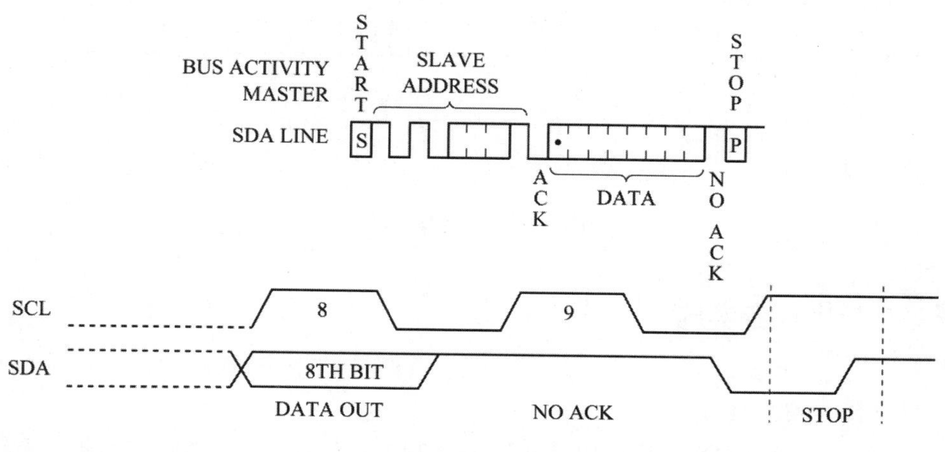

图 5.31　立即读时序

（2）选择读

选择读操作允许主器件对寄存器的任意字节进行读操作。主器件首先通过发送起始信号、从器件地址和它想读取的字节数据的地址执行一个伪写操作。在

CAT24WC01/02/04/08/16 应答之后，主器件重新发送起始信号和从器件地址，此时 R/W 位置 1，CAT24WC01/02/04/08/16 响应并发送应答信号，然后输出所要求的一个 8 位字节数据，主器件不发送应答信号但产生一个停止信号。选择读时序如图 5.32 所示。

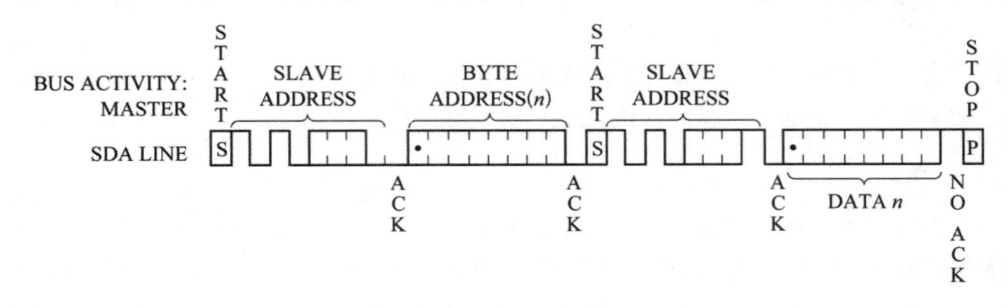

图 5.32 选择读时序

（3）连续读

连续读操作可通过立即读或选择读操作启动。在 CAT24WC01/02/04/08/16 发送完一个 8 位字节数据后，主器件产生一个应答信号来响应，告知 CAT24WC01/02/04/08/16 主器件要求更多的数据，对应每个主机产生的应答信号 CAT24WC01/02/04/08/16 将发送一个 8 位数据字节。当主器件不发送应答信号而发送停止位时结束此操作。

从 CAT24WC01/02/04/08/16 输出的数据按顺序由 n 到 n+1 输出。读操作时地址计数器在 CAT24WC01/02/04/08/16 整个地址内增加，这样整个寄存器区域可在一个读操作内全部读出。当读取的字节超过 E（同上）计数器将翻转到零并继续输出数据字节。连续读时序如图 5.33 所示。

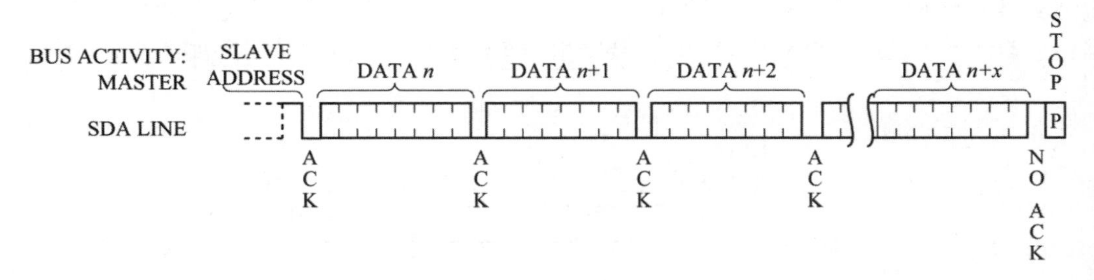

图 5.33 连续读时序

1. 设计搭建硬件电路

按照任务要求设计并搭建硬件电路（见图 5.34）及仿真环境。输出口可以任意选择。设计思路，系统通过键盘输入所需输出的电压值，单片机将此数字量送至 P2 口作为数模转换的数字量，DAC0832 数模转换模块将此数字量转为模拟量，然后经稳压模块进行输出。同时，ADC0832 对电压进行采样，作为反馈电压，显示实际电压。

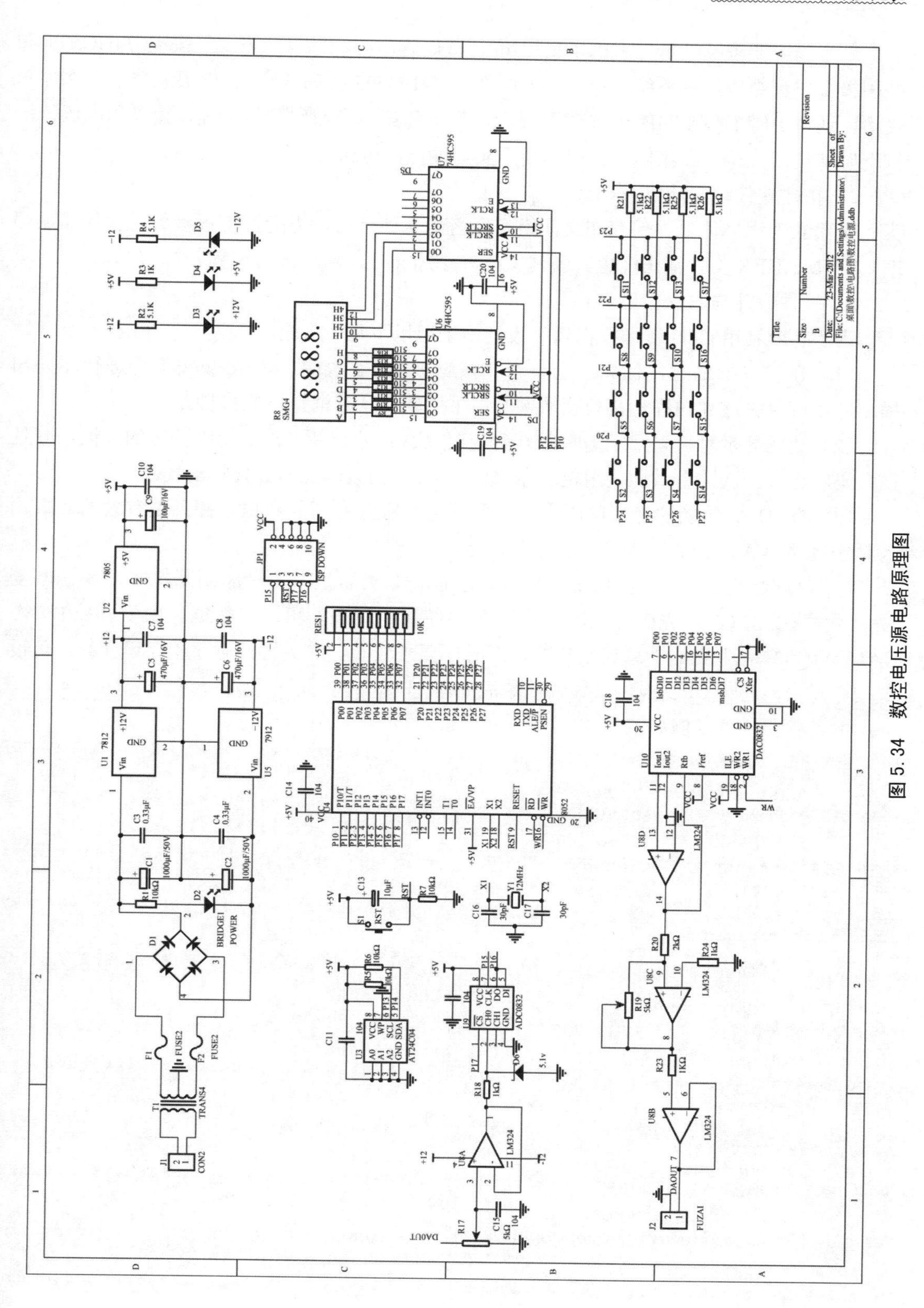

图 5.34 数控电压源电路原理图

基于精度要求及性价比考虑，采用 4 位数码管串行动态显示方式。采用 74HC595 和共阴极数码管组成显示系统。单片机外接 2 片 74HC595 作为 4 位 LED 显示器的动态显示接口，通过 P1 口控制 74HC595 进行显示，第一和第二个数码管显示键盘输入的电压值，按下确认键后，第三和第四个数码管显示实际输出的电压值。

2．搭建软件编程环境

先建立工程文件，并保存在桌面组号命名的文件夹内，再配置工程参数，包括晶振频率 12MHz、HEX 文件输出配置。新建文件并添加文件，然后准备编程。

3．软件设计与编程实现

为了有效利用 CPU 资源，在软件设计中采用以下几个措施。

（1）在键盘扫描时，优先识别是否有按键被按下，如果有按键被按下再进行逐列扫描；避免盲目去逐列扫描。在处理按键时，采用软件延时消抖方式去抖。

（2）数码显示时，采用了定时器 0 每定时 2.5ms 才更新一次显示缓冲区的数据，并且往数码管送数一次，有效地利用定时器来分担 CPU 的数码显示额外的消耗。

（3）在 D/A 转换的处理问题中，采取的是当键盘有新的数据，并且是有效的数据输入时才启动 D/A 转换。

（4）每次开机时，要读取 EEPROM 存储的上次的数据，考虑到开机时，系统刚复位，不太稳定，CPU 先延时 300ms，确保系统稳定下来，再读取数据。由于 EEPROM-CAT24WC02 是基于 I^2C 总线结构的，对时序要求较高，在关键的时序程序设计时，可设置指令冗余，避免 CPU 跑飞，导致读数混乱。

参考程序清单示例如下：

```
#include <at89x51.h>      // 包含头文件
typedef unsigned char uint8;
typedef unsigned int  uint16;
/**********************各模块函数及变量声明**************************/
/****************74HC595驱动数码管显示****************/
sbit  si  = P1^0;
sbit  sck = P1^2;
sbit  rck = P1^1;
uint8  code  duan[  ]  =  {0x3f,0x06,0x5b,0x4f,0x66,0x6d,0x7d,0x07,0x7f,0x6f,
0x80};//0~9,小数点
uint8 code wei[ ] = {0xf7,0xfb,0xfd,0xfe};
uint8 disbuf[4];  //显示数据缓冲
uint8 lednum;  //数码管的个数
uint16 count_ad;
bit flag_ad;
void hc595_in(uint8 dat);
void hc595_out ( );
void hc595_disp(uint8 i);
void time0_init( );
/****************矩阵键盘扫描*******************/
uint8 code keycode[] = {0xee,0xed,0xeb,0xe7,0xde,0xdd,0xdb,0xd7,
                        0xbe,0xbd,0xbb,0xb7,0x7e,0x7d,0x7b,0x77};
                       //键值码 0~F
```

```
uint8 key_value;  //读取的键值
uint16 key_count; //按键去抖计数用
bit check_key( );
uint8 keyscan( );
/********************D/A 转换**********************/
sbit DA_WR = P3^6;
void DAC0832(uint8 num);
/********************A/D 转换**********************/
sbit AD_CS= P1^7;
sbit AD_CLK = P1^5;
sbit AD_DIO = P1^6;
uint8 ADC0832(void);
/********************A/D 数据处理*****************/
void Deal_AD_DAT();
/********************键值处理********************/
uint8 d1buf[2];
uint16 c1;
void Deal_key_value(uint8 m);
/*********************I2C 存储********************/
sbit scl = P1^3;
sbit sda = P1^4;
void I2C_init(void);
void start(void);
void stop(void);
void respons( );
void write_byte(uint8 date);
uint8 read_byte( );
void write_add(uint8 address,uint8 date);
uint8 read_add(uint8 address);
/***************************主函数*********************************/
//系统初始化
void system_init( )
{
    time0_init( );
    I2C_init( );
}
void main( )
{
    system_init ( );
    while(1)
    {
    if(flag_ad)
        {
            flag_ad=0;
            Deal_AD_DAT( );
        }
        if( check_key() )//如果有按键被按下
        {   key_count++;  //  加数去抖
            if(key_count > 3500)
            {   key_count = 0;
                if( check_key() )
                key_value = keyscan();
                Deal_key_value(key_value);
            }
        }
        else
```

```
            key_count = 0;
    }//while
}
/******************以下是 74HC595 驱动数码管显示程序**********************/
//数据串行输入
void hc595_in(uint8 dat)
{
    uint8 i;
    for(i = 0; i < 8; i++)
    {
        si = dat & 0x80;
        sck = 0;
        sck = 1;
        dat <<= 1;
    }
}
//数据并行输出
void hc595_out()
{
    rck = 0;
    rck = 1;
    rck = 0;
}
//数码管显示
void hc595_disp(uint8 i)
{
    uint8 temp;
    if( i == 1 || i == 3 )
    {
        temp = duan[disbuf[i]] + 0x80;
    }
    else
        temp = duan[disbuf[i]];
    hc595_in(temp);
    hc595_in(wei[i]);
    hc595_out();
}
//定时器 0 初始化
void time0_init( )
{
    TMOD |= 0x01;  //工作方式 1
    TL0 = 0x3c;    //定时 2.5ms
    TH0 = 0xf6;
    EA  = 1;
    ET0 = 1;
    TR0 = 1;
}
//定时器 0 中断程序
void time0( ) interrupt 1
{
    TL0 = 0x3c;   //每隔 2.5ms 刷新一次
    TH0 = 0xf6;
    count_ad++;
    if(count_ad>=400) //每隔 1s A/D 转换一次
    {
        count_ad=0;
```

```
        flag_ad=1;
    }
    hc595_disp(lednum++);
    if(lednum > 3)
        lednum = 0;
}
/******************以下是矩阵键盘扫描程序**********************/
//检测是否有按键被按下
bit check_key( )
{
    bit key_flag;
    P2 = 0xf0;
    if( P2 != 0xf0)
        key_flag = 1;
    else
        key_flag = 0;
    return key_flag;
}
//键盘扫描
uint8 keyscan( )
{
    uint8 scan,key,i;
    scan = 0xfe;
    while( (scan & 0x10) != 0)
    {
        P2 = scan;
        if( (P2 & 0xf0) != 0xf0)
        {
            key =(P2 &0xf0) | (scan & 0x0f);
            for( i = 0; i <= 15; i++)
            if(key == keycode[i])
            {
                while(  (P2 & 0xf0) != 0xf0);
                return i;
            }
        }
        else scan = (scan << 1) | 0x01;
    }
    return 0xff;
}
/******************以下是 D/A 转换程序*********************/
void DAC0832(uint8 num)  //num 0~255
{
    P0 = num;
    DA_WR = 0;
}
/******************以下是 A/D 转换程序*********************/
uint8 ADC0832(void)
{
    uint8 i = 0;
    uint8 value1 = 0;
    uint8 value2 = 0;
    AD_CS = 1;  //关掉 AD
    AD_CLK = 0;
    AD_DIO = 0;
```

```
    AD_CS = 0;  //打开芯片

    AD_DIO = 1; //开始位
    AD_CLK = 0;
    AD_CLK = 1;

    AD_DIO = 1; //选择通道 0
    AD_CLK = 0;
    AD_CLK = 1;

    AD_DIO = 0;
    AD_CLK = 0;
    AD_CLK = 1;

    AD_DIO = 1;  //空闲位
    AD_CLK = 0;
    AD_CLK = 1;

    for(i = 0; i < 8; i++)  //读第一次数据高 8 位
    {
        AD_CLK = 1;
        AD_CLK = 0;
        if(AD_DIO)
            value1 |= 0x80 >> i;
    }
    for(i = 0; i < 8; i++)  //读第二次数据低 8 位
    {
        if(AD_DIO)
            value2 |= 0x01 << i;//这里要特别注意，先读数据
        AD_CLK = 1;
        AD_CLK = 0;

    }

    AD_CS = 1;                          //关掉芯片

    if(value1 == value2)   //数据校验
        return value1;
    else
        return 0;
}
/******************以下 A/D 数据处理程序*********************/
void Deal_AD_DAT()
{
    uint8 AD_DAT;
    AD_DAT = ADC0832();
    disbuf[3] = AD_DAT/50;
   disbuf[2] = AD_DAT/5%10;
}
/******************以下是处理键值程序*********************/
void Deal_key_value(uint8 m)
{
    uint8 x,geshu;
    if(m < 10 & m >= 0) //输入数字显示在前两位
    {
```

```
        if(geshu < 2)                   //如果没有输入完毕
        {
            for(x = geshu; x > 0; x--)
            {
                disbuf[x] = disbuf[x-1];//以前输入的左移一位
            }
            disbuf[0] = m;
        }
        geshu++;
        m = 50;
    }
    else if(m == 10)  //清零
    {
        m = 50;
        c1 = 0;
        geshu = 0;
        disbuf[0] = disbuf[1] = 0;
    }
    else if(m == 11)  //确认
    {
        m = 50;
        for(x = 0; x < 2; x++)
            d1buf[x] = disbuf[x];//将显示缓冲区的内容放到操作数的缓冲区中
        c1 += d1buf[1] * 10;
        c1 += d1buf[0];
        c1 = ( c1 * 10 / 2 );
        if(c1 >= 255)
            c1 = 250;
        DAC0832(c1); //将数字量送入D/A
    }
}
/******************以下是I²C数据存储程序*********************/
void delay( )
{ ; ; }
void start( )  //开始信号
{
    sda=1;
    delay( );
    scl=1;//时钟为高电平期间，数据线由高电平变为低电平
    delay( );
    sda=0;
    delay( );
}
void stop( )   //停止信号
{
    sda=0;
    delay( );
    scl=1;//时钟为高电平期间，数据线由低电平变为高电平
    delay ( );
    sda=1;
    delay( );
}
void respons( )  //应答
{
    uint8 i;
    scl=1;
```

```
    delay( );
    while((sda==1)&&(i<250))i++;
    scl=0;
    delay( );
}
void I2C_init( )
{
    sda=1;
    delay( );
    scl=1;
    delay( );
}

void write_byte(uint8 date)
{
    uint8 i,temp;
    temp=date;
    for(i=0;i<8;i++)
    {
        temp=temp<<1;
        scl=0;
       delay( );
        sda=CY;
        delay( );
        scl=1;
        delay( );
   }
    scl=0;
    delay( );
    sda=1;
    delay( );
}
uint8 read_byte( )
{
    uint8 i,k;
    scl=0;
    delay( );
    sda=1;
    delay  ( );
    for(i=0;i<8;i++)
    {   scl=1;
        delay();
        k=(k<<1)|sda;
        scl=0;
        delay();
    }
    return k;
}
void write_add(uint8 address,uint8 date)
{   start( );
    write_byte(0xa0);
    respons( );
    write_byte(address);
    respons( );
    write_byte(date);
    respons( );
    stop( );
}
```

```
uint8 read_add(uint8 address)
{
    uint8 date;
    start( );
    write_byte(0xa0);
    respons( );
    write_byte(address);
    respons( );
    start( );
    write_byte(0xa1);
    respons( );
    date=read_byte();
    stop( );
    return date;
}
```

4．对上述程序编译下载

利用仿真软件 Proteus 先进行调试，成功后，再插接下载器。打开下载软件，选择对应芯片型号，调入 HEX。自动下载即可。观察上述程序效果。

5．填写任务实施评价单（附表 1）

6．拓展任务

利用串行通信技术，构建物物互联系统，实现远程控制的数控电压源，并用 LCD1602 显示电压信息。

1．串行数据存储技术及接口技术。

2．电路设计及综合运用能力。

练习题

一、填空题

1. AT24Cxx 系列 EEPROM 存储器是以________总线实现串行通信的。

2. I^2C 总线主要有_______和_______两条线进行通信，在没有信息传递时都保持为____电平。

3. AT24Cxx 系列 EEPROM 存储器作为从器件时，其地址的高 4 位固定为_______。

二、选择题

1. 时钟线保持高电平期间，数据线电平从高到低的跳变作为 I^2C 总线的（　　）。

A. 起始信号　　B. 停止信号　　C. 应答信号

2. 时钟线保持高电平期间，数据线电平从低到高的跳变作为 I^2C 总线的（　　）。

A. 起始信号　　B. 停止信号　　C. 应答信号

3. 数据线 SDA 上数据变化应该在时钟线 SCL（　　）期间。

A. 高电平　　B. 低电平

附表 1　任务实施与评价单

班级：________　组别：________　学号：________　姓名：________　日期：________

<table>
<tr><td colspan="2">项目名称</td><td colspan="6"></td></tr>
<tr><td colspan="2">任务名称</td><td></td><td>地点</td><td></td><td>学时</td><td colspan="2"></td></tr>
<tr><td colspan="2">任务要求</td><td colspan="6"></td></tr>
<tr><td rowspan="3">任务实施与评价</td><td colspan="4" rowspan="2">1. 实施准备</td><td>评价标准</td><td>学生互评</td><td>教师评价</td></tr>
<tr><td>10</td><td></td><td></td></tr>
<tr><td colspan="4">2. 实施步骤</td><td>60</td><td></td><td></td></tr>
</table>

	3. 实施结果	10		
素质评价	项目管理、分析解决问题、创新等专业能力	10		
	团结协作、吃苦耐劳、科学严谨等工作作风	10		
总评		100		
自我总结				

编制：徐广振　　2020-12 修订（可按照此格式制表打印）

附表 2　ASCII 表

ASCII 值	控制字符	ASCII 值	控制字符	ASCII 值	控制字符	ASCII 值	控制字符
0	NUT	32	（space）	64	@	96	、
1	SOH	33	!	65	A	97	a
2	STX	34	”	66	B	98	b
3	ETX	35	#	67	C	99	c
4	EOT	36	$	68	D	100	d
5	ENQ	37	%	69	E	101	e
6	ACK	38	&	70	F	102	f
7	BEL	39	,	71	G	103	g
8	BS	40	（	72	H	104	h
9	HT	41	）	73	I	105	i
10	LF	42	*	74	J	106	j
11	VT	43	+	75	K	107	k
12	FF	44	,	76	L	108	l
13	CR	45	−	77	M	109	m
14	SO	46	.	78	N	110	n
15	SI	47	/	79	O	111	o
16	DLE	48	0	80	P	112	p
17	DCI	49	1	81	Q	113	q
18	DC2	50	2	82	R	114	r
19	DC3	51	3	83	X	115	s
20	DC4	52	4	84	T	116	t
21	NAK	53	5	85	U	117	u
22	SYN	54	6	86	V	118	v
23	TB	55	7	87	W	119	w
24	CAN	56	8	88	X	120	x
25	EM	57	9	89	Y	121	y
26	SUB	58	:	90	Z	122	z
27	ESC	59	;	91	[	123	{
28	FS	60	<	92	/	124	|
29	GS	61	=	93	]	125	}
30	RS	62	>	94	^	126	～
31	US	63	?	95	—	127	DEL

参考文献

［1］谭浩强. C 语言程序设计［M］. 北京：清华大学出版社，2008.

［2］李海涛. 单片机应用技术［M］. 北京：人民邮电出版社，2013.

［3］谷秀荣. 单片机原理与应用［M］. 北京：北京交通大学出版社，2009.

［4］徐爱钧. 智能化测量控制仪表原理与设计［M］. 2 版. 北京：北京航空航天大学出版社，2004.

［5］魏洪兴. 嵌入式系统设计师教程［M］. 北京：清华大学出版社，2006.

［6］张军. 嵌入式单片机技术与应用［M］. 北京：高等教育出版社，2012.

［7］李庭贵. 单片机应用技术及项目化训练［M］. 成都：西南交通大学出版社，2009.

［8］雷伏容，张小林，崔浩. 51 单片机常用模块设计查询手册［M］. 北京：清华大学出版社，2010.